高等院校 EDA 系列教材

MATLAB 图像处理编程与应用

张 涛 齐永奇 编著

机械工业出版社

本书以 MATLAB R2010b 为平台，全面细致地讲述 MATLAB 图像处理编程与应用。书中加入大量数字图像处理最新技术和科研工作实例，理论与实践并重，使读者能够很快入手并掌握 MATLAB 图像处理应用方法。

全书共 13 章。第 1 章介绍数字图像处理的基本概念，第 2~3 章介绍 MATLAB 软件集成环境、基本运算、程序设计、数据操作和图形绘制，第 4 章介绍 MATLAB 图像处理工具箱，第 5 章介绍彩色图像的处理，第 6 章介绍数字图像的基本运算，第 7 章介绍灰度变换，第 8 章介绍图像的平滑和锐化，第 9 章介绍图像分割，第 10 章介绍图像形态学处理，第 11 章介绍图像正交变换，第 12 章介绍编码压缩，第 13 章介绍图像处理在车牌识别和医学影像处理中的应用实例。

本书可以作为非计算机信息类专业的本科生教材，也可供从事图像处理研究的工程技术人员参考。

本书配有电子教案，欢迎使用该教材的老师登录 www.cmpedu.com 免费注册。审核后下载，或联系编辑（QQ：1157122010，电话：010-88379753）索取。

图书在版编目（CIP）数据

MATLAB 图像处理编程与应用/张涛，齐永奇编著．—北京：机械工业出版社，2014.4（2025.1 重印）
高等院校 EDA 系列教材
ISBN 978-7-111-46137-1

Ⅰ．①M… Ⅱ．①张… ②齐… Ⅲ．①Matlab 软件-应用-数字图象处理-高等学校-教材 Ⅳ．①TN911.73

中国版本图书馆 CIP 数据核字（2014）第 048370 号

机械工业出版社（北京市百万庄大街 22 号　邮政编码 100037）
责任编辑：尚　晨
责任印制：邓　博

北京盛通数码印刷有限公司印刷
2025 年 1 月第 1 版·第 7 次印刷
184mm×260mm·19.75 印张·488 千字
标准书号：ISBN 978-7-111-46137-1
定价：42.00 元

凡购本书，如有缺页、倒页、脱页，由本社发行部调换
电话服务　　　　　　　　　　　　　网络服务
社服务中心：(010)88361066　　教材网：http://www.cmpedu.com
销售一部：(010)68326294　　　机工官网：http://www.cmpbook.com
销售二部：(010)88379649　　　机工官博：http://weibo.com/cmp1952
读者购书热线：(010)88379203　　**封面无防伪标均为盗版**

前　言

　　数字图像处理是通过计算机对图像进行优化的方法和技术。数字图像处理技术以其信息量大、处理和传输方便、应用范围广等优点，在工农业生产、医疗诊断、航空航天、生物医学工程、军事、公安和办公自动化等众多领域中得到了广泛应用。数字图像处理是一门实用性很强的学科，许多处理算法具有实际应用背景。因此，学习图像处理原理与算法必须与编程实践相结合才能真正理解和掌握。本着这个目的，作者在编写本书时，为所有主要图像处理算法添加了大量实例以便帮助读者理解所学内容。相比于其他图像处理书籍，本书重点不是介绍图像处理算法的原理和推导，而是帮助读者理解所学内容实践和应用。本书是"零知识"起点，即对于图像处理算法是零起点，可以使没有学习过数字图像知识或只需要实际应用的读者也能在各自的领域中运用图像技术。

　　MATLAB是当前很流行的科技应用软件，具有编程简单、数据可视化功能强和可操作性强等特点，而且还配有功能强大、专业函数丰富的图像处理工具箱，是进行图像处理工作必备的软件工具。本书系统介绍了数字图像处理所涉及的数学基础、基本算法和各种典型算法及实用的处理技术，并根据编者近年来从事相关教学科研的实践经验，列举了大量MATLAB实例，以供读者参考。

　　本书是在充分体现MATLAB高级语言编程的特点，提高用户分析问题及解决问题能力的基础上编写的，有以下特点。

　　1）精选内容，条理清晰。全书将基础知识与科学新成果及发展新动向相结合，系统地展示了MATLAB在数字图像处理中的应用。

　　2）重点突出，目的明确。立足基本理论，面向应用技术，以必须和够用为准则，以掌握概念和强化应用为重点，做到理论知识和实际应用的统一。

　　全书共13章。第1章介绍数字图像处理的基本概念，第2章和第3章介绍MATLAB软件集成环境、基本运算、程序设计、数据操作和图形绘制，第4章介绍MATLAB图像处理工具箱，第5章介绍彩色图像的处理，第6章介绍数字图像的基本运算，第7章介绍灰度变换，第8章介绍图像的平滑和锐化，第9章介绍图像分割，第10章介绍形态学处理，第11章介绍频域变换，第12章介绍编码压缩，第13章介绍图像处理应用。

　　本书各章中结合数字图像处理理论介绍的绝大部分实例都是在编者教学科研中使用的。书中所给出的MATLAB程序，都经过编者的调试，读者可以直接使用。作为教材，每章后附有习题。本书不仅是面向计算机专业的，而且也适合电子信息、自动控制、机电一体化、测控技术、生物医学等各理工科相关专业，同时也可作为科研人员工程技术人员的参考资料或培训教材。

　　本书的编写得到了华北水利水电大学和机械工业出版社的大力支持。本书由张涛和齐永奇共同完成，其中齐永奇负责第5、7、8、11、12章的编写，其余部分和全书的统稿由张涛完成。机械工业出版社的编辑为本书的出版付出了辛勤的劳动。对于书中引用的论文和资料的作者，在此表示深深的感谢。

　　由于时间仓促，书中难免存在不妥之处，请读者原谅，并提出宝贵意见。

编　者

目 录

前言
第1章 数字图像处理基础 ············ 1
1.1 数字图像处理概述 ············ 1
1.1.1 数字图像处理的特点 ········· 1
1.1.2 数字图像处理的方法和内容 ····· 2
1.1.3 数字图像处理的应用和发展 ····· 4
1.2 图像数字化 ················ 6
1.2.1 图像采样 ················ 6
1.2.2 图像量化 ················ 7
1.3 图像文件格式 ··············· 9
1.3.1 JPG 格式图像 ············· 9
1.3.2 BMP 格式图像 ············ 11
1.3.3 其他格式图像 ············· 13
1.4 习题 ···················· 14
第2章 MATLAB 软件 ············ 15
2.1 MATLAB 特点 ············· 15
2.2 MATLAB 集成环境 ·········· 16
2.2.1 启动和退出 ·············· 16
2.2.2 MATLAB 命令窗口 ········· 17
2.2.3 MATLAB 工作空间 ········· 17
2.2.4 命令历史窗口 ············· 18
2.2.5 当前工作目录窗口 ·········· 19
2.2.6 MATLAB 搜索路径 ········· 19
2.2.7 MATLAB 帮助系统 ········· 20
2.3 MATLAB 基本运算 ·········· 21
2.3.1 MATLAB 数据类型 ········· 21
2.3.2 矩阵运算 ················ 23
2.3.3 符号运算 ················ 27
2.3.4 关系运算和逻辑运算 ········ 31
2.4 MATLAB 程序设计 ·········· 34
2.4.1 M 文件 ················· 34
2.4.2 MATLAB 控制流 ·········· 38
2.4.3 程序基本设计原则 ·········· 42

2.5 文件相关操作 ··············· 42
2.5.1 数据存储 ················ 43
2.5.2 数据导入 ················ 43
2.5.3 数据打开 ················ 45
2.5.4 底层文件输入/输出 ········· 46
2.6 习题 ···················· 48
第3章 MATLAB 绘图 ············ 49
3.1 二维绘图 ················· 49
3.1.1 二维绘图基本步骤 ·········· 49
3.1.2 创建简单的二维图形 ········ 49
3.1.3 曲线格式属性设置 ·········· 51
3.1.4 图形区域控制 ············· 54
3.2 格式化绘图 ················ 58
3.2.1 增加文本信息 ············· 58
3.2.2 格式化文本标注 ··········· 61
3.2.3 特殊字符标注 ············· 62
3.3 特殊图形函数 ··············· 64
3.3.1 特殊坐标系 ··············· 64
3.3.2 特殊图形 ················ 65
3.4 三维绘图 ·················· 71
3.4.1 创建简单的三维图形 ········ 72
3.4.2 三维网格曲面 ············· 72
3.4.3 三维阴影曲面 ············· 76
3.5 习题 ···················· 80
第4章 MATLAB 图像处理工具箱 ···· 81
4.1 MATLAB 图像处理的特点 ····· 81
4.1.1 MATLAB 与其他图像处理软件的比较 ················ 81
4.1.2 MATLAB 图像处理程序开发特点 ····················· 82
4.2 图像处理工具箱的图像类型 ···· 82
4.2.1 二值图像 ················ 82
4.2.2 灰度图像 ················ 83

4.2.3 索引图像 … 83	6.1.3 乘法运算 … 126	
4.2.4 真彩色图像 … 84	6.1.4 除法运算 … 128	
4.3 图像类型转换 … 85	6.2 逻辑运算 … 129	
4.3.1 真彩色图像与索引图像的转换 … 85	6.3 几何运算 … 130	
4.3.2 索引图像与灰度图像的转换 … 88	6.3.1 平移 … 131	
4.3.3 其他图像类型的转换 … 90	6.3.2 旋转 … 131	
4.4 图像读/写和显示 … 92	6.3.3 比例缩放 … 131	
4.4.1 图像读/写 … 92	6.3.4 镜像 … 131	
4.4.2 图像显示 … 95	6.3.5 MATLAB 实例——几何变换用于对图像修正 … 132	
4.4.3 特殊图像显示 … 99	6.4 邻域处理 … 137	
4.5 习题 … 103	6.4.1 滑动邻域处理 … 137	
第 5 章 彩色图像处理 … 104	6.4.2 分离邻域处理 … 139	
5.1 颜色处理基础 … 104	6.5 习题 … 140	
5.1.1 人眼构造 … 104	第 7 章 图像灰度变换 … 142	
5.1.2 三色成像 … 105	7.1 灰度变换的基本方法 … 142	
5.2 颜色模型 … 105	7.2 二值化和阈值处理 … 143	
5.2.1 RGB 模型 … 105	7.2.1 非零元素取一法 … 144	
5.2.2 HSI 模型 … 107	7.2.2 固定阈值法 … 145	
5.2.3 RGB 模型与 HSI 模型之间的变换 … 107	7.2.3 双固定阈值法 … 146	
5.2.4 CMY 模型和 CMYK 模型 … 108	7.3 灰度级变换 … 147	
5.2.5 YIQ 模型 … 109	7.3.1 灰度线性变换 … 147	
5.2.6 YUV 与 YC_bC_r 颜色模型 … 109	7.3.2 分段线性变换 … 148	
5.2.7 MATLAB 实例——颜色空间转换 … 110	7.3.3 窗口灰度变换处理 … 149	
5.3 图像颜色处理 … 114	7.3.4 对数灰度变换 … 150	
5.3.1 彩色图像的灰度化处理 … 114	7.3.5 MATLAB 实例——灰度级变换用于图像增强 … 150	
5.3.2 灰度图像转变为彩色图像 … 114	7.4 直方图变换 … 154	
5.3.3 MATLAB 实例——彩色图像处理 … 116	7.4.1 灰度直方图 … 154	
5.4 颜色量化与减色 … 119	7.4.2 直方图均衡化 … 154	
5.4.1 流行色算法 … 120	7.4.3 MATLAB 实例——调节图像对比度 … 156	
5.4.2 中位切分算法 … 120	7.5 习题 … 159	
5.4.3 八叉树颜色量化算法 … 120	第 8 章 图像的平滑和锐化 … 160	
5.5 习题 … 121	8.1 图像噪声 … 160	
第 6 章 图像基本运算 … 122	8.1.1 图像噪声分类和特点 … 160	
6.1 代数运算 … 122	8.1.2 图像噪声模型 … 162	
6.1.1 加法运算 … 122	8.2 邻域平均法 … 165	
6.1.2 减法运算 … 125	8.2.1 3×3 均值滤波 … 166	

8.2.2　$N \times N$ 均值滤波 ·············· 166
　　8.2.3　超限邻域平均法 ·············· 166
　　8.2.4　选择式掩模平滑 ·············· 167
　　8.2.5　MATLAB 实例——邻域平均用于
　　　　　图像去噪 ·············· 168
8.3　中值滤波 ·············· 171
　　8.3.1　一维中值滤波 ·············· 171
　　8.3.2　二维中值滤波 ·············· 171
　　8.3.3　中值滤波器类型 ·············· 172
　　8.3.4　MATLAB 实例——中值滤波用于
　　　　　图像去噪 ·············· 173
8.4　图像锐化 ·············· 176
　　8.4.1　梯度法 ·············· 176
　　8.4.2　拉普拉斯算子法 ·············· 179
　　8.4.3　定向滤波 ·············· 179
　　8.4.4　MATLAB 实例——图像锐化用于
　　　　　增强图像边缘 ·············· 180
8.5　频域滤波 ·············· 182
　　8.5.1　低通滤波 ·············· 182
　　8.5.2　高通滤波 ·············· 185
　　8.5.3　带通带阻滤波 ·············· 186
　　8.5.4　MATLAB 实例——频域滤波消除
　　　　　图像失真 ·············· 187
8.6　习题 ·············· 192

第9章　图像分割 ·············· 193
9.1　阈值分割 ·············· 193
　　9.1.1　人工选择法 ·············· 194
　　9.1.2　自动阈值法 ·············· 194
　　9.1.3　MATLAB 实例——基于分水岭算法
　　　　　的图像分割 ·············· 197
9.2　边界分割 ·············· 200
　　9.2.1　边缘检测 ·············· 200
　　9.2.2　边界跟踪 ·············· 206
　　9.2.3　边缘连接 ·············· 209
　　9.2.4　MATLAB 实例——利用边界分割
　　　　　检测细胞 ·············· 211
9.3　区域分割 ·············· 212
　　9.3.1　区域生长法 ·············· 213
　　9.3.2　区域分裂法 ·············· 214

　　9.3.3　区域分裂合并法 ·············· 214
9.4　习题 ·············· 217

第10章　图像形态学处理 ·············· 218
10.1　腐蚀和膨胀 ·············· 218
　　10.1.1　结构元素 ·············· 218
　　10.1.2　腐蚀 ·············· 220
　　10.1.3　膨胀 ·············· 222
10.2　腐蚀和膨胀的组合 ·············· 226
　　10.2.1　开运算和闭运算 ·············· 226
　　10.2.2　击中击不中变换 ·············· 227
　　10.2.3　骨架提取 ·············· 228
　　10.2.4　MATLAB 实例——利用图像组合
　　　　　运算进行形态学处理 ·············· 229
10.3　形态学重构 ·············· 233
　　10.3.1　填充空洞 ·············· 233
　　10.3.2　消除边界对象 ·············· 234
10.4　习题 ·············· 236

第11章　图像正交变换 ·············· 237
11.1　傅里叶变换 ·············· 237
　　11.1.1　连续傅里叶变换 ·············· 237
　　11.1.2　离散傅里叶变换 ·············· 238
　　11.1.3　傅里叶变换的性质 ·············· 241
　　11.1.4　快速傅里叶变换 ·············· 244
　　11.1.5　MATLAB 实例——利用傅里叶
　　　　　变换显示图像频谱 ·············· 245
11.2　离散余弦变换 ·············· 249
　　11.2.1　一维离散余弦变换 ·············· 249
　　11.2.2　二维离散余弦变换 ·············· 251
11.3　沃尔什变换 ·············· 254
11.4　小波变换 ·············· 255
　　11.4.1　连续小波变换 ·············· 255
　　11.4.2　离散小波变换 ·············· 259
　　11.4.3　MATLAB 实例——小波变换
　　　　　用于图像压缩 ·············· 260
11.5　习题 ·············· 264

第12章　图像编码压缩 ·············· 266
12.1　图像压缩编码的可能性 ·············· 266
12.2　图像压缩编码 ·············· 267
　　12.2.1　无失真图像压缩编码 ·············· 267

- 12.2.2 有限失真图像压缩编码 ……… 273
- 12.2.3 MATLAB 实例——图像压缩用于消除冗余………………… 275
- 12.3 图像编码评价 ……………… 287
  - 12.3.1 客观评价准则……………… 287
  - 12.3.2 主观评价准则……………… 288
- 12.4 其他图像编码技术 …………… 289
  - 12.4.1 小波变换编码……………… 289
  - 12.4.2 模型基编码………………… 289
  - 12.4.3 分形编码…………………… 290
- 12.5 习题 …………………………… 291

第13章 图像处理应用实例……………… 292

- 13.1 图像处理用于车辆牌照定位 … 292
  - 13.1.1 车辆牌照图像特点………… 292
  - 13.1.2 车牌图像预处理…………… 293
  - 13.1.3 车牌定位…………………… 297
- 13.2 医学图像增强处理 …………… 300
  - 13.2.1 灰度变换…………………… 300
  - 13.2.2 空域增强…………………… 301
  - 13.2.3 频域滤波…………………… 302
  - 13.2.4 伪彩色处理………………… 304
- 13.3 习题 …………………………… 305

参考文献 ……………………………………… 306

第1章 数字图像处理基础

数字图像处理是指用计算机对图像进行处理,因此也称为计算机图像处理。数字图像处理有两个目的:一是为了便于分析而对图像信息进行改进,二是为了使计算机自动识别而对图像数据进行存储、传输及显示。

1.1 数字图像处理概述

数字图像处理技术的最早应用出现在20世纪20年代,得到普遍的重视则是在20世纪60年代中期,人们开始用计算机来处理图像信息。1964年,美国喷气推进实验室利用计算机对太空船发回的月球图像信息进行处理,收到明显的效果。到了20世纪60年代末,数字图像处理已经从信息处理、自动控制、计算机科学和数据通信等学科独立出来,成为专门研究图像处理的崭新学科。

1.1.1 数字图像处理的特点

数字图像处理和模拟图像处理、人的视觉处理相比,有以下几个特点:

1. 再现性好

数字图像处理与模拟图像处理的根本不同在于,它不会因为图像的存储、传输或复制等变换操作而导致图像质量的退化。只要图像在数字化时准确地表现了原貌,那么数字图像处理过程就始终能保持图像的再现,人类视觉能够直观地观察图像。

2. 处理精度高

将一幅模拟图像数字化为任意大小的二维数组,取决于图像数字化设备的能力。图像获取设备可以把每个像素的灰度等级量化为16位甚至更高,图像数字化精度能够满足任意应用需求。也就是说,不论图像的精度有多高,处理很容易得到定量结果,只需要改变程序中的数组参数就可以了。对比图像的模拟处理,为了把处理精度提高到一个数量级,就要改进处理装置,这样会大大提高成本。

3. 适应性好

数字图像处理既适用于可见光图像,又适用于不可见的波谱图像;既可处理静态图像又可处理动态图像。从图像反映的客观实体尺度看,可以小到电子显微镜图像,大到航空照片、遥感图像甚至天文望远镜图像。来自不同信号源的图像只要被转换成数字编码形式后,均可用二维数组表示的灰度图像组合而成并且均可用计算机处理。

4. 灵活性强

对同一幅图像,只要处理程序稍作改变,就可得到不同的处理结果。由于图像的光学处理从原理上讲只能进行线性运算,极大限制了光学图像处理的应用。而数字图像处理不仅能完成线性运算,而且能实现非线性处理,即凡是可以用数学公式或逻辑关系来表达的一切运算都可用数字图像处理实现。

5. 图像数据量大

图像中包含丰富的信息，数字图像的数据量十分巨大。一幅数字图像是由图像矩阵中的像素组成的，每个像素的灰度级至少要用 6 bit（单色图像）来表示，一般采用 8 bit（彩色图像），X 光照片一般有 64～256 KB。因此图像处理需要计算机配有足够的内、外存储空间，而且处理精度越高，所需存储空间越大。

6. 处理速度较慢

一般来说，与人的视觉处理速度相比，数字图像处理的速度还比较慢，而且随着处理精度的提高，处理所需的时间更长。这一点已成为数字图像处理实用化的关键问题。

7. 涉及领域广

数字图像处理涉及技术领域广泛，如计算机技术、电子技术、通信技术等。而且数学、光学、模式识别等理论在数字图像处理中都得到了应用。

1.1.2 数字图像处理的方法和内容

1. 数字图像处理的方法

数字图像处理方法可以分为两类：空间域法和变换域法。

（1）空间域法

空间域法是指在空间域直接对数字图像进行处理。在处理时，既可以直接对图像各像素点进行灰度上的变换处理，也可以对图像进行小区域模板的空域滤波等处理，以充分考虑像素的邻域对其影响。空间域法结构简单，处理速度较快。空间域法把图像视为关于 x 和 y 坐标位置的像素的集合，直接对二维函数的集合进行相应的处理。空间域法主要有两大类。一是邻域处理法，包括梯度运算、平滑算子运算和卷积运算。二是点处理法，包括灰度处理、面积、周长、体积计算等。

（2）变换域法

数字图像变换域的处理方法是对图像进行正交变换，得到变换域系数阵列，再对系数阵列进行处理，然后逆变换到空间域，最后得到处理结果的显示图像。由于交换域的作用空间比较特殊，不同于以往的空间域法，因此可以实现许多在空间域中无法完成或是很难实现的处理，广泛用于滤波、编码压缩等方面。由于各种变换算法在把图像从空间域向变换域进行变换以及反变换中均有较大计算量，所以目前虽然有许多快速算法，但变换域处理算法的运算速度仍受变换和反变换处理速度的制约而很难提高。

2. 数字图像处理的主要内容

数字图像处理技术涉及数学、计算机科学、模式识别、人工智能、信息论、生物医学等多门学科，是一门交叉应用技术，主要包括图像信息获取、图像存储和检索、图像运算、图像增强和复原、图像变换、图像分割、图像编码、图像描述、图像识别和理解等方面的内容。

（1）图像信息获取

数字图像处理的第一步是图像的采集和获取，把一幅图像转换成适合输入计算机的数字信号，这一过程包括摄取图像、A-D 转换及数字化等步骤。主要设备包括 CCD 摄像设备、扫描仪等图像数字化设备。

（2）图像存储和检索

为了保存、处理或传递图像信息，需要将原图像或经过处理的图像信息在计算机中按某种规律存储，必要时可以方便地找到它们，即进行图像的检索。为解决海量数据存储检索问题，主要研究数据压缩、图像格式和图像数据库技术等。

（3）图像运算

代数运算包括加、减、乘、除等运算，几何运算包括坐标转换，图像的缩放、旋转、镜像、校正等，此外还有逻辑运算和邻域处理。

（4）图像增强和复原

图像增强和复原的目的是提高图像的质量，如去除噪点、提高图像的清晰度等。图像增强不考虑引起图像降质的原因，而是突出图像中所感兴趣的部分。例如强化图像高频分量可以使图像中物体的轮廓清晰、细节明显，强化低频分量可以降低图像中噪点的影响。图像复原要求对图像降质的原因有一定的了解，一般根据降质的过程建立降质模型，再采用某种滤波方法，恢复或重建原来的图像。

（5）图像变换

由于图像阵列很大，直接在空间域中进行处理，涉及的计算量很大。因此，往往采用各种图像变换的方法，将空间域的处理转换为变换域处理，不仅可以减少计算量，而且可以获得更有效的处理。常用方法包括傅里叶变换、离散余弦变换、沃尔什变换和小波变换等。

（6）图像分割

图像分割是将图像中有意义的特征部分（图像边缘、纹理和区域等）提取出来，是进一步进行图像识别、分析和理解的基础。虽然目前已研究出不少边缘检测和区域分割的方法，但没有一种普遍适用于各种图像的有效方法。不过随着图像处理应用领域的不断扩展，对图像分割的研究还在不断深入。目前主要方法有阈值分割、区域分割和边界分割等。

（7）图像编码

图像编码属于信息论中的信源编码范畴，主要内容是利用图像信号的统计特性以及人类的视觉及心理学特性对图像信号进行高效压缩，从而减少数据存储量，降低数据量以减少传输带宽，压缩信息量。图像编码的主要方法有冗余编码、变换编码、小波变换编码等。

（8）图像描述

图像描述是图像识别和图像理解的必要前提。对于简单的二值图像，可以采用其几何特性描述物体的特性。一般图像的描述方法采用二维形状描述，它有边界描述和区域描述两类方法。对于特殊的纹理图像，可以采用二维纹理特征描述。随着图像处理技术研究的深入发展，已经开始进行三维物体描述的研究，提出了体积描述、表面描述、广义圆柱体描述等方法。

（9）图像识别和理解

图像识别可以简单地理解为利用提取的图像特征对事物进行分类处理，如根据颜色特征将新鲜的苹果按成熟度进行分级，按形状特征对梨分类等。所谓图像理解是利用图像信息实现模拟人的视觉系统理解客观事物。如对图像中的田间景物做出解释，成为田间自动作业机的向导。图像识别实际上可看作是一种简单的、仅仅涉及分类的图像理解，而图像理解则是包含更高层次的、达到某些智能化程度的处理。两者间的关系密切，有时也很难严格区分。图像识别和图像理解已成为在数字图像处理的基础上发展起来的一门新兴学科。但从广义角度来看，它们仍然属于图像处理的范畴。

1.1.3 数字图像处理的应用和发展

随着微电子技术发展,计算机运算和处理速度的提升,各种快速算法的出现,数字图像处理技术已经由最初的航天探测等少数尖端领域向现代文明的各个领域渗透,如目前广泛应用于生物医学、遥感航天和工业生产等活动中。数字图像处理技术正向高速度、高分辨率、多媒体、智能化和标准化方向发展。

1. 数字图像处理技术的应用

(1) 生物医学方面的应用

生物医学是图像处理技术的重要应用领域之一,也是较早进行图像处理研究的学科之一。由于它的直观、无创伤、安全方便的优点受到普遍的欢迎。计算机断层扫描成像(CT)是利用投影数据重建来生成人体横截面图像的技术,如图 1-1 所示。CT 使用 X 射线横向通过人体某一截面,由于器官对射线的吸收是不同的,输出的结果是每个吸收源衰减结果的线性叠加,可以得到人体某一截面的器官分布图。

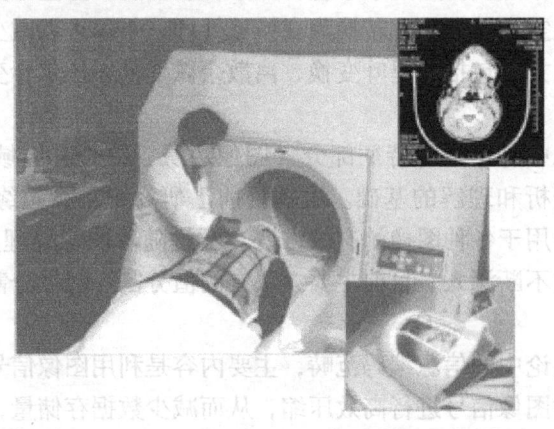

图 1-1 计算机断层扫描成像

图 1-2 是通过 MRI(核磁共振)扫描到的犬类心脏切片,灰度图表示组织密度,使用合适的滤波器来增强边缘,提高了图像的清晰度和图像判断的准确度,以便医生找出犬类体内各种组织的边界线,而且可以避免各种硬射线对生物的伤害。

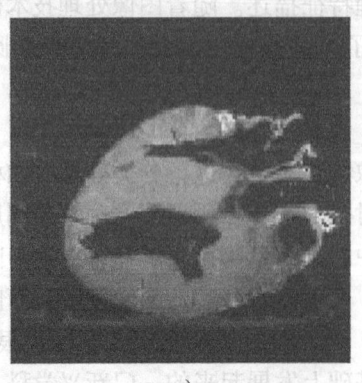 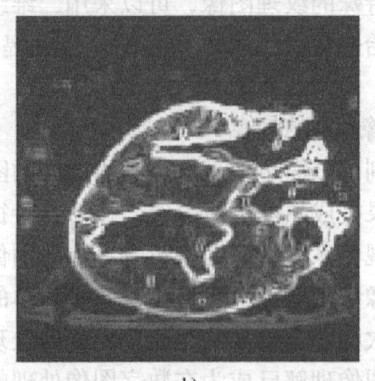

a) b)

图 1-2 犬类心脏切片
a) 原始图像 b) 边缘检测图像

当前的主要问题是分辨能力差，原因是入射电流进入人体组织后呈三维分布发散，因此，指向性不强，并且电流在人体组织中的分布规律复杂，未知因素多。

(2) 遥感航天领域的应用

遥感是利用装载在飞机或人造卫星上的传感器，收集由地球表面的物体反射或放射出的电磁波，并利用这些数据得到有关对象和现象信息的技术。主要包括多光谱卫星图像分析、资源普查、地图测绘、军事侦察等方面。当前，在遥感图像处理中需要解决数据量大和处理速度慢的矛盾。图1-3是遥感卫星拍摄的1998年长江洪水灾害的分布图片，气象部门据此做出预报并制定抗灾计划。

图 1-3　1998 年长江洪水灾害遥感图像

(3) 工业生产中的应用

在生产线上对产品及部件进行无损检测是图像处理技术的重要应用领域，主要有产品质量检测、生产过程的自动控制、CAD/CAM 等。在产品质量检测方面，如食品、水果质量检查、无损探伤、焊缝质量或表面缺陷、金属材料的成分和结构分析、纺织品质量检查等；在工业控制中，主要使用机器视觉系统对生产过程进行监视和控制，如港口的监测调度、交通管理、流水生产线的自动控制等；在 CAD/CAM 中，主要和基于图形学的模具、机械零件、服装、印染花型结合。

(4) 军事公安领域的应用

军事公安领域主要包括军事侦察、定位、引导和指挥，巡航导弹地形识别，遥控飞行器的引导，侧视雷达的地形侦察，目标的识别和制导，指纹自动识别，罪犯脸型合成等。

(5) 交通领域的应用

交通领域的应用主要包括交通管制、机场监控、运动车船的视觉反馈控制，车辆牌照识别等。

(6) 机器视觉的应用

机器视觉作为智能机器人的重要感知技术，主要进行三维景物的理解和识别。机器视觉主要涉及用于军事侦察、危险环境的自主机器人，邮政、医院和家庭服务的智能机器人，可实现装配线工件识别与定位，太空机器人的自主操作等。

2. 数字图像处理技术的发展方向

（1）提高处理的速度和精度

数字图像处理技术在进一步加强理论研究，逐步形成图像处理学科体系的同时，应进一步提高精度，着重解决图像处理速度等核心问题，将图像、图形技术相结合，朝着三维成像或多维成像的方向发展，但是，巨大的数据量和处理速度仍然是主要矛盾之一。

（2）提升图像处理硬件技术

在图像处理技术方面，一个新的趋势是更加重视图像处理的专门硬件芯片研究，把图像处理的众多功能固化到芯片上，使之更加便于应用。从20世纪80年代开始，图像处理的硬件技术也得到了迅速发展，这时不仅能处理二维图像，而且能进行三维图像的处理。目前一些图像处理硬件采用流水线结构，可以将JPEG的算法集成到一个芯片上。随着近年来医学图像处理、多媒体信息处理技术、图像融合技术和虚拟现实技术蓬勃发展，其中文本、动画、图形和视频都要借助于图像处理技术才能充分发挥作用。

（3）新理论和新算法

数字图像处理领域的新理论和新算法不断涌现，如 Wavelet 算法、Morphology 算法、Fractal 算法、神经网络和遗传算法等，广泛用于图像处理技术。这些理论和算法，将会成为今后图像处理技术的研究热点。此外图像处理技术将新算法研究和软件研究相结合，开发新的处理方法，特别要注意移植和借鉴其他学科的研究成果，创造新的处理方法。

（4）图像处理的标准化

由于图像的信息量及数据量大，因而图像信息的建库、检索和交流是一个重要问题。就现有情况看，软件和硬件种类繁多，交流不便，成为资源共享的障碍。应建立图像信息库，统一存放格式，建立标准子程序，统一检索方法。此外还应加强边缘学科的研究，促进图像技术的发展，如人的视觉特性、心理学特性研究。如果有所突破，则将对图像处理技术的发展起到促进作用。

1.2　图像数字化

由于计算机只能处理数字图像，而自然界提供的图像却是其他的形式，所以数字图像处理的一个先决条件就是将图像数字化。图像显示是数字图像处理的最后一个环节，所有处理结束后，显示环节需要把数字图像转化成适合人类使用的形式。针对这两个环节，计算机通过 A-D 转换将模拟图像变为数字图像，以便数字存储和计算机处理，反过来通过 D-A 转换将数字图像变为模拟图像，以利于显示。显示环节对数字图像处理是必要的，但对于数字图像分析却不一定是必需的。本节将重点介绍图像数字化的采样和量化。

1.2.1　图像采样

为了能够使用计算机处理图像，首先要把连续图像进行空间和幅值的离散化。对空间连续坐标的离散化称为图像的采样，而将幅值的离散化称为量化。采样就是用空间上部分点的灰度值代表图像，这些点称为采样点。由于图像基本是采取二维平面信息的分布方式来描述的，所以为了对它进行采样操作，需要先将二维信号变为一维信号，再对一维信号完成采样。换句话说，就是将二维采样转化为两次一维采样操作来实现。图1-4是图像采样原理示意图。

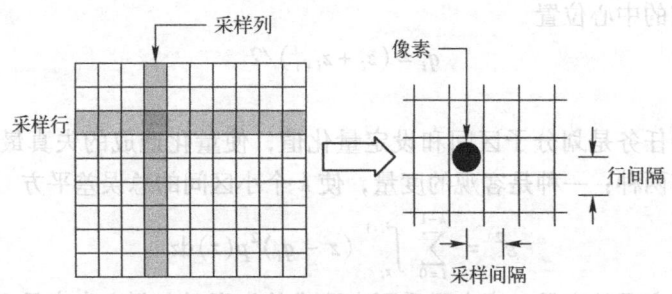

图1-4 图像采样原理图

图像信号是二维空间的信号，其特点是：它是一个以平面上的点作为独立变量的函数。例如，黑白与灰度图像是用二维平面情况下的浓淡变换函数来表示的，通常记为$f(x,y)$，它表示一幅图像在水平和垂直两个方向上的光照强度的变化。图像$f(x,y)$在二维空间域里进行空间采样时，常用的方法是对$f(x,y)$进行均匀采样，取得各点的亮度值，构成一个离散函数$f(i,j)$。如果是彩色图像，则是以三基色（RGB）的亮度作为分量的二维矢量函数来表示，即

$$f(x,y) = [f_R(x,y) \quad f_G(x,y) \quad f_B(x,y)]^T$$

相应的离散值为

$$f(x,y) = [f_R(i,j) \quad f_G(i,j) \quad f_B(i,j)]^T$$

与一维信号一样，二维图像信号的采样也要遵循采样定理。对一个频谱有限（$|u| < u_{max}$，且$|v| < v_{max}$）的图像信号$f(t)$进行采样，当采样频率满足

$$|u_r| \geq 2u_{max}, \quad |v_s| < 2v_{max}$$

时，采样函数$f(i,j)$便能无失真地恢复为连续信号$f(x,y)$，u_{max}和v_{max}分别为信号$f(x,y)$在两个方向频域上的有效频谱的最高角频率；r和s分别为二维采样频率。

1.2.2 图像量化

经过采样的图像，只是使其成为在空间上离散的像素阵列，使每个样本成为像素。但采样所得的像素值，即灰度值仍然是连续量。为了便于进行计算机处理，需要将采样所得连续像素值转换为离散整数值，即量化。量化在一定的准则下进行，如最小平方误差、人眼视觉特性的主观准则等。量化的准则不同，将导致不同的量化效果。按照量化级步长的均匀性，可分为均匀量化和非均匀量化。

1. 均匀量化

最简单的量化方案是均匀量化，又称为线性量化。设$f(x,y)$亮度值区间为$[L_{min}, L_{max}]$，称为灰度区间。将灰度区间等分成k个小区间，就是线性量化或均匀量化。量化过程中，每个小区间对应一个亮度值q，这样k个小区间就对应k个亮度值，称为k个灰度级。一般来说，k取为2的整数次幂，即$k=2^n, n=1,2,4,8\cdots$。若$n=8$，则$k=256$，表示共有256个灰度级。

设量化前的取值范围为$[z_0, z_k]$，概率分布为$p(z)$。均匀量化将$[z_0, z_k]$均分为k个小区

间，每个区间的长度为

$$L = (z_k - z_0)/k$$

各子区间以它的中心位置

$$q_i = (z_i + z_{i+1})/2$$

作为量化值。

量化器设计的任务是划分子区间和设定量化值，使量化造成的失真最小，等到最优量化。失真的度量有两种：一种是客观的度量，使 k 个小区间的总误差平方

$$\varepsilon^2 = \sum_{i=0}^{k-1} \int_{z_i}^{z_{i+1}} (z - q_i)^2 p(z) \mathrm{d}z$$

为最小；另一种是主观的度量，当人眼看不出造成的失真时，判定失真最小。这时误差小于视觉阈值。

当待量化值在 $[z_0, z_k]$ 区间内均匀分布时，也就是 $p(z)$ 等于常数时，均匀量化是最优的，此时 ε^2 最小，即当

$$p(z) = 1/(kL)$$

时

$$\varepsilon^2 = L^2/12$$

2. 非均匀量化

非均匀量化通常有两种形式。第一种方式是基于人的视觉特性要求，由于人眼的掩盖效应，所以对于亮度值急剧变化的部分没有必要进行过细的分层，只需进行粗量化；而对亮度值变化比较平缓的部分，就要进行较细的分层，即需进行细量化。第二种方式是先计算所有可能的亮度值出现的概率分布，对于出现概率大的那些亮度值进行细量化，对于出现概率小的那些亮度值则进行粗量化。这两种非均匀量化方式既能减小量化误差，又能保证以尽量小的比特数实现量化。

非均匀量化是指对图像中像素灰度值频繁出现的灰度值范围，量化间隔小一些，而对像素灰度值极少出现的灰度范围，则量化间隔大一些。对于某一幅特定的图像，根据其灰度的分布特征，在较小的量化级数下，采用非均匀量化的效果一定比均匀量化的效果好。但是，当允许量化级数比较大时，因为均匀量化已经能够对图像的细节进行描述，所以采用非均匀量化的效果并不明显。其作用只能徒增量化算法的复杂度。在量化级数比较大时，大多采用均匀量化。

一幅图像的数字化，实际上是指在图像的空间采样和灰度上的量化，针对空间采样和灰度量化，有以下两个概念要介绍。

1) 空间分辨率：即图像的大小，空间分辨率 = 最大行数 × 每行的最大像素数。

2) 灰度分辨率：即一个像素值单位幅度上包含的灰度级，如果用 1 字节存储一个像素值，则灰度级数为 256；如果用 4 bit 存储一个像素值，则灰度级数为 16。

设图像尺寸为 $M \times N$，每个像素所具有的离散灰度级数为 G。灰度级为不同灰度值的个数。通常把 M、N 和 G 取为 2 的整数幂，即

$$M = 2^m; N = 2^n; G = 2^k$$

设离散灰度级均匀分布在 $0 \sim G$，则存储一幅数字图像所需位数为

$$b = M \approx N \approx k$$

采样点越细密，灰度级数越大，离散后的图像与原始图像就越接近。但是随着 N、M 和 k 的增大，需要存储和处理的数据量也会越大，因此采样和灰度级不能太大。例如一幅 128×128 像素、64 个灰度级的图像需要的存储空间为

$$128 \times 128 \times 6 \text{ bit} = 98\ 304 \text{ bit}$$

1.3 图像文件格式

图像格式指的是存储图像采用的文件格式。不同操作系统、不同图像处理软件，所支持的图像格式都有可能不同，每种格式一般由不同的开发商支持。随着信息技术的发展和图像应用领域的不断拓宽，还会出现新的图像格式。因此要进行图像处理，必须了解图像文件的格式，即图像文件的数据构成。每一种图像文件均有一个文件头，在文件头之后才是图像数据。文件头的内容由制作该图像文件的公司决定，一般包括文件类型、文件制作者、制作时间、版本号和文件大小等内容。各种图像文件的制作还涉及图像文件的压缩方式和存储效率等。

下面介绍几种常见的图像文件格式，主要有 JPG、BMP、GIF、TIFF、PNG 等。

1.3.1 JPG 格式图像

静态图像压缩标准（Joint Photographic Experts Group，JPG 或 JPEG）是对静止灰度或彩色图像的一种国际压缩标准，其正式的名称为"连续色调静态图像的数字压缩和编码"。JPG 图像具有 24 位彩色处理能力，可以处理照片中的微小色彩细节，具有较高的图像质量，已在数码相机上得到广泛使用。

JPEG 是与平台无关的格式，支持最高级别的压缩，压缩比率可以高达 100∶1。不过这种压缩是以图像质量为代价的。JPEG 压缩可以很好地处理写实摄影作品。但是对于颜色较少、对比级别强烈、实心边框或纯色区域大的较简单的作品，JPEG 压缩无法提供理想的结果。其优点是：JPEG 影视作品或写实作品支持高级压缩，利用可变的压缩比可以控制文件大小；JPEG 广泛支持 Internet 标准。其缺点是：有损耗压缩会使原始图片数据质量下降。当编辑和重新保存 JPEG 文件时，JPEG 会混合原始图片数据的质量下降。这种下降是累积性的。JPEG 不适用于所含颜色很少、具有大块颜色相近的区域或亮度差异十分明显的较简单的图片。

JPEG 文件大体上可以分成两个部分：标记码（Tag）和压缩数据。标记码由 2 字节构成，其前 1 字节是固定值 0xFF，后 1 字节则根据不同意义有不同数值。在每个标记码之前还可以添加数目不限的无意义的 0xFF 填充，也就是说连续的多个 0xFF 可以被理解为一个 0xFF，并表示一个标记码的开始。而在一个完整的 2 字节的标记码后，就是该标记码对应的压缩数据流，记录了关于文件的诸种信息。

JPEG 文件由 SOI、APP0、DQT、SOF0、DHT、DRI、SOS、EOI 八个部分组成。

1）SOI（Start of Image），图像开始。
2）APP0（Application），应用程序保留标记。
① 数据长度，①~⑨九个字段的总长度。
② 标识符，固定值 0x4A46494600，即字符串"JFIF0"。

③ 版本号，一般是 0x0102，表示 JFIF 的版本号为 1.2。

④ X 和 Y 的密度单位，只有三个值可选（unit = 0：无单位；unit = 1：点数/英寸；unit = 2：点数/厘米）。

⑤ X 方向像素密度。

⑥ Y 方向像素密度。

⑦ 缩略图水平像素数目。

⑧ 缩略图垂直像素数目。

⑨ 缩略图 RGB 位图。

3）DQT（Define Quantization Table），定义量化表。

① 量化表长度。

② 量化表数目。

③ 量化表。

4）SOF0（Start of Frame），帧图像开始。

① 标记代码。

② 数据长度，①~⑥六个字段的总长度。

③ 精度，每个数据样本的位数，通常是 8 位。

④ 图像高度。

⑤ 图像宽度。

⑥ 颜色分量数，只有 3 个数值可选（1：灰度图；3：YCrCb 或 YIQ；4：CMYK），而 JFIF 中使用 YCrCb，故这里颜色分量数恒为 3。

⑦ 颜色分量信息，包括三部分。

a）颜色分量 ID。

b）水平/垂直采样因子。高 4 位：水平采样因子，低 4 位：垂直采样因子。

c）量化表号，当前分量使用的量化表的 ID。

5）DHT（Define Huffman Table），定义哈夫曼表。

① 数据长度，字段①和多个字段②的总长度。

② 哈夫曼表，包括三部分：

a）表 ID 和表类型。高 4 位：类型，只有两个值可选（0：DC 直流；1：AC 交流），低 4 位：哈夫曼表 ID，注意，DC 表和 AC 表分开编码。

b）不同位数的码字数量。

c）编码内容，16 个不同位数的码字数量之和。

6）DRI（Define Restart Interval），定义差分编码累计复位的间隔。

① 数据长度，固定值 0x0004，①~②两个字段的总长度。

② MCU 块的单元中的重新开始间隔，设其值为 n，则表示每 n 个 MCU 块就有一个 RSTn 标记。第一个标记是 RST0，第二个是 RST1 等，RST7 后再从 RST0 重复。

7）SOS（Start of Scan），扫描开始。

① 数据长度，①~④两个字段的总长度。

② 颜色分量数，和 SOF 中的字段⑤的值相同，即：1 表示灰度图，3 表示 YCrCb 或 YIQ，4 表示 CMYK。而 JFIF 中使用 YCrCb，故这里颜色分量数恒为 3。

③ 颜色分量信息,包括三部分:
a) 颜色分量 ID。
b) 直流/交流系数表号,高 4 位表示直流分量使用的哈夫曼树编号,低 4 位表示交流分量使用的哈夫曼树编号。
④ 压缩图像数据。
8) EOI (End of Image),图像结束,2 字节。

1.3.2 BMP 格式图像

BMP (Bitmap) 是 Window 操作系统中的标准图像文件格式。BMP 文件具有以下特点:
1) 只存放一幅图像。
2) 只能存储单色、16 色、256 色和真彩色四种图像数据。
3) 图像数据有压缩和非压缩两种处理方式。
4) 调色板的数据存储结构较为特殊,存储格式不是固定的,而是与文件头的某些具体参数密切相关的。

BMP 文件存储结构的格式可以在 Windows 中的 WINGDI.h 文件中找到定义。BMP 文件由文件头、位图信息头、颜色信息和图形数据四部分组成。需要注意的是:图像的像素值在文件中的存放顺序为从左到右,从下到上,也就是说,在 BMP 文件中首先存放的是图像的最后一行像素,最后才存储图像的第一行像素,但对与同一行的像素,则是按照先左边后右边的顺序存储的。另外一个需要关注的细节是:文件存储图像的每一行像素值时,如果存储该行像素值所占的字节数为 4 的倍数,则正常存储,否则,需要在后端补 0,凑足 4 的倍数。

1. 位图文件头

位图文件头 (Bitmap – file header) 包含了图像类型、图像大小、图像数据存放地址和两个保留未使用的字段。打开 WINGDI.h 文件,搜索 "BITMAPFILEHEADER" 就可以定位到 BMP 文件的位图文件头的数据结构定义。其结构定义如下

```
typedef struct tagBITMAPFILEHEADER
{
WORD bfType;          % 位图文件的类型,必须为"BMP"
DWORD bfSize;         % 位图文件的大小,以字节为单位
WORD bfReserved1;     % 位图文件保留字,必须为 0
WORD bfReserved2;     % 位图文件保留字,必须为 0
DWORD bfOffBits;      % 位图数据的起始位置,以相对于位图文件头的偏移量表示,以字节为单位
} BITMAPFILEHEADER;该结构占据 14 字节。
```

2. 位图信息头

位图信息头 (Bitmap – information header) 包含了位图信息头的大小、图像的宽高、图像的色深、压缩说明图像数据的大小和其他一些参数。打开 WINGDI.h 文件,搜索 "tag-BITMAPINFOHEADER" 就可以定位到 BMP 文件的位图信息头的数据结构定义。其结构如下:

```
typedef struct tagBITMAPINFOHEADER
{
DWORD biSize;              %本结构所占用字节数
LONG biWidth;              %位图的宽度,以像素为单位
LONG biHeight;             %位图的高度,以像素为单位
WORD biPlanes;             %目标设备的平面数必须为1
WORD biBitCount;           %每个像素所需位数,必须是1(双色),4(16色),8(256色)或24(真
                            彩色)之一
DWORD biCompression;       %位图压缩类型,必须是0(不压缩),1(BI_RLE8 压缩类型)或2(BI_
                            RLE4 压缩类型)之一
DWORD biSizeImage;         %位图的大小,以字节为单位
LONG biXPelsPerMeter;      %位图水平分辨率,每米像素数
LONG biYPelsPerMeter;      %位图垂直分辨率,每米像素数
DWORD biClrUsed;           %位图实际使用的颜色表中的颜色数
DWORD biClrImportant;      %位图显示过程中重要的颜色数
} BITMAPINFOHEADER;        %该结构占据40字节。
```

注意：对于 BMP 文件格式，在处理单色图像和真彩色图像的时候，无论图像数据多么庞大，都不对图像数据进行任何压缩处理。一般情况下，如果位图采用压缩格式，那么16色图像采用 RLE4 压缩算法，256色图像采用 RLE8 压缩算法。

3. 颜色表

颜色表用于说明位图中的颜色，它有若干个表项，每一个表项是一个 RGBQUAD 类型的结构，定义一种颜色。RGBQUAD 结构的定义如下

```
typedef struct tagRGBQUAD
{
BYTErgbBlue;           %蓝色的亮度(值范围为0~255)
BYTErgbGreen;          %绿色的亮度(值范围为0~255)
BYTErgbRed;            %红色的亮度(值范围为0~255)
BYTErgbReserved;       %保留,必须为0
} RGBQUAD;
```

颜色表中 RGBQUAD 结构数据的个数由 BITMAPINFOHEADER 中的 biBitCount 项来确定，当 biBitCount = 1，4，8 时，分别有 2，16，256 个颜色表项，当 biBitCount = 24 时，图像为真彩色，图像中每个像素的颜色用3字节表示，分别对应 R、G、B 值，图像文件没有颜色表项。

位图信息头和颜色表组成位图信息，BITMAPINFO 结构定义如下

```
typedef struct tagBITMAPINFO
{
BITMAPINFOHEADER bmiHeader;     %位图信息头
RGBQUAD bmiColors[1];           %颜色表
```

} BITMAPINFO;

> **注意**：RGBQUAD 数据结构中，增加了一个保留字段 rgbReserved，它不代表任何颜色，必须取固定的值为"0"。同时，RGBQUAD 结构中定义的颜色值中，红色、绿色和蓝色的排列顺序与一般真彩色图像文件的颜色数据排列顺序恰好相反，若某个位图中的一个像素点的颜色的描述为"00，00，ff，00"，则表示该点为红色，而不是蓝色。

4. 位图数据

位图数据记录了位图的每一个像素值或该像素对应的颜色表的索引值。图像记录顺序是：在扫描行内从左到右，扫描行之间从下到上，这种格式称为 Bottom_Up 位图。当然与之相对的还有 Up_Down 形式的位图，它的记录顺序是从上到下的，对于这种形式的位图，也不存在压缩形式。位图一个像素值所占的字节数是：当 biBitCount = 1 时，8 个像素占 1 个字节；当 biBitCount = 4 时，2 个像素占 1 个字节；当 biBitCount = 8 时，1 个像素占 1 个字节；当 biBitCount = 24 时，1 个像素占 3 个字节，此时图像为真彩色图像。当图像不是真彩色时，图像文件中包含颜色表，位图的数据表示对应像素点在颜色表中相应的索引值，当为真彩色时，每一个像素用 3 个字节表示图像相应像素点彩色值，每字节分别对应 R、G、B 分量的值，这时候图像文件中没有颜色表。Windows 规定图像文件中一个扫描行所占的字节数必须是 4 的倍数（即以字为单位），不足的以 0 填充。图像文件中一个扫描行所占的字节数计算方法如下

DataSizePerLine = (biWidth * biBitCount + 31)/8;　　％一个扫描行所占的字节数

位图数据的大小按下式计算（不压缩情况下）：

DataSize = DataSizePerLine * biHeight

1.3.3 其他格式图像

1. TIFF 格式图像

TIFF（Tagged Image File Format，加标记的图像文件形式）是 Mac 中广泛使用的图像格式，它由 Aldus 和微软联合开发，最初是出于跨平台存储扫描图像的需要而设计的。TIFF 是一种非失真的压缩格式（最高也只能做到 2~3 倍的压缩比），即把文件中某些重复的信息采用一种特殊的方式记录，文件可完全还原，能保持原有图像的颜色及层次。它的特点是图像格式复杂、存储信息多。正因为它存储的图像细微层次的信息非常多，图像的质量也得以提高，故而非常有利于原稿的复制。缺点是占用空间很大。

该格式有压缩和非压缩二种形式，其中压缩可采用 LZW 无损压缩方案存储。不过，由于 TIFF 格式结构较为复杂，兼容性较差，因此有时候软件不能正确识别 TIFF 文件（现在绝大部分软件都已解决了这个问题）。目前在 Mac 和 PC 上移植 TIFF 文件也十分便捷，因而 TIFF 现在也是微机上使用最广泛的图像文件格式之一。

2. GIF 格式图像

图形交换格式（Graphics Interchange Format，GIF）是 20 世纪 80 年代，美国一家著名的在线信息服务机构 CompuServe 针对当时网络传输带宽的限制，开发出来的图像格式。

GIF 格式的特点是压缩比高，磁盘空间占用较少，所以迅速得到了广泛的应用。最初的 GIF 只是简单地用来存储单幅静止图像（称为 GIF87a）。后来随着技术发展，可以同时存储若干幅静止图象进而形成连续的动画，使之成为当时支持 2D 动画为数不多的格式之一（称为 GIF89a），而在 GIF89a 图像中可指定透明区域，使图像具有非同一般的显示效果，这更使 GIF 风光十足。

此外，考虑到网络传输中的实际情况，GIF 图像格式还增加了渐显方式。也就是说，在图像传输过程中，用户可以先看到图像的大致轮廓，然后随着传输过程的继续而逐步看清图像中的细节部分，从而适应了用户的"从朦胧到清楚"的观赏心理。目前 Internet 上大量采用的彩色动画文件多为这种格式的文件。

GIF 的缺点是只支持 8 位调色板图像，不能存储超过 256 色的图像。尽管如此，这种格式仍在网络上得到广泛应用，这和 GIF 图像文件短小、下载速度快、可用许多具有同样大小的图像文件组成动画等优势是分不开的。

3. PNG 格式图像

PNG（Portable Network Graphics）是一种新兴的网络图像格式。在 1994 年底，由于 Unysis 公司宣布 GIF 拥有专利的压缩方法，要求开发 GIF 软件的作者须缴纳一定费用，由此促成免费的 PNG 图像格式的诞生。1996 年 10 月 1 日由 Compuserve 公司向国际网络联盟提出并得到推荐认可标准，并且大部分绘图软件和浏览器开始支持 PNG 图像浏览。

PNG 是目前不失真效果最好的图像文件格式，存储形式丰富，结合了 GIF 和 JPG 的色彩模式；因为 PNG 采用无损压缩方式来减少文件的大小，它能把图像文件压缩到较小容量以利于网络传输，但又能保留所有与图像品质有关的信息，这一点与牺牲图像品质以换取高压缩率的 JPG 有所不同；PNG 显示速度很快，只需下载 1/64 的图像信息就可以显示出低分辨率的预览图像；PNG 同样支持透明图像的制作，透明图像在制作网页图像的时候很有用，设计人员可以把图像背景设为透明，用网页本身的颜色信息来代替设为透明的色彩，这样可让图像和网页背景较好地融合在一起。

PNG 的缺点是不支持动画应用效果。Adobe 公司的 Fireworks 软件的默认格式就是 PNG。现在越来越多的软件开始支持这一格式，而且在网络上也越来越流行。

1.4 习题

1. 数字图像处理技术有哪些特点？
2. 数字图像处理的主要方法有哪些？
3. 数字图像处理技术包含哪些内容？
4. 结合日常生活谈谈数字图像处理的具体应用。
5. 数字图像处理的发展方向有哪些？
6. 什么是图像的采样和量化？
7. 试述 BMP 格式图像文件的结构和各部分的作用。
8. 比较各种图像格式的优缺点。

第 2 章 MATLAB 软件

MATLAB 是由美国 Mathworks 公司发布的面向科学计算、可视化以及交互式程序设计的高科技计算环境。它将数值分析、矩阵计算、科学数据可视化以及非线性动态系统的建模和仿真等诸多强大功能集成在一个易于使用的视窗环境中，为科学研究、工程设计以及必须进行高精度数值计算的众多科学领域提供了一种全面的解决方案，并在很大程度上摆脱了传统非交互式程序设计语言（如 C、Fortran）的编辑模式，代表了当今国际科学计算软件的先进水平。

经过三十多年的发展和完善以及各种版本的升级换代，MATLAB 已发展到 8.1 版本。新版本 MATLAB 的功能已经十分强大，其应用领域日益广泛，速度更快，数值性能更好；用户图形界面设计更趋合理；与 C 语言接口及转换的兼容性更强；新的虚拟现实工具箱更给仿真结果在三维视景下的显示带来了新的解决方案。

2.1 MATLAB 特点

MATLAB 在科学研究和工程实际应用中受到广泛欢迎，其主要优势和特点有以下几点：

（1）超强的数值运算功能。

在 MATLAB 中有超过 500 种数学、统计、科学及工程方面的函数可供使用，而且使用简单快捷，能使用户从繁杂的数学运算分析中解脱出来；由于库函数都由相关领域的专家编写，用户不必担心函数的可靠性。通常可以用 MATLAB 来代替底层编程语言，在计算要求相同的情况下，使用 MATLAB 的编程工作量大大减少。

（2）出色的图形处理功能。

MATLAB 具有方便的数据可视化功能，能够将向量和矩阵用图形的形式表现出来，并且可以对图形进行标注和打印。MATLAB 对整个图形处理功能进行了改进和完善，使它不仅在一般数据可视化软件功能（例如二维曲线和三维曲面的绘制和处理）方面更加完善，而且对于一些其他软件所不具备的功能（例如图形的光照处理、色度处理和四维数据的表现等）也具有出色的处理功能。MATLAB 还着重在图形用户界面的制作上做了很大的改善，可满足这方面的用户需求。

（3）简单易用的编程语言。

MATLAB 是一种高级的矩阵语言，包含控制语句、函数、数据结构、输入/输出和面向对象编程等特点。用户可以在命令窗口将输入语句与执行命令同步，也可以先编写一个复杂的应用程序后再运行。MATLAB 是在 C++ 语言的基础上编写的，语法特征与 C++ 语言相似，而且更加简单，程序语言为接近数学表达式的自然化语言，而且不需要在 C++ 语言中必需的预定义，符合科研人员对数学表达式的书写格式，利于非计算机专业的人员使用。语言可移植性好，拓展性强。

（4）友好的工作平台和编程环境。

MATLAB 的许多工具都有图形用户界面，为用户使用 MATLAB 函数和文件提供了方便。

随着 MATLAB 的商业化以及软件升级换代，用户界面也越来越精致，更加接近 Windows 标准界面，人机交互性更强，操作更简单。同时 MATLAB 提供了完整的联机查询、帮助系统，极大地方便了用户的使用。MATLAB 简单的编程环境提供了比较完备的调试系统，程序不必经过编译就可以直接运行，而且能够及时地报告出现的错误并进行出错原因分析。

（5）功能丰富的应用工具箱。

MATLAB 针对许多领域开发了功能强大的模块集和工具箱，它们都是由各学科领域内学术水平很高的专家编写的，使用户无需再编写自己学科范围内的基础程序，为用户提供了大量方便实用的处理工具。目前 MATLAB 的工具箱涉及科学研究和工程应用的许多领域，如图像处理、信号处理、小波分析、优化算法、样条拟合、神经网络、模糊控制等。

（6）实用的程序接口。

MATLAB 可以利用 MATLAB 编译器和 C/C++ 数学库和图形库，将自己的 MATLAB 程序自动转换为独立于 MATLAB 运行的 C 和 C++ 代码。MATLAB 还允许用户编写可以和 MATLAB 进行交互的 C 和 C++ 语言程序。另外 MATLAB 网页服务程序还容许在 Web 应用中使用自己的 MATLAB 数学和图形程序。

2.2 MATLAB 集成环境

MATLAB 既是一种语言，又是一种编程环境。在 MATLAB 环境下，系统提供一些操作界面，了解和熟悉这些桌面环境是使用 MATLAB 的基础。下面介绍 MATLAB 的启动和退出、命令窗口、工作空间、命令历史窗口、当前工作目录窗口、搜索路径、帮助系统。

2.2.1 启动和退出

启动 MATLAB R2010b 后出现的操作桌面，是一个高度集成的 MATLAB 工作桌面。其默认形式如图 2-1 所示。工作界面包括四个最常用的界面：命令窗口（Command Window）、工作空间（Workspace）、命令历史窗口（Command History）、当前工作目录窗口（Current Directory）。

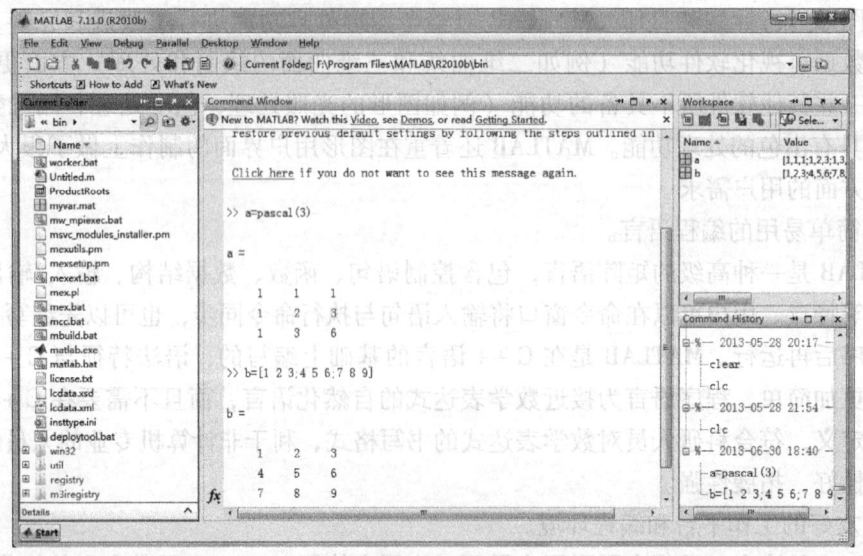

图 2-1 工作桌面

退出 MATLAB 系统的方式有两种：
1）在文件菜单（File）中选择"Exit"或"Quit"。
2）用鼠标单击窗口右上角的关闭图标。

2.2.2 MATLAB 命令窗口

MATLAB 的命令窗口（Command Window）用于 MATLAB 命令的交互操作。用户只要单击图 2-1 中命令窗右上角的按钮 ，即可独立打开命令窗口，如图 2-2 所示。在命令窗口输入的命令会立即得到执行并显示出执行结果，非常适用于编写较小的程序（编写大型和复杂的程序应采用 M 文件编程方法）。

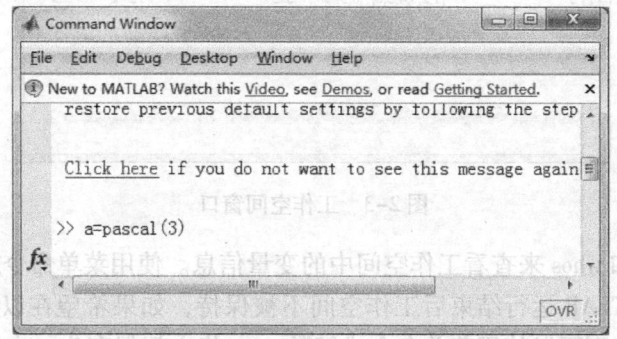

图 2-2　MATLAB 命令窗口

在 MATLAB 命令窗口的菜单条中提供了 File（文件）、Edit（编辑）、Debug（调试）、Desktop（桌面）、Window（窗口）和 Help（帮助）菜单命令。利用 File 菜单可以对文件进行操作，包括新建、打开、输入数据等；利用 Edit 菜单可以完成编辑操作，包括剪切、复制、粘贴等；利用 Debug 菜单可以对程序进行编译，包括断点设置等；利用 Desktop 可以控制当前窗口的视图，选中"Dock Command Window"子菜单又可让命令窗回到启动界面（MATLAB 桌面的其他窗口也具有同样操作）；利用 Window 菜单可以在各个窗口之间进行转换；使用 Help 菜单可以获得使用 MATLAB 的帮助信息。

双击 MATLAB 图标，就可以进入命令窗口，此时意味着系统处于准备接受命令的状态，可以在命令窗口中直接输入命令语句。

MATLAB 语句形式为

>>变量＝表达式

通过等号将表达式的值赋予变量。当按下〈Enter〉键时，该语句被执行。语句执行之后，命令窗口自动显示出语句执行的结果。

MATLAB R2010b 版本在输入符">>"之前新增了函数浏览器 fx，可以方便地进行函数查找以及浏览函数参数的自动帮助信息。

2.2.3 MATLAB 工作空间

当 MATLAB 启动后，系统自动在内存中开辟一块存储区域，用于存储用户在 MATLAB 命令窗口中定义的变量、运算结果和有关数据。此内存空间称为 MATLAB 的工作空间

(Workspace)，如图 2-3 所示。工作空间在 MATLAB 刚启动时为空。此后，用户通过使用函数、运行 M 文件或装载将变量保存到工作空间中。但一旦退出系统，工作空间的内存将不再保留。在工作空间窗口里，用户可以查看和改变工作空间的内容。其中，"Name"列、"Value"列、"Size"列、"Bytes"列、"Min"列和"Max"列分别对应变量名、变量值、变量数组大小、变量字节大小、变量最小值和最大值。

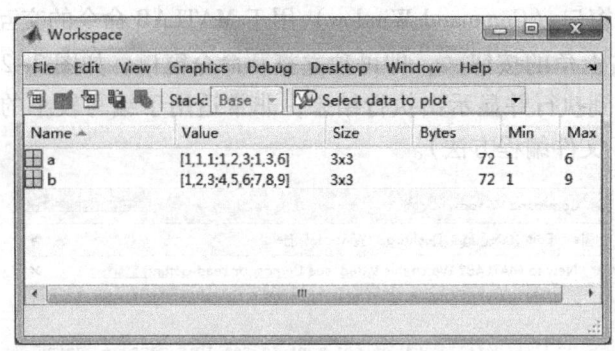

图 2-3 工作空间窗口

使用函数 who 和 whos 来查看工作空间中的变量信息。使用菜单命令或 clear 函数来删除空间中的变量。MATLAB 运行结束后工作空间不被保持，如果希望在以后的 MATLAB 运行过程中使用该空间，则可以使用菜单命令或函数 save 将空间保存为一个 MAT 文件，文件扩展名为 .mat。读取 MAT 文件可以使用菜单或函数 load。

在工作空间浏览器中右键单击一个变量可以看到行编辑器，使用该编辑器可对工作空间的一维或二维常数数组、字符串或字符串数组元素进行编辑和查看。

2.2.4 命令历史窗口

在 MATLAB 的命令窗口中，可输入各种合法的 MATLAB 命令，生成 MATLAB 工作空间中的变量，同时命令行保存在命令历史窗口中。如图 2-4 所示，命令历史窗口包含用户已在命令窗口中输入的命令的记录，包括当前和以前的 MATLAB 会话。在以后输入命令时，可以调出以前输入的命令并加以修改。在命令历史窗口中直接利用鼠标可以将命令行拖曳到命令窗口，也可以直接双击命令行调出命令并进行执行。

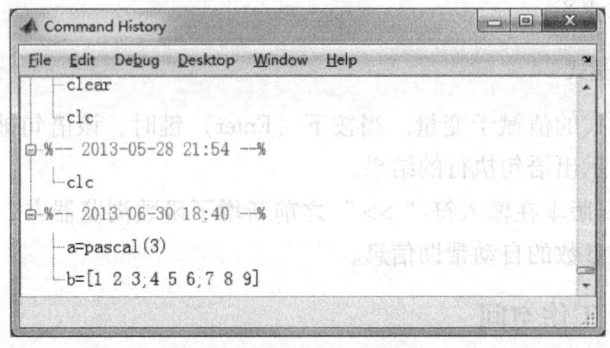

图 2-4 命令历史窗口

2.2.5 当前工作目录窗口

当前工作目录窗口如图 2-5 所示，显示当前程序生成的文件保存位置。MATLAB 文件的操作使用当前工作目录并使用搜索路径作为参考点，用户希望运行的任何文件都必须位于当前目录或搜索路径内。当前工作目录窗口用来搜索、查看、打开或修改 MATLAB 相关路径。另外，也可以通过函数 dir、cd 和 delete 来进行路径操作。

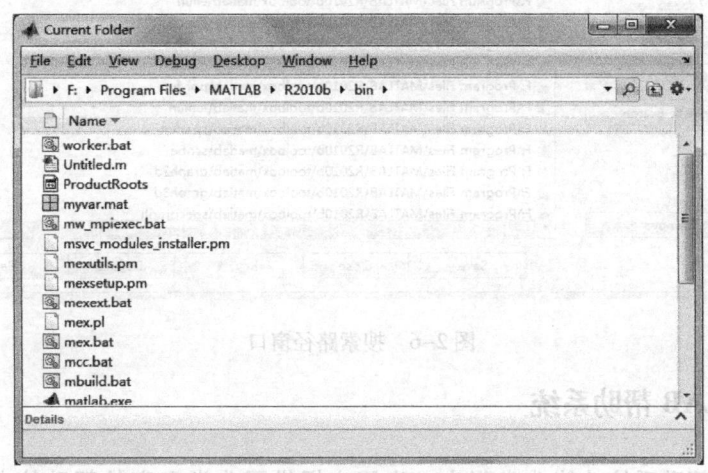

图 2-5 当前工作目录窗口

2.2.6 MATLAB 搜索路径

MATLAB 是通过搜索路径来查找 M 文件的，因此 MATLAB 的系统文件、Toolboxes 工具箱函数、用户自己编写的 M 文件等都可以保存在搜索路径之内。当用户输入一个标识符（如 Value）时，MATLAB 按下列步骤处理：

1) 检查 Value 是否为变量。
2) 检查 Value 是否为内部函数。
3) 在当前工作目录下是否存在 Value.m 文件。
4) 在 MATLAB 搜索路径上是否存在 Value.m 文件。

如果在搜索路径上存在多个 Value.m 文件，则只执行第一个 Value.m 文件。

MATLAB 提供了搜索路径管理窗口，如图 2-6 所示。选择菜单 "file" → "set path"，便可进入如图 2-6 所示的搜索路径管理窗口。窗口左侧按钮的功能如下：

1) "Add Folder" 按钮可以将指定的文件夹添加到搜索路径中。
2) "Add with Subfolders" 按钮可以一次将指定的目录及子目录添加到路径中，添加的文件夹位于最上面，也就是 MATLAB 最新搜索的文件夹。
3) "Move to Top" 和 "Move to Bottom" 按钮可以将选定的文件夹移到最上面和最下面。
4) "Move Up" 和 "Move Down" 按钮可以将选定的文件夹上移和下移一个条目。
5) "Remove" 按钮可以在搜索路径中删去选定的文件夹。
6) "Save" 按钮保存修改后的搜索路径，以便下次启动 MATLAB 时能够采用这次的设置，如果不保存，则修改后的路径设置只在本次任务中起作用。

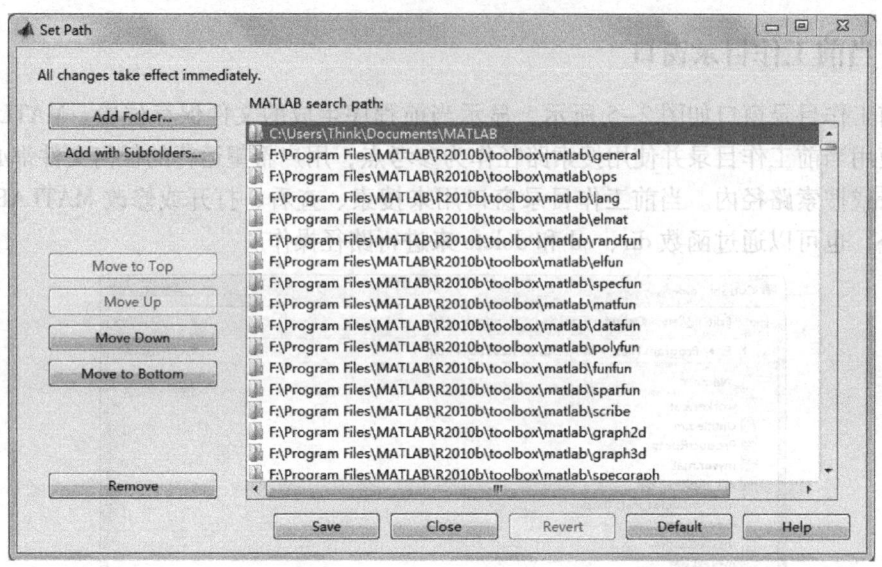

图 2-6　搜索路径窗口

2.2.7　MATLAB 帮助系统

MATLAB 的帮助系统功能非常强大，为用户提供了非常丰富的帮助信息，如软件产品帮助、函数帮助、网络资源帮助等，极大地完善了 MATLAB 软件的功能。

打开帮助系统后，系统出现如图 2-7 所示的帮助系统，包括帮助向导页面和帮助显示页面两部分。帮助向导页面中含有 4 个可供用户选择的窗口。帮助目录窗口列出了帮助系统

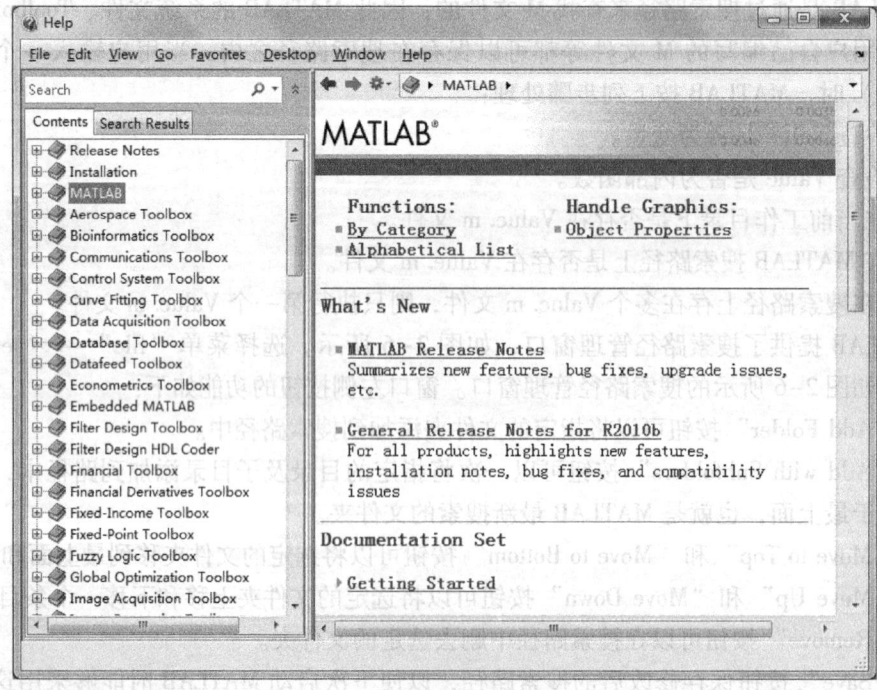

图 2-7　帮助系统

所有的目录，用户可以轻松地找到自己所需要查询的标题，单击标题会在帮助显示页面显示该标题的内容，并可以随时联机更新。

帮助索引窗口由英文字母索引、标题词索引和索引显示框组成，用户可单击检索标题的第一个字母或在标题词索引输入框输入标题词进行更新。单击相应字母或输入标题词后，索引显示框中会显示检索的内容，显示方式是在左边显示标题词名称，右边显示内容所属的产品模块。单击标题会在帮助显示页面显示相应的帮助内容。

在查询帮助窗口，用户可直接在检索词输入框输入检索词，单击"go"按钮后，帮助系统会在帮助显示页面显示检索内容。帮助显示页面由工具栏、标题框和文本显示框组成。

2.3 MATLAB 基本运算

MATLAB 是一门计算语言，它的运算指令和语法基于一系列基本的矩阵运算以及它们的扩展运算，它支持的数据元素是复数，这是 MATLAB 区别于其他高级语言的特点之一。因此为了更好地利用 MATLAB 语言的优越性和简洁性，首先要了解 MATLAB 的数据类型、矩阵运算、符号运算和逻辑运算。

2.3.1 MATLAB 数据类型

MATLAB 包括 4 种基本数据类型，即双精度数组、字符串数组、元胞数组和构架数组。数据之间可以相互转化，这为其计算功能开拓了广阔的空间。四种数据类型的差异见表 2-1。

表 2-1 四种数据类型基本构成比较

数组类型	组成部分	数据格式	占用字节数
双精度数组	元素	双精度实数标量 或双精度复数标量	8 16
字符串数组	元素	字符	2
元胞数组	元胞	可以存放任何类型、任何大小的数据	不定
构架数组	构架	只有挂接在构架上的"域"才能存放数据。数据可以是任何类型、任何大小	不定

1. 双精度数组

数据运算中的基本单元是变量，与 C 语言等其他高级语言不同，MATLAB 中的变量无需预定义，MATLAB 自动生成变量，并根据变量的操作确定其类型。

任何程序语言的执行结果都在命令窗口显示，同时赋值给指定的变量，数据的显示格式由 format 命令控制。MATLAB 以双字长浮点数（双精度）来执行所有运算。结果为整数，则显示没有小数，结果不是整数，则输出形式见表 2-2。

表 2-2 MATLAB 数据显示格式

格 式	含 义	格 式	含 义
format	短格式（5 位定点数）	format long e	长格式 e 方式
format long	长格式（15 位定点数）	format bank	2 位十进制格式
format short e	短格式 e 方式	format hex	十六进制格式

2. 字符串数组

字符是 MATLAB 中符号运算的基本元素,也是文字等表达方式的基本元素。在 MATLAB 中,字符串作为字符数组用单引号(')引用到程序中,还可以通过字符串运算组成复杂的字符串。字符串数据和数字数据之间可以进行转换,也可以执行字符串的有关操作。

3. 元胞数组

元胞是元胞数组的基本组成部分。元胞数组与数字数组相似,以下标来区分,单元胞数组由元胞和元胞内容两部分组成。用花括号 {} 表示元胞数组的内容,用圆括号 () 表示元胞元素。与一般的数字数组不同,元胞数组可以存放任何类型、任何大小的数组,而且同一个元胞数组中各元胞的内容可以不同。

例 2-1 元胞数组的创建和显示

MATLAB 代码如下

```
A(1, 1) = {'An example of cell array'};
A(1, 2) = {[1 2;3 4]}; A{2, 1} = tf(1, [1, 8]); A{2, 2} = {A(1, 2);'This is an example'};
celldisp(A)    % 显示元胞数组
```

元胞数组 A 第 1 行用元胞数组法建立一个字符串和一个矩阵;第 2 行用元胞内容编址法建立一个传递函数和一个由两个元素组成的元胞组,分别是矩阵和字符串;最后用 celldisp 函数显示元胞数组 A。

4. 构架数组

与元胞数组相似,构架数组(Structure Array)也能存放各类数据,使用指针方式传递数值。构架数组由结构变量名和属性名组成,用指针操作符"."连接结构变量名和属性名。

例 2-2 温室数据(包括温室名、容量、温度、湿度等)的创建与显示。

(1)产生结构变量

```
green_house.name = '一号温室';    % 创建温室名字段
green_house.volume = '2000 立方米';    % 创建温室容量字段
green_house.parameter.temperature = [31.2 30.4 31.6 28.7 29.7 31.1 30.9 29.6];
                                    % 创建温室温度字段
green_house.parameter.humidity = [62.1 59.5 57.7 61.5 62.0 61.9 59.2 57.5]; % 创建温室湿度字段
```

其中用 green_house.name 表示温室名称,用 green_house.volume 表示温室容量,用 green_house.parameter.temperature 和 green_house.parameter.humidity 表示温室的温度和湿度参数,构架数组 green_house 由四个属性组成。

(2)显示结构变量的内容

```
green_house        % 显示结构变量结构
```

运行程序,显示结果如下

```
green_house =
    name: '一号温室'
    volume: '2000 立方米'
```

parameter: [1x1 struct]

(3) 显示指定字段（parameter）中内容

green_house. parameter   %用字段作用符号

运行程序，显示结果如下

ans =
temperature: [2x4 double]
humidity: [2x4 double]

(4) 显示 temperature 字段中的内容

green_house. parameter. temperature

运行程序，显示结果如下

ans =
31. 2000 30. 4000 31. 6000 28. 7000
29. 7000 31. 1000 30. 9000 29. 6000

2.3.2 矩阵运算

MATLAB 软件的最大特点是强大的矩阵运算功能，在 MATLAB 软件中，所有计算都是以矩阵为单元进行的，可见矩阵是 MATLAB 的核心。

1. 矩阵的创建和访问

由 m 行 n 列构成的数组 a 称为 $m \times n$ 阶矩阵，总共由 $m \times n$ 个元素组成，矩阵元素记为 a_{ij}，其中 i 表示行，j 表示列。

在 MATLAB 中，矩阵的表现形式和数组相似，以方括号"[ ]"表示，每一行元素结束用分号或回车符分割，每个元素之间用空格或逗号分隔。建立矩阵的方法有直接输入矩阵元素、在现有矩阵中添加删除元素、读取数据文件、采用现有矩阵组合、矩阵转向、矩阵移位以及直接建立特殊矩阵等。

例 2-3 矩阵创建实例

输入程序代码

a = [1 2 3;4 5 6]

运行结果是创建一个 2×3 的矩阵 a，a 的第 1 行由 1、2、3 三个元素组成，第 2 行由 4、5、6 三个元素组成，输出结果如下：

a =
  1 2 3
  4 5 6

接着输入

b = [a;11 12 13]

运行结果是生成了一个 3×3 的矩阵 b，b 矩阵是在 a 矩阵的基础上添加一行元素 11、12、13，组成新的矩阵，输出结果如下

```
b =
    1    2    3
    4    5    6
   11   12   13
```

MATLAB 中对矩阵元素的访问如下所示。

单个元素的访问：$b(2,3) \rightarrow 6$，访问第 2 行第 3 列的元素。
整列元素的访问：$b(:,2) \rightarrow [2,5,12]$，访问第 2 列元素。
整行元素的访问：$b(2,:) \rightarrow [4,5,6]$，访问第 2 行元素。
整块元素的访问：$b(1:2,1:2) \rightarrow [1,2;4,5]$，访问一个 2×2 的子块矩阵。

MATLAB 提供了很多特殊矩阵的生成函数，表 2-3 列出了一些常用的生成函数，关于其他的特殊函数，可以参见联机帮助。

表 2-3　MATLAB 常用特殊矩阵生成函数

函　数　名	功能说明	函　数　名	功能说明
zeros	元素全为 0 的矩阵	tril	下三角矩阵
ones	元素全为 1 的矩阵	eye	单位矩阵
rand	均匀分布随机矩阵	company	伴随矩阵
randn	正态分布随机矩阵	hilb	Hilbert 矩阵
magic	魔方矩阵	vander	vander 矩阵
diag	对角矩阵	hankel	hankel 矩阵
triu	上三角矩阵	hadamard	hadamard 矩阵

例 2-4　特殊矩阵生成函数举例
输入程序代码

```
>> a = zeros(3)    %生成元素全为 0 的矩阵
```

输出为

```
a =
    0    0    0
    0    0    0
    0    0    0
```

```
>> b = ones(3)    %生成元素全为 1 的矩阵
```

输出为

```
b =
    1    1    1
    1    1    1
    1    1    1
```

```
>> c = rand(3)    %生成(0,1)之间的随机矩阵
```
输出为

c =

    0.8147   0.9134   0.2785
    0.9058   0.6324   0.5469
    0.1270   0.0975   0.9575

```
>> d = randn(3)   %生成均值为0,方差为1的随机矩阵
```
输出为

d =

    2.7694   0.7254   −0.2050
   −1.3499   −0.0631   −0.1241
    3.0349   0.7147   1.4897

```
>> m = [1 2 3;4 5 6;7 8 9];a = tril(m);b = triu(m);c = diag(m);
```

m 为 3×3 的矩阵, a 为 m 的下三角矩阵, b 为 m 的上三角矩阵, c 为 m 对角线元素组成的矩阵, 输出为

a =

   1   0   0
   4   5   0
   7   8   9

b =

   1   2   3
   0   5   6
   0   0   9

c =

   1
   5
   9

2. 矩阵的运算

矩阵和矩阵之间进行如表 2-4 所示的基本运算。

表 2-4 矩阵基本运算

操作符号	功能说明	操作符号	功能说明
+	矩阵加法	/	矩阵左除
−	矩阵减法	'	矩阵转置
*	矩阵乘法	logm( )	矩阵对数
^	矩阵的幂	expm( )	矩阵指数
\	矩阵右除	inv( )	矩阵求逆

例 2-5 矩阵基本运算举例

解：程序代码如下

a = [1 2;3 4];b = [3 5;2 9];div1 = a/b   %矩阵左除
div2 = a\b   %矩阵右除

输出结果如下

div1 =
  0.2941 0.0588
  1.1176 -0.1765
div2 =
 -4.0000 -1.0000
  3.5000 3.0000

MATLAB 提供了多种关于矩阵的函数，表 2-5 列出了一些常用的矩阵运算函数。

表 2-5 矩阵运算函数

函 数 名	功 能 说 明	函 数 名	功 能 说 明
rot90( )	矩阵逆时针旋转 90°	eig( )	矩阵特征值和特征向量
flipud( )	矩阵上下翻转	rank( )	矩阵的秩
fliplr( )	矩阵左右翻转	trace( )	矩阵的迹
flipdim( )	矩阵的某维元素翻转	norm( )	矩阵的范数
shiftdim( )	矩阵元素移位	poly( )	矩阵特征根

例 2-6 矩阵函数运算举例

程序代码如下

```
A = reshape(1:9,3,3)     %产生 3×3 矩阵
r = rank(A)              %求矩阵的秩
t = trace(A)             %求矩阵的迹
[b,c] = eig(A)           %求矩阵特征值和特征向量
```

输出结果如下

A =
 1 4 7
 2 5 8
 3 6 9
r =
 2
t =
 15
b =
 -0.4645 -0.8829 0.4082
 -0.5708 -0.2395 -0.8165
 -0.6770 0.4039 0.4082

```
        c =
         16.1168         0              0
             0        -1.1168           0
             0           0           -0.0000
```

矩阵分解用于方程求根，表 2-6 列出了一些常用的矩阵分解运算函数。

表 2-6　矩阵分解运算函数

函 数 名	功能说明	函 数 名	功能说明
svd()	矩阵奇异值分解	chol()	矩阵 Cholesky 分解
qr()	矩阵 QR 分解	lu()	矩阵 LU 分解

例 2-7　矩阵分解运算函数举例

程序代码如下

```
a = [6 2 1;2 3 1;1 1 1];[L,U,P] = lu(a)    %对矩阵进行 LU 分解
```

通过函数 lu() 对矩阵 a 进行 LU 分解，得上三角阵 U、下三角阵 L、置换矩阵 P，输出结果如下：

```
L =
    1.0000         0           0
    0.3333      1.0000          0
    0.1667      0.2857      1.0000
U =
    6.0000      2.0000      1.0000
        0       2.3333      0.6667
        0          0           0
P =
    1    0    0
    0    1    0
    0    0    1
```

2.3.3　符号运算

符号运算是指：计算数学表达式时，不是在离散化的数值点上进行，而是凭借一系列恒等式和数学定理，通过推理和演绎，获得解析结果。这种计算建立在数值完全准确表达和推演严格解析的基础上，因此得到的结果是完全准确的。MATLAB 提供了符号数学工具箱，有复合、简化、微分、积分以及求解代数方程和微分方程的工具。另外还有一些用于线性代数的工具，求解逆、行列式、正则形式的精确结果，找出符号矩阵的特征值而没有由数值计算引入的误差。工具箱还支持可变精度运算，即支持符号计算并能以指定的精度返回结果。符号数学工具箱大大增强了 MATLAB 解决实际问题的能力。

符号运算与数值运算的主要区别在于：

1) 数值运算中必须先对变量赋值，然后才能参与运算。

2）符号运算无须事先对独立变量赋值，运算结果以标准的符号形式表达。

1. 符号对象和符号表达式

MATLAB 使用 sym 和 syms 两个命令创建符号变量和符号表达式。

（1）使用 sym 命令创建符号变量和表达式

1）符号变量创建的语法：

  sym('变量',参数) %把变量定义为符号对象

说明：参数用来设置限定符号变量的数学特性，可以选择为 'positive'、'real' 和 'unreal', 'positive'表示为"正、实"符号变量，'real'表示为"实"符号变量，'unreal'表示为"非实"符号变量。如果不限定则参数可省略。

例 2-8 创建符号变量，用参数设置其特性。

创建符号变量程序代码如下

```
syms x y real            % 创建实数符号变量
z = x + i * y;           % 创建 z 为复数符号变量
real(z)                  % 复数 z 的实部是实数 x
```

输出结果如下

  ans =
    x

清除符号变量程序代码如下

```
sym('x','unreal');       % 清除符号变量的实数特性
real(z)                  % 复数 z 的实部
```

输出结果如下

  ans =
    $1/2 * x + 1/2 * \mathrm{conj}(x)$

程序分析：设置 x、y 为实数型变量，可以确定 z 的实部和虚部。

2）符号表达式创建的语法：

  sym('表达式') %创建符号表达式

例 2-9 创建符号表达式。

程序代码如下

  f1 = sym('a * x^2 + b * x + c')

输出结果如下

  f1 =
    a * x^2 + b * x + c

（2）使用 syms 命令创建符号变量和符号表达式

语法：

```
syms('arg1','arg2',…,参数)        %把字符变量定义为符号变量
symsarg1 arg2 …,参数               %把字符变量定义为符号变量的简洁形式
```

说明：syms 用来创建多个符号变量，这两种方式创建的符号对象是相同的。参数设置和前面的 sym 命令相同，省略时符号表达式直接由各符号变量组成。

例 2-10　使用 syms 命令创建符号变量和符号表达式。

程序代码如下

```
syms a b c x           %创建多个符号变量
f2 = a*x^2 + b*x + c   %创建符号表达式
```

输出结果如下

```
f2 =
    a*x^2 + b*x + c
```

程序代码如下

```
syms('a','b','c','x')
f3 = a*x^2 + b*x + c;   %创建符号表达式
```

输出结果如下

```
f3 =
    a*x^2 + b*x + c
```

程序分析：既创建了符号变量 a、b、c、x，又创建了符号表达式，f2、f3 和 f1 符号表达式相同。

2. 符号矩阵

使用 sym 和 syms 命令可以创建符号矩阵，矩阵元素可以是任何不带等号的符号表达式，各符号表达式的长度可以不同，矩阵元素之间可用空格或逗号隔开。

例如在命令窗口输入 "A = sym('[a,b;c,d]')"，就完成了一个符号矩阵的创建，输出的结果为

```
A =
    [ a, b]
    [ c, d]
```

需要注意的是：符号矩阵的每一行的两端都有方括号，这是与数值矩阵的不同。

例 2-11　比较符号矩阵与字符串矩阵的不同。

```
>> A = sym('[a,b;c,d]')    %创建符号矩阵
A =
    [a,b]
    [c,d]
>> B = '[a,b;c,d]'          %创建字符串矩阵
B =
    [a,b;c,d]
```

```
>> C = [a,b;c,d]            %创建数值矩阵
??? Undefined function or variable 'd'.
```

程序分析：由于数值变量 a、b、c、d 未事先赋值，MATLAB 给出错误信息。

```
>> C = sym(B)               %转换为符号矩阵
C =
    [a,b]
    [c,d]
>> whos
Name      Size           Bytes    Class     Attributes
A         2x2            60       sym
B         1x9            18       char
C         2x2            60       sym
```

程序分析：查看符号矩阵 A，可以看到为 2×2 的符号矩阵，占用较多的字节。

3. 常用的符号运算

符号运算的种类很多，常用符号运算有代数运算、微积分运算、极限运算、级数求和和方程求解等。

（1） symsum 函数

语法：

  symsum(s,x,a,b)   %计算表达式 s 的级数和

说明：x 为自变量，x 省略则默认为对自由变量求和；s 为符号表达式；[a,b]为参数 x 的取值范围。

（2） int 函数

积分有定积分和不定积分，运用函数 int 可以求得符号表达式的积分。

语法：

  int(f,'t')   %求符号变量 t 的不定积分
  int(f,'t','m','n')   %求符号变量 t 的定积分

（3） diff 函数

函数 diff 是用来求符号表达式的微分。

语法：

  diff(f)   %求 f 对自由变量的一阶微分
  diff(f,t)   %求 f 对符号变量 t 的一阶微分
  diff(f,n)   %求 f 对自由变量的 n 阶微分
  diff(f,t,n)   %求 f 对符号变量 t 的 n 阶微分

（4） limit 函数

假定符号表达式的极限存在，Symbolic Math Toolbox 提供了直接求表达式极限的函数 limit，函数 limit 的基本用法如表 2-7 所示。

表 2-7 limit 函数的用法

表 达 式	函数格式	功能说明
$\lim\limits_{x \to 0} f(x)$	limt(f)	对 x 求趋近于 0 的极限
$\lim\limits_{x \to a} f(x)$	limt(f,x,a)	对 x 求趋近于 a 的极限，当左右极限不相等时极限不存在
$\lim\limits_{x \to a^-} f(x)$	limt(f,x,a,left)	对 x 求左趋近于 a 的极限
$\lim\limits_{x \to a^+} f(x)$	limt(f,x,a,right)	对 x 求右趋近于 a 的极限

说明：t 为符号变量，当 t 省略则为默认自由变量；a 和 b 为数值，[a,b] 为积分区间；m 和 n 为符号对象，[m,n] 为积分区间；与符号微分相比，符号积分复杂得多。因为函数的积分有时可能不存在，即使存在，也可能限于很多条件，MATLAB 无法顺利得出。当 MATLAB 不能找到积分时，它将给出警告提示并返回该函数的原表达式。

（5）dsolve 函数

MATLAB 提供了 dsolve 命令，可以用于对符号常微分方程进行求解。

语法：

  dsolve('eq','con','v')   % 求解微分方程
  dsolve('eq1,eq2…','con1,con2…','v1,v2…') % 求解微分方程组

说明：'eq' 为微分方程；'con' 是微分初始条件，可省略；'v' 为指定自由变量，省略时则默认 x 或 t 为自由变量；输出结果为结构数组类型。

2.3.4 关系运算和逻辑运算

在逻辑、模糊推理中，需要对一类是非问题作出"是真，是假"的问答。为此除了传统的数学运算，MATLAB 还设计了关系运算和逻辑运算。

作为所有关系表达式和逻辑表达式的输入，MATLAB 把任何非 0 数值当作逻辑真，只有 0 被认为是逻辑假。

所有关系表达式和逻辑表达式的计算结果，即输出，是一个由 0 和 1 组成的"逻辑数组"。在此数组中的 1 表示"真"，0 表示"假"。

逻辑数组是一种特殊的数值数组，与数值相关的操作和函数对它同样适用。但它不同于普通的数值，还表示对事物的判断结论"真"和"假"。

1. 关系操作

关系操作符的指令及其含义见表 2-8。

表 2-8 关系操作符

指 令	含 义	指 令	含 义
<	小于	>=	大于或等于
<=	小于或等于	==	等于
>	大于	~=	不等于

注意：标量可以与任何维数组进行比较。比较在此标量与数组每个元素之间进行，因此比较结果将与被比数组同维。

当比较量中没有标量时，关系符两端进行比较的数组必须维数相同。比较在两数组相同位置上的元素间进行，因此比较结果将与被比数组同维。

例 2-12 关系运算示例。

程序代码如下

```
A = 1:9, B = 10 - A
r0 = (A < 4)        %给出"对 A 数组每个元素是否小于 4"的情况判断
r1 = (A == B)       %给出"对 A、B 两数组对应元素是否相等"的情况判断
```

输出结果如下

```
A =
    1    2    3    4    5    6    7    8    9
B =
    9    8    7    6    5    4    3    2    1
r0 =
    1    1    1    0    0    0    0    0    0
r1 =
    0    0    0    0    1    0    0    0    0
```

例 2-13 关系运算应用。

本例利用关系运算认定元素为 0 的位置，利用 eps 求近似极限的处理方法；y 数组中的非数在图形中表现为"缺口"，程序代码如下

```
t = -3 * pi:pi/10:3 * pi;          %该自变量数组中存在 0 值
y = sin(t)./t;                      %在 t = 0 处,产生非数
tt = t + (t == 0) * eps;            %逻辑数组参与运算,使 0 元素被一个"机器零"小数代替
yy = sin(tt)./tt;                   %用数值可算的 sin(eps)/eps 近似替代 sin(0)/0 极限
subplot(1,2,1),plot(t,y),axis([-9,9,-0.5,1.2])
xlabel('t'),ylabel('y'),title('残缺图形')
subplot(1,2,2),plot(tt,yy),axis([-9,9,-0.5,1.2])
xlabel('tt'),ylabel('yy'),title('正确图形')
```

显示结果如图 2-8 所示。

2. 逻辑操作符

关系操作主要针对简单运算，逻辑操作的引入，使复杂关系运算成为可能。逻辑运算的操作符见表 2-9。

表 2-9 逻辑操作符

指令	&	|	~	xor
含义	与	或	非	与非

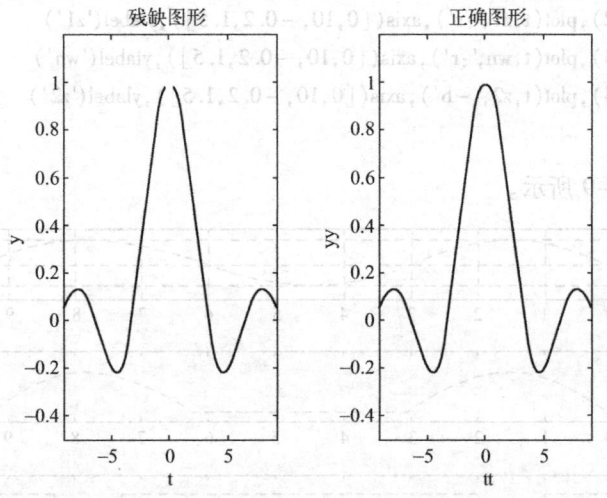

图2-8 采用近似极限处理前后的图形对照

标量可以与任何维数数组进行逻辑运算。运算比较在标量与数组每个元素间进行,因此运算结果与参与结果的数组同维。

当逻辑运算中没有标量时,参与运算的数组必须维数相同。运算在两数组相同位置上的元素间进行,因此运算结果数组必定和参与运算的数组同维。

例2-14 逻辑操作实例。

程序代码如下

```
A = [ -2, -1,0,0,1,2,3]
L1 = ~(A>1)            % 判断 A 中,哪些元素不大于1
L2 = (A>0)&(A<2)       % 判断 A 中,哪些元素大于0且小于3
```

输出结果如下

```
A =
   -2   -1    0    0    1    2    3
L1 =
    1    1    1    1    1    0    0
L2 =
    0    0    0    0    1    0    0
```

例2-15 试绘制如图2-9所示的"正弦波 sint 的削顶半波整流波形",削顶发生在每个周期的60°~120°之间。

```
clear,t = linspace(0,3 * pi,500);y = sin(t);        % 产生正弦波
% 从自变量着手进行逐段处理
z1 = ((t<pi)|(t>2 * pi)). * y;                       % 获得整流半波    (3)
w = (t>pi/3&t<2 * pi/3) + (t>7 * pi/3&t<8 * pi/3);   % 逻辑运算        (4)
wn = ~w;                                                              (5)
z2 = w * sin(pi/3) + wn. * z1;                       % 获得削顶整流半波 (6)
subplot(4,1,1),plot(t,y,':r'),axis([0,10, -1.5,1.5]),ylabel('y'),grid on
```

subplot(4,1,2),plot(t,z1,':r'),axis([0,10,-0.2,1.5]),ylabel('z1')
subplot(4,1,3),plot(t,wn,':r'),axis([0,10,-0.2,1.5]),ylabel('wn')
subplot(4,1,4),plot(t,z2,'-b'),axis([0,10,-0.2,1.5]),ylabel('z2')
xlabel('t')

输出结果如图2-9所示。

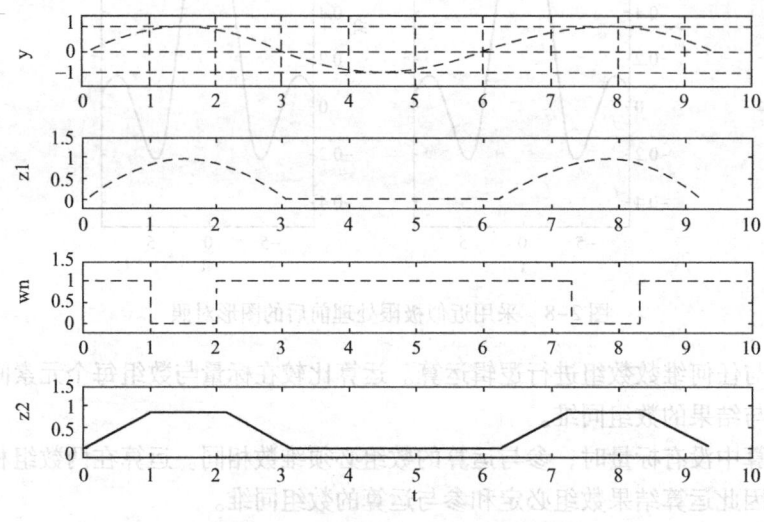

图2-9 逐段解析函数的产生

说明：程序第三行使 (π, 2π) 时间范围内的函数值为0，削去负半波；第四行产生的 w 向量中，除对应时间 ($\pi/3$, $2\pi/3$)，($7\pi/3$, $8\pi/3$) 区间的采样点取1外，其余均取0。而第五行产生的 wn 向量中元素的取值恰与 w 向量相反。第三行和第四行是利用逻辑数组进行数组运算的范例。

2.4 MATLAB 程序设计

MATLAB 语言体系是 MATLAB 的重要组成部分之一，为用户提供了具有条件控制、函数调用、数据输入输出及面向对象等特性的高层的、完备的编程语言。MATLAB 本质上是一种解释型的语言，也就是说，MATLAB 是通过逐行扫描方式对程序进行执行的。MATLAB 的工作方式有两种，一种是直接在命令窗口下的提示符后键入用户需要执行的语句或命令，另一种是在 MATLAB 编辑/调试器界面下编写、存储和运行 M 文件，从而实现一次执行多条 MATLAB 语句的方式。

2.4.1 M 文件

M 文件是由 MATLAB 语句构成的 ASCII 码文本文件，即 M 文件中的语句应符合 MATLAB 的语法规则，且文件名必须以 .m 为扩展名，如 example.m。用户可以用任何文本编辑器来对 M 文件进行编辑。

1. M 文件的类型

M 文件按其内容和功能分为脚本 M 文件和函数 M 文件。

(1) 脚本 M 文件

脚本 M 文件也称命令文件，它在命令窗口中输入并执行；没有输入参数，也不返回输出参数，只是一些命令行的组合；脚本 M 文件可对工作空间中的变量进行操作，也可生成新的变量；脚本 M 文件运行结束后，产生的变量仍将保留在工作空间中，直到关闭 MATLAB 或用相关命令删除。

(2) 函数 M 文件

函数 M 文件是可以实现一个单独功能的代码块。与脚本 M 文件不同的是函数 M 文件需要接受参数输入和输出，函数 M 文件中的代码一般只处理输入参数传递的数据，并把处理结果作为函数输出参数返回给 MATLAB 工作空间中指定的接收变量。

因此函数 M 文件具有独立的内部变量空间。在执行函数 M 文件时，要指定输入参数的实际取值，而且一般要指定接收输出结果的工作空间变量。

MATLAB 提供的许多函数就是用函数 M 文件编写的，尤其是各种工具箱中的函数，用户可以打开这些 M 文件来查看。通过函数 M 文件，用户可以把实现一个抽象功能的 MATLAB 代码封装成一个函数接口，在以后的应用中重复调用。

2. M 文件的结构

一个完整的 M 文件通常包括 5 个部分。

```
function f = fact(n)              % 函数的定义行
% Compute a factorial value.      % H1 行
% FACT(N) returns the factorial of N,    % 帮助文本
% usually denoted by N!
% Put simply, FACT(N) is PROD(1:N).      % 注释
f = prod(1:n);                    % 函数体
```

(1) 函数的定义行

函数 M 文件的第一行用关键字"function"把 M 文件定义为一个函数，指定函数的名字，同时定义了函数的输入变量和输出变量。输入变量的定义用圆括号（），如果有多个输入变量则用逗号分隔；输出变量的定义用中括号 [ ]，如果有多个输出变量则用逗号分隔。

(2) H1 行

所谓 H1 行指帮助文本的第一行，它紧跟在定义行之后并以"%"符号开头，用于概括说明函数的功能。在命令窗口用 lookfor 命令时将显示函数的 H1 行，或者使用 help function_name 命令显示。

(3) 帮助文本

帮助文本指位于 H1 行之后函数体之前的说明文本，它同样以"%"符号开头，一般用来比较详细地介绍函数的功能、用法以及函数的修改记录。在命令窗口用 help 命令时将显示函数的 H1 行和所有帮助文本。

(4) 注释

除了函数开始处独立的帮助文本外，还可以在函数体中添加对语句的注释。注释必须以"%"符号开头，MATLAB 在解释执行 M 文件时把每一行中"%"后面的全部内容作为注释不进行解释执行。编程时要对关键的语句或者变量写注释，便于程序的阅读和维护。

(5) 函数体

函数体是函数的主体部分,函数的功能是通过函数体实现的。函数体可以包括所有的 MATLAB 合法命令、函数和流程控制语句。

例 2-16 编写一个 M 函数文件。它具有以下功能:1)根据指定的半径,画出蓝色圆周线;2)可以通过输入字符串,改变圆周线的颜色、线型;3)假若需要输出圆面积,则绘出圆。

(1) 编写函数 M 文件

```
function [S,L] = exm0216(N,R,str)
% exm0216. m The area and perimeter of a regular polygon(正多边形面积和周长)
% N The number of sides
% R The circumradius
% str A line specification to determine line type/color
% S The area of the regular polygon
% L The perimeter of the regular polygon
% exm0216 用蓝实线画半径为 1 的圆
% exm0216(N) 用蓝实线画外接半径为 1 的正 N 边形
% exm0216(N,R) 用蓝实线画外接半径为 R 的正 N 边形
% exm0216(N,R,str) 用 str 指定的线画外接半径为 R 的正 N 边形
% S = exm0216(...) 给出多边形面积 S,并画相应正多边形填色图
% [S,L] = exm0216(...) 给出多边形面积 S 和周长 L,并画相应正多边形填色图
switch nargin
case 0
    N = 100;R = 1;str = ' - b';
case 1
    R = 1;str = ' - b';
case 2
    str = ' - b';
case 3
    ;        %不进行任何操作,直接跳出 switch 语句
otherwise
    error('输入量太多。');
end;
t = 0:2 * pi/N:2 * pi;
x = R * sin(t);y = R * cos(t);
if nargout == 0
    plot(x,y,str);
elseif nargout > 2
    error('输出量太多。');
else
    S = N * R * R * sin(2 * pi/N)/2;    % 多边形面积
    L = 2 * N * R * sin(pi/N);          % 多边形周长
    fill(x,y,str);
```

```
    end
axis equal square
box on
shg
```

（2）把 exm0216.m 文件保存在 MATLAB 搜索路径下，然后在指令窗口输入下列指令

[S,L] = exm0216 (6,2,'-g')

输出结果如图 2-10 所示。

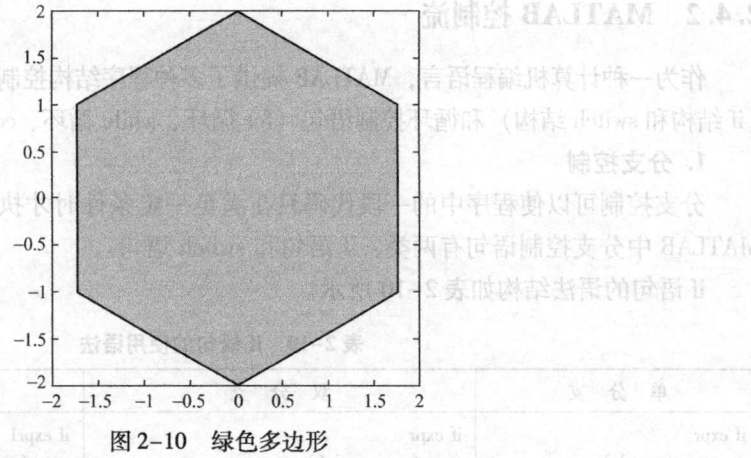

图 2-10　绿色多边形

3. M 文件的创建、保存和编辑

在 MATLAB 中提供了专用的 M 文件编辑器，用来帮助完成 M 文件的创建、保存和编辑等工作。

（1）创建新 M 文件

利用 M 文件编辑器创建新 M 文件有如下两种方法：

1）启动 MATLAB，选中命令窗口菜单栏 File 菜单下 New 菜单选项的 Script 命令，打开 MATLAB 的 M 文件编辑器窗口，如图 2-11 所示。

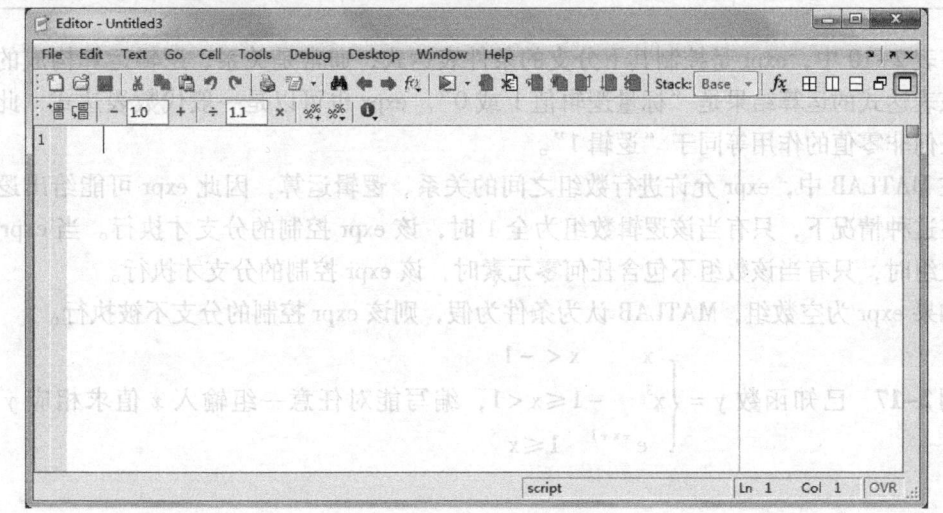

图 2-11　M 文件编辑器窗口

2）单击 MATLAB 窗口工具栏的"New Script"图标按钮，也可以打开图 2-11 的窗口。

（2）保存 M 文件

单击 M 文件编辑器窗口工具栏中的"save"图标按钮或选中 M 文件编辑器窗口菜单栏 File 菜单下的 save 命令，可保存 M 文件。

（3）打开 M 文件

若需要对已保存的 M 文件进行修改和编辑，单击 MATLAB 命令窗口菜单栏 File 菜单下的 Open 命令，可启动 M 文件编辑和修改 M 文件。

2.4.2 MATLAB 控制流

作为一种计算机编程语言，MATLAB 提供了多种程序结构控制语句，主要有分支控制语句（if 结构和 switch 结构）和循环控制语句（for 循环、while 循环、continue 语句、break 语句）

1. 分支控制

分支控制可以使程序中的一段代码只在满足一定条件时才执行，因此也称为分支选择。MATLAB 中分支控制语句有两类：if 语句和 switch 语句。

if 语句的语法结构如表 2-10 所示。

表 2-10　if 语句的使用语法

单 分 支	双 分 支	多 分 支
if expr 　（commands） end	if expr 　（commands1） else 　（commands2） end	if expr1 　（commands1） else if expr2 　（commands2） …… else 　（commandsk） end
当 expr 给出"逻辑 1"时，commands 被执行。	当 expr 给出"逻辑 1"时，commands1 被执行；否则，commands2 被执行。	expr1、expr2、… 中，首先给出"逻辑 1"的那个分支的指令组被执行；否则，（commandsk）被执行。 该使用方法常被 switch – case 所取代。

在表 2-10 中，expr 是控制其下分支的条件表达式，通常是关系、逻辑运算构成的表达式；该表达式的运算结果是"标量逻辑值 1 或 0"。expr 也可以是一般代数表达式，此时给出的任何非零值的作用等同于"逻辑 1"。

在 MATLAB 中，expr 允许进行数组之间的关系、逻辑运算，因此 expr 可能给出逻辑数组。在这种情况下，只有当该逻辑数组为全 1 时，该 expr 控制的分支才执行。当 expr 给出数值数组时，只有当该数组不包含任何零元素时，该 expr 控制的分支才执行。

如果 expr 为空数组，MATLAB 认为条件为假，则该 expr 控制的分支不被执行。

例 2-17　已知函数 $y = \begin{cases} x & x < -1 \\ x^3 & -1 \leq x < 1 \\ e^{-x+1} & 1 \leq x \end{cases}$，编写能对任意一组输入 x 值求相应 y 值的程序。

解：

（1）编写 M 函数文件

```
function y = exm0217(x)
%  y = exm0217(x)
n = length(x);
for k = 1:n
    if x(k) < -1
        y(k) = x(k);
    elseif x(k) >= 1
        y(k) = exp(1-x(k));
    else
        y(k) = x(k)^3;
    end
end
```

（2）把文件 exm0217.m 放置在搜索路径上

（3）运行以下指令

```
x = [-2,-1.2,-0.4,0.8,1,6]
y = exm0217(x)
```

输出结果如下

```
x =
    -2.0000    -1.2000    -0.4000     0.8000     1.0000     6.0000
y =
    -2.0000    -1.2000    -0.0640     0.5120     1.0000     0.0067
```

switch 语句的语法结构如表 2-11 所示。在表 2-11 中，当遇到 switch 结构时，MATLAB 将表达式 expr 的值依次和各个 case 指令后面的检测值进行比较，如果比较结果为假，则取下一个检测值再来比较；而一旦比较结果为真，MATLAB 将执行相应的一组命令，然后跳出该结构。如果所有的比较结果都为假，即表达式的值和所有的检测值都不等，MATLAB 将执行 otherwise 后面的一组命令。

表 2-11 switch 语句的使用语法

指令格式	含义
switch expr	expr 为根据此前给定变量进行计算的表达式
case value_1	value_1 是给定的数值、字符串标量（或单元数组）
(commands1)	若 expr 结果与 value_1（或其中的单元元素）相等，则执行
case value_2	
(commands2)	
case value_k	value_k 是给定的数值、字符串标量（或单元数组）
(commandsk)	若 expr 结果与 value_k（或其中的单元元素）相等，则执行。
otherwise	该情况是以上的"并"的"补"
(commands)	若所有 case 都不发生，则执行该组命令
end	

例 2-18 已知学生的名字和百分制分数。要求根据学生的百分制分数，分别采用"满

分"、"优秀"、"良好"、"及格"和"不及格"等表示学生的学习成绩。

解：设计程序如下

```
clear;
%定义分数段:满分(100),优秀(90~99),良好(80~89),及格(60~79),不及格(<60)
for k = 1:10
    a(k) = {89 + k};b(k) = {79 + k};c(k) = {69 + k};d(k) = {59 + k};
end;
c = [d,c];
%输入学生的名字和分数
A = cell(3,5);                                    %预生成一个(3×5)的空胞元数组
A(1,:) = {'Jack','Marry','Peter','Rose','Tom'};   %注意等号两侧括号不一样
A(2,:) = {72,83,56,94,100};
%根据学生的分数,求出相应的等级
for k = 1:5
    switch A{2,k}                 %此处注意为花括号
        case 100                  %该case后的value是一个标量数值100
            r ='满分 ';
        case a                    %a是一个元素为数值的胞元数组{90,…,99}
            r ='优秀 ';
        case b                    %b是一个元素为数值的胞元数组{80,…,89}
            r ='良好 ';
        case c                    %c是一个元素为数值的胞元数组{60,…,79}
            r ='及格 ';
        otherwise                 %分数低于60的情况
            r ='不及格 ';
    end
    A(3,k) = {r};
end
A
```

输出结果如下

```
A =
    'Jack'    'Marry'    'Peter'    'Rose'    'Tom'
    [ 72]     [ 83]      [ 56]      [ 94]     [100]
    '及格 '   '良好 '    '不及格 '  '优秀 '   '满分 '
```

2. 循环控制

循环控制语句包括一个循环变量，循环变量从初始值开始计数，每循环一次就执行一次循环体内的语句，执行后，循环变量以一定的规律变化，然后再执行循环体内语句，直到循环变量大于循环变量的终止值为止。常用的循环控制有 for 循环和 while 循环，它们的区别在于：for 循环的循环体执行次数是确定的，while 循环的循环体执行次数是不确定的。

for 循环和 while 循环的语法结构见表 2-12。

表 2-12 循环结构使用语法

for 循环	while 循环
for ix = array 　　(commands) end	while expression 　　(commands) end
变量 ix 为循环变量,而 for 和 end 之间的 commands 指令组为循环体 ix 依次取 array 中的元素;每取一个元素,就运行循环体中 commands 指令组一次,直到 ix 大于 array 的最后一个元素跳出该循环为止	当 MATLAB 遇到 while 指令时,首先检测 expression 的值,如果其值为逻辑真(非0),则执行组命令。当组命令执行完毕,继续检测表达式的值,若表达式的值为真,循环执行组命令,而一旦表达式值为假时,结束循环

例 2-19 for 循环程序举例,创建一个 Hilbert 矩阵。

(1) Hilbert 矩阵的元素表达式是 $a(i,j) = \dfrac{1}{i+j-1}$。

(2) 下面是根据该表达式借助 for 循环生成 Hilbert 矩阵的程序。

```
K = 5;
A = zeros(K,K);
for m = 1:K
    for n = 1:K
        A(m,n) = 1/(m+n-1);
    end
end
format rat
A
format short g
```

输出结果如下

A =

1	1/2	1/3	1/4	1/5
1/2	1/3	1/4	1/5	1/6
1/3	1/4	1/5	1/6	1/7
1/4	1/5	1/6	1/7	1/8
1/5	1/6	1/7	1/8	1/9

例 2-20 编写计算 $S = \sum\limits_{n=1}^{N} \dfrac{1}{\sum\limits_{k=1}^{n} k}$,其中 $N = \mathrm{argmin}\left\{\dfrac{1}{\sum\limits_{k=1}^{N} k} \leqslant \varepsilon\right\}$,$\varepsilon$ 是预先给定的控制精度。

(1) 编写 M 函数文件 exm0220.m

```
function [S,N] = exm0220(epsilon)
% [S,N] = exm0220(epsilon)
% Calculate the sum of a special series S = 1 + 1/(1+2) + … + 1/(1+2+…+N)
% S Sum of a special series
```

```
% N The minimum among all numbers to have 1/sum(1:N) < epsilon
% epsilon Given accuracy
k = 0;
s = 0;
d = inf;
S = 0;
while d > epsilon
    k = k + 1;
    s = s + k;
    d = 1/s;
    S = S + d;
end
N = k;
```

（2）运行以下指令

$[S,N] = \text{exm0220}(0.0001)$

输出结果如下

S =
   1.9859
N =
   141

2.4.3 程序基本设计原则

MATLAB 程序的基本设计原则如下所述：

1）% 后面的内容是程序的注释，要善于运用注释使程序更具可读性。

2）养成在主程序开头用 clear 指令清除变量的习惯，以消除工作空间中其他变量对程序运行的影响，但注意在子程序中不要用 clear。

3）参数值要集中放在程序的开始部分，以便维护。要充分利用 MATLAB 工具箱提供的指令来执行所要进行的计算，在语句行之后输入分号使其及中间结果不在屏幕上显示，以提高执行速度。

4）input 指令可以用来输入一些临时的数据；对于大量参数，则可建立一个存储参数的子程序，在主程序中通过子程序的名称来调用。

5）程序尽量模块化，即采用主程序调用子程序的方法，将所有子程序合并在一起来执行全部的操作。

6）充分利用 Debugger 来进行程序的调试（设置断点、单步执行和连续执行），并利用其他工具箱或图形用户界面的设计技巧，将设计结果集成到一起。

7）设置好 MATLAB 的工作路径，以便程序运行。

2.5 文件相关操作

在编写一个程序时，经常需要从外部读入数据，或者将程序运行的结果保存为文件。

MATLAB 提供了一系列底层输入输出函数，专门用于文件操作，使用多种格式打开和保存数据。本节主要介绍基本的文本数据操作，包括工作空间的保存、导入和文件打开。

2.5.1 数据存储

MATLAB 支持工作空间的数据保存。用户可以将工作空间或工作空间中的变量以文件的形式保存，以备在需要时再次导入。保存工作空间可以通过菜单进行，也可以通过命令窗口进行。

1. 保存整个工作空间

选择 File 菜单中的 Save Workspace As…命令，或者单击工作空间浏览器工具栏中的 Save，可以将工作空间中的变量保存为 MAT 文件。

2. 保存工作空间中的变量

在工作空间浏览器中，右键单击需要保存的变量名，选择 Save As…命令，将该变量保存为 MAT 文件。

3. 利用 Save 命令保存

该命令可以保存工作空间，或工作空间中任何指定文件。该命令的调用格式如下：
- Save：将工作空间中的所有变量保存在当前工作空间中的文件中，文件名为 matlab.mat，MAT 文件可以通过 load 函数再次导入工作空间。MAT 文件可以被不同的机器导入，甚至可以通过其他的程序调用。
- Save ('filename')：将工作空间中的所有变量保存为文件，文件名由 filename 指定。如果 filename 中包含路径，则将文件保存在相应目录下，否则默认路径为当前路径。
- Save ('filename', 'var1', 'var2', …)：保存指定的变量在 filename 指定的文件中。
- Save ('filename', '-struct', 's')：保存结构体 s 中全部域作为单独的变量。
- Save ('filename', '-struct', 's', 'f1', 'f2', …)：保存结构体 s 中的指定变量。
- Save ('-regexp', expr1, expr2, …)：通过正则表达式指定待保存的变量需满足的条件。
- Save (…, 'format')，指定保存文件的格式，格式可以为 MAT 文件、ASCII 文件等。

2.5.2 数据导入

MATLAB 中导入数据通常由函数 load 实现，该函数的用法如下：
- load：如果 matlab.mat 文件存在，导入 matlab.mat 中的所有变量，如果不存在，则返回 error。
- load filename：将 filename 中的全部变量导入到工作空间中。
- load filename X Y Z…：将 filename 中的变量 X、Y、Z 等导入到工作空间中，如果是 MAT 文件，在指定变量时可以使用通配符"*"。
- load filename -regexp expr1 expr2 …：通过正则表达式指定需要导入的变量。
- load -ascii filename：无论输入文件名是否包含扩展名，均将其以 ASCII 格式导入；如果指定的文件不是数字文本，则返回 error。
- load -mat filename：无论输入文件名是否包含扩展名，均将其以 mat 格式导入；如果指定的文件不是 MAT 文件，则返回 error。

例 2-21 将文件 matlab.mat 中的变量导入到工作区中。

首先应用命令 whos – file 查看该文件中的内容

```
>> whos – file matlab.mat
  Name    Size            Bytes  Class     Attributes
  N       1x1                 8  double
  S       1x1                 8  double
```

将该文件中的变量导入到工作空间中

```
>> load matlab.mat
```

该命令执行后，可以在工作空间浏览器中看见这些变量，如图 2-12 所示。

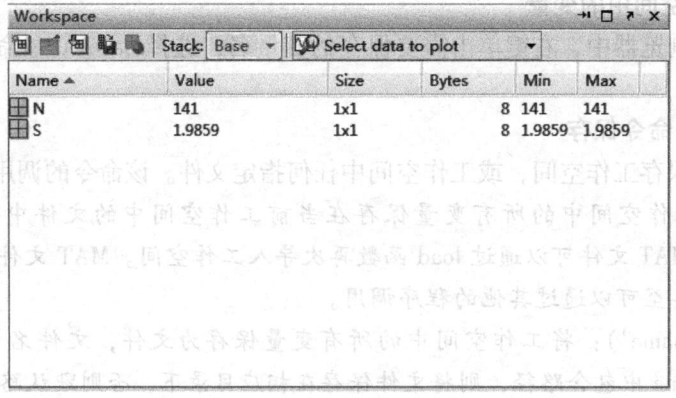

图 2-12　导入变量后的工作空间视图

接下来用户可以访问这些变量。

```
>> N
N =
   141
```

MATLAB 中，另一个导入数据的常用函数为 importdata，该函数的用法如下

　　importdata('filename') % 将 filename 中的数据导入到工作空间中；
　　A = importdata('filename') % 将 filename 中的数据导入到工作空间中，并保存为变量 A；
　　importdata('filename','delimiter') % 将 filename 中的数据导入到工作空间中，以 delimiter 指定的符号作为分隔符。

例 2-22 从文件中导入数据。

```
>> imported_data = importdata('matlab.mat')
```

输出结果如下

```
imported_data =
    S: 1.9859
    N: 141
```

与 load 函数不同，importdata 将文件中的数据以结构体的方式导入到工作空间中。

2.5.3 数据打开

MATLAB 中可以使用 open 命令打开各种格式的文件，MATLAB 自动根据文件的扩展名选择相应的编辑器。

需要注意的是 open（'filename.mat'）和 load（'filename.mat'）的不同，前者将 filename.mat 以结构体的方式打开在工作空间中，后者将文件中的变量导入到工作空间中，如果需要访问其中的内容，需要以不同的格式进行。

例 2–23 open 与 load 的比较。

首先使用 load 命令

```
>> clear
>> A = magic(3)
>> B = rand(3);
>> save
```

数据保存到 matlab.mat，使用 load 命令

```
>> clear
>> load('matlab.mat')
>> A
A =
     8     1     6
     3     5     7
     4     9     2
>> B
B =
    0.8147    0.9134    0.2785
    0.9058    0.6324    0.5469
    0.1270    0.0975    0.9575
```

然后使用 open 命令

```
>> clear
>> open('matlab.mat')
ans =
    A: [3x3 double]
    B: [3x3 double]
>> struc1 = ans;
>> struc1.A
ans =
     8     1     6
     3     5     7
     4     9     2
```

```
>> struc1.B
ans =
    0.8147    0.9134    0.2785
    0.9058    0.6324    0.5469
    0.1270    0.0975    0.9575
```

2.5.4 底层文件输入/输出

文件操作是一种重要的输入输出方式，即从数据文件读取数据或将结果写入数据文件。MATLAB 提供了一系列底层输入输出函数，专门用于文件操作。

1. 文件的打开与关闭

（1）打开文件

在读写文件之前，必须先用 fopen 函数打开或创建文件，并指定对该文件进行的操作方式。fopen 函数的调用格式为：

    fid = fopen(filename,'option')

其中，fid 用于存储文件句柄值，如果返回的句柄值大于 0，则说明文件打开成功。文件名用字符串形式，表示待打开的数据文件。'option' 为打开方式，选项如下：

'r'：只读方式打开文件（默认的方式），该文件必须已存在。

'r+'：读写方式打开文件，打开后先读后写。该文件必须已存在。

'w'：打开后写入数据。该文件已存在则更新；不存在则创建。

'w+'：读写方式打开文件。先读后写。该文件已存在则更新；不存在则创建。

'a'：在打开的文件末端添加数据。文件不存在则创建。

'a+'：打开文件后，先读入数据再添加数据。文件不存在则创建。

另外，在这些字符串后添加一个"t"，如 'rt' 或 'wt+'，则将该文件以文本方式打开；如果添加的是"b"，则以二进制格式打开，这也是 fopen 函数默认的打开方式。

（2）关闭文件

文件在进行完读、写等操作后，应及时关闭，以免数据丢失。关闭文件用 fclose 函数，调用格式为：

    sta = fclose(fid)

该函数关闭 fid 所表示的文件。sta 表示关闭文件操作的返回代码，若关闭成功，返回 0，否则返回 -1。如果要关闭所有已打开的文件用 fclose('all')。

2. 二进制文件的读写操作

（1）写二进制文件

fwrite 函数按照指定的数据精度将矩阵中的元素写入到文件中。其调用格式为

    COUNT = fwrite(fid,A,precision)

其中，COUNT 返回所写的数据元素个数（可缺省），fid 为文件句柄，A 用来存放写入文件的数据，precision 代表数据精度，常用的数据精度有：char、uchar、int、long、float、double 等。缺省数据精度为 uchar，即无符号字符格式。

例 2-24 将一个二进制矩阵存入磁盘文件中。

```
>> a = [1 2 3 4 5 6 7 8 9];
>> fid = fopen('dtest.bin','wb')      % 以二进制数据写入方式打开文件
fid =
        3                              % 其值大于 0,表示打开成功
>> fwrite(fid,a,'double')
ans =
        9                              % 表示写入了 9 个数据
>> fclose(fid)
ans =
        0                              % 表示关闭成功
```

(2) 读二进制文件

fread 函数可以读取二进制文件的数据,并将数据存入矩阵。其调用格式为

[A,COUNT] = fread(fid,size,precision)

其中,A 是用于存放读取数据的矩阵、COUNT 是返回所读取的数据元素个数、fid 为文件句柄、size 为可选项,若不选用则读取整个文件内容;若选用则它的值可以是下列值:N(读取 N 个元素到一个列向量)、inf(读取整个文件)、[M,N](读数据到 M×N 的矩阵中,数据按列存放)。precision 用于控制所写数据的精度,其形式与 fwrite 函数相同。

3. 文本文件的读写操作

(1) 读文本文件

fscanf 函数可以读取文本文件的内容,并按指定格式存入矩阵。其调用格式为

[A,COUNT] = fscanf(fid,format,size)

其中,A 用来存放读取的数据,COUNT 返回所读取的数据元素个数,fid 为文件句柄,format 用来控制读取的数据格式,由 % 加上格式符组成,常见的格式符有:d(整型)、f(浮点型)、s(字符串型)、c(字符型)等,在 % 与格式符之间还可以插入附加格式说明符,如数据宽度说明等。size 为可选项,决定矩阵 A 中数据的排列形式,它可以取下列值:N(读取 N 个元素到一个列向量)、inf(读取整个文件)、[M,N](读数据到 M×N 的矩阵中,数据按列存放)。

(2) 写文本文件

fprintf 函数可以将数据按指定格式写入到文本文件中。其调用格式为

fprintf(fid,format,A)

其中,fid 为文件句柄,指定要写入数据的文件,format 是用来控制所写数据格式的格式符,与 fscanf 函数相同,A 是用来存放数据的矩阵。

例 2-25 创建一个字符矩阵并存入磁盘,再读出赋值给另一个矩阵。

```
a = 'string';
fid = fopen('dchar1.txt','w');
fprintf(fid,'%s',a);
```

```
fclose(fid);
fid1 = fopen('dchar1.txt','rt');
fid1 = fopen('dchar1.txt','rt');
b = fscanf(fid1,'%s');
```

输出结果如下

```
b =
    string
```

程序将矩阵 a 的值赋值给了矩阵 b。

2.6 习题

1. 已知 a = [1,2,3;4,5,6;7,8,9]；b = [2,3,6;1,5,7;7,8,11]；求 a×b 和 a.×b 的值。
2. 已知 A = [1,2;3,4]；B = [5,4;3,2] 写出 A.^B 和 A' 的计算结果。
3. 生成元素值在 0~1 范围的 100×200 随机矩阵 A，要求统计出大于 0.6 且小于 0.7 的元素个数，并修改这些元素的值为 0，试编写程序。
4. 编写程序：计算 1+2+…+n<2000 时的最大 n 值。（编写函数文件）
5. 试编写自定义函数 result = mymax(a,b) 实现比较 a,b 大小的功能，最大值赋值给 result，要求写出完整的函数体。

第 3 章　MATLAB 绘图

在科学研究和工程应用中，图的作用是显而易见的，没有图的搭配则很难理解对象的全貌。通过图形可以从一堆杂乱的离散数据中观察数据间的内在关系，感受由图形所传递的内在本质。MATLAB 一向注重数据的图形表示，并不断地采用新技术改进和完备其绘图功能。利用程序和绘图的结合，可以将结果计算以图形展示，有助于了解计算过程以及分析计算结果，这在科学、工程中都非常重要。

3.1　二维绘图

二维图形是将平面坐标上的数据点连接起来的平面图形。可以采用不同的坐标系，如直角坐标、对数坐标、极坐标等。二维图形的绘制是其他绘图操作的基础。

3.1.1　二维绘图基本步骤

在 MATLAB 中绘制图形，通常采用以下四个步骤：
1) 准备数据。准备好绘图需要的横坐标变量和纵坐标变量。
2) 设置当前绘图区。在指定的位置创建新的绘图窗口，并自动以此窗口为当前绘图区。
3) 绘制图形。创建坐标轴，指定叠加绘图模式，绘制函数曲线。
4) 设置图形中曲线和标记点格式。设置图形中的线宽、线型、颜色和标记点的形状、大小和颜色等。

3.1.2　创建简单的二维图形

MATLAB 提供多种二维图形的绘制函数，但其中最重要和最基本的指令是 plot 函数。plot 函数不仅能够绘制一条曲线，还可以一次绘制多条曲线。

1. plot 函数的基本用法

plot 函数用于绘制二维平面上的线性坐标曲线图，要提供一组 x 坐标和对应的 y 坐标，可以绘制分别以 x 和 y 为横、纵坐标的二维曲线。plot 函数的应用格式为

   plot(x,y)

其中 x，y 为长度相同的向量，存储 x 坐标和 y 坐标。

例 3-1　MATLAB 基本绘图指令 plot 函数的使用。
在 MATLAB 命令行窗口中键入下面的指令

   x = 0:pi/1000:2 * pi;
   y = sin(2 * x + pi/4);
   plot(x,y)

本例中共有三条指令,前面两条是准备绘制的数据,x 和 y 两个变量为长度相同的行向量,其中 y 是利用三角函数处理的数据。而 plot 函数使用默认的设置将数据 x 和 y 绘制在图形窗体中。系统默认的设置为蓝色的连续线条。生成曲线如图 3-1 所示。

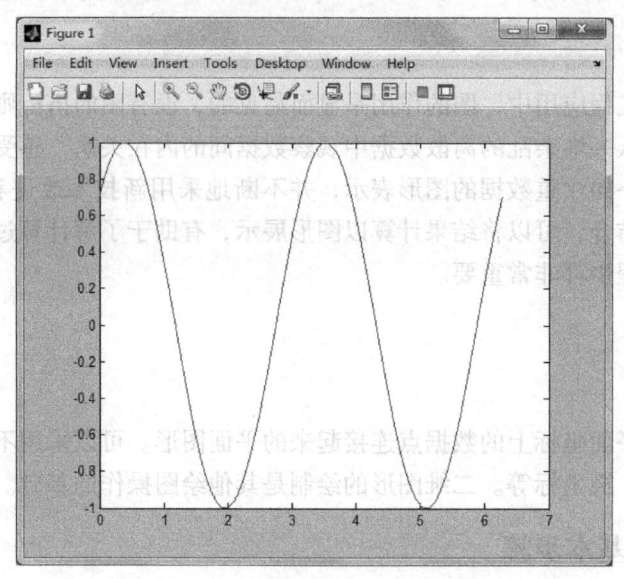

图 3-1 plot 函数绘图结果

2. 含多个输入参数的 plot 函数

plot 函数可以包含若干组向量对,每一组可以绘制出一条曲线。含多个输入参数的 plot 函数调用格式为:plot(x1,y1,x2,y2,…,xn,yn)

例 3-2 plot 函数绘制多条曲线。

继续例 3-1 的指令,添加一条指令 plot(x,y,x,y+1,x,y+2),绘制曲线如图 3-2 所示。

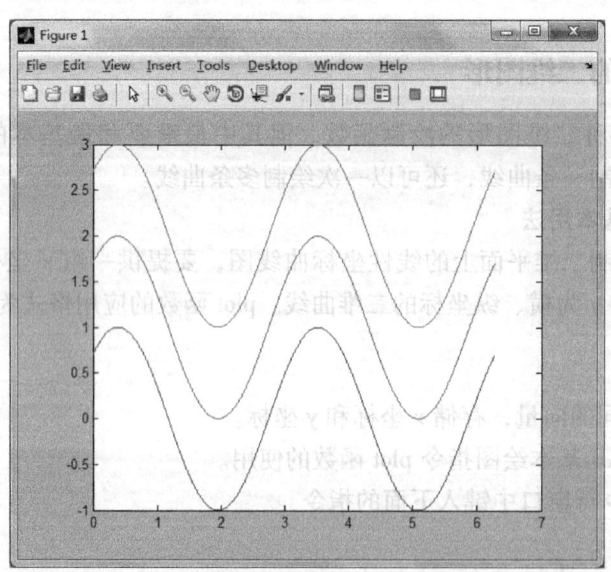

图 3-2 多个输入参数的 plot 函数曲线

50

在图形窗口中，由下至上分别为绘制的第一、二、三条曲线，根据系统的默认设置分别为蓝色、绿色和红色。

例 3-1 说明了 plot 函数的基本用法，同时也说明了 plot 函数的系统默认设置。不过例子中使用的数据是两个向量，分别作为 X 轴的数据和 Y 轴的数据。而对于矩阵数据，MATLAB 是如何处理的呢？

利用 plot 函数可以直接将矩阵的数据绘制在图形窗体中，这个时候 plot 函数将矩阵的每一列数据作为一条曲线绘制在窗体中，如例 3-3 所示。

例 3-3　利用 plot 函数绘制矩阵数据。

在 MATLAB 命令行窗口中，键入下面的指令

```
>> A = pascal(5)
A =
    1    1    1    1    1
    1    2    3    4    5
    1    3    6   10   15
    1    4   10   20   35
    1    5   15   35   70
>> plot(A)
```

绘制图形结果如图 3-3 所示。

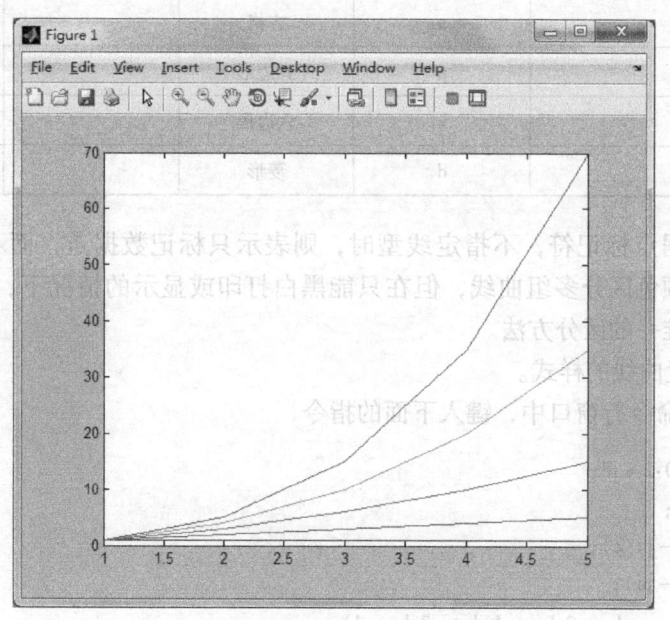

图 3-3　矩阵数据的 plot 函数曲线

3.1.3　曲线格式属性设置

由图 3-1 到图 3-3 可以看出，当使用基本 plot 函数绘图时，虽然运用起来比较方便，但它自动产生的图形却显得有些简单，不能产生特殊的效果。为了能够在 plot 函数中控制曲

线样式，MATLAB 预先设置了不同的曲线样式属性值，用户可以通过下面的调用格式对曲线的属性加以控制。

plot(x,y,'s')

其中 s 为色彩、线型和数据点的标识符，见表 3-1。

表 3-1 plot 函数标识符

线型	意义	数据点标记	意义	颜色	意义
-	实线	+	加号	r	红色
- -	虚线	o	圆圈	g	绿色
-.	点画线	*	星号	b	蓝色
:	虚点线	x	叉号	c	蓝绿色
		.	点	m	洋红色
		v	下三角	y	黄色
		^	上三角	k	黑色
		<	右三角	w	白色
		>	左三角		
		s	方格		
		p	五边形		
		h	六边形		
		d	菱形		

当指定了数据点标记符，不指定线型时，则表示只标记数据点，而不进行连线绘图。MATLAB 默认用颜色区分多组曲线，但在只能黑白打印或显示的情况下，个性化的设置曲线线型就成为了唯一的区分方法。

例 3-4 设置曲线的样式。

在 MATLAB 命令行窗口中，键入下面的指令

t = 0:pi/20:2*pi;
y = sin(t);
y2 = sin(t - pi/2);
y3 = sin(t - pi);
plot(t,y,'-·rv',t,y2,'- -ks',t,y3,':mp')

在同一个图形窗中绘制三条不同的曲线，使用了不同的时标、色彩和线型，输出结果如图 3-4 所示。

除了上述的设置，MATLAB 还允许对使用 plot 函数绘制曲线进行更细致的控制，需要通过设置曲线的属性来完成。绘制曲线时，可以通过以下函数来完成对曲线细节的设置。

plot(x, y, 's', 'PropertyName', PropertyValue, …)

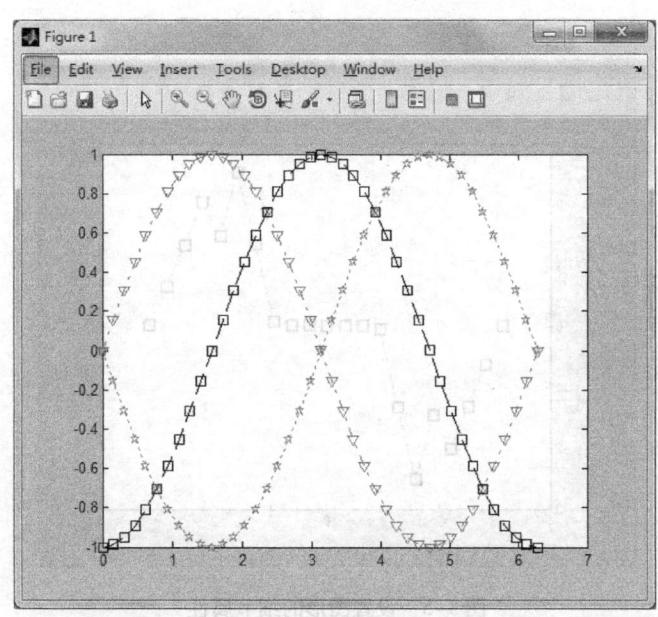

图 3-4 使用不同样式绘制的曲线

其中运用属性名（PropertyName）和属性值（PropertyValue）对曲线属性进行设置，使所绘曲线更具个性化，属性名/属性值的设置方法比 's' 字符串方式设置方法更细致，范围更广，常用的属性见表 3-2。

表 3-2 曲线常见属性

含 义	属 性 名	属 性 值
色彩	Color	[R, G, B]，每个元素在 [0, 1] 取任意值
线型	LineStyle	参见表 3-1
线宽	LineWidth	正实数，默认为 0.5
点形	Marker	参见表 3-1
点的大小	MarkerSize	正实数。默认为 6
点的边界色彩	MarkerEdgeColor	[R, G, B]，每个元素在 [0, 1] 取任意值
点的填充色彩	MarkerFaceColor	[R, G, B]，每个元素在 [0, 1] 取任意值

例 3-5 设置曲线的细节属性。

在命令行窗口中，键入下面的指令

```
x = -pi:pi/10:pi;
y = tan(sin(x)) - sin(tan(x));
plot(x,y,'--rs','LineWidth',2,...
        'MarkerEdgeColor','k',...
        'MarkerFaceColor','g',...
        'MarkerSize',10)
```

设置了曲线的线宽、Marker 的填充色、边缘色等属性，结果如图 3-5 所示。

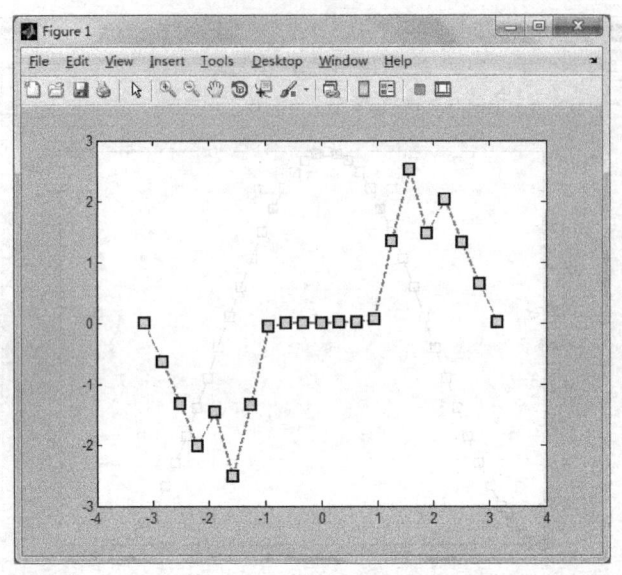

图3-5 设置图形的细节属性

3.1.4 图形区域控制

所谓绘图区域是指图形窗体中的轴（Axes），所有图形对象都是绘制在轴的上面，所以控制绘图的区域也就是控制轴的显示区域。利用图形窗口绘制图形时，MATLAB 中使用一些函数对坐标轴的显示进行了控制。

1. 坐标轴调整

MATLAB 自动地根据绘制的数据调整轴的显示范围，它能够保证将数据以适当的比例显示在轴中。用户在需要的情况下同样可以修改轴显示的范围，而且还可以修改轴的标注，修改这些特性需要使用 axis 函数，并且设置相应的属性。

axis 函数可修改图形窗体轴的范围，基本格式如下

```
axis([xmin xmax ymin ymax])
```

其中，xmin 和 xmax 决定 X 轴范围，ymin 和 ymax 决定 Y 轴范围。在命令行窗口中，直接键入下面的指令

```
>> axis
ans =
     0     1     0     1
```

则 MATLAB 按照默认设置自动创建一个图形窗体，包含一个坐标系，其中 X 轴的范围和 Y 轴的范围都为 0~1。

例 3-6 axis 函数使用示例。

在命令行窗口中，键入下面的指令

```
x = 0:pi/100:pi/2;
y = tan(x);
```

```
plot(x,y,'ko')
grid on
```

输出结果如图 3-6 所示。由于 MATLAB 是根据 x 和 y 的数据范围自动调节图形显示比例，所以图 3-6 显示的结果并不是那么直观，绘制的数据几乎排成了一条直线，不满足使用要求，所以需要修改显示范围。

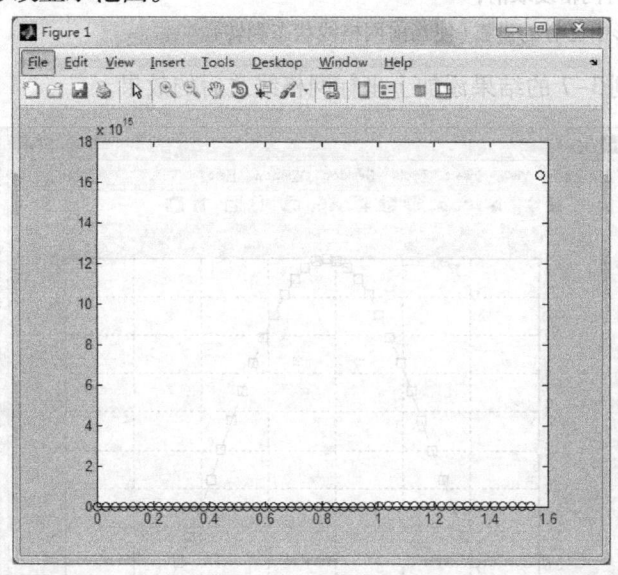

图 3-6 MATLAB 默认的坐标范围

在命令窗口再添加一行语句

```
axis([0,pi/2,0,5])
```

该命令将坐标轴的范围缩小，这时，前面数据的细节就可以很容易地查看出来了，如图 3-7 所示。

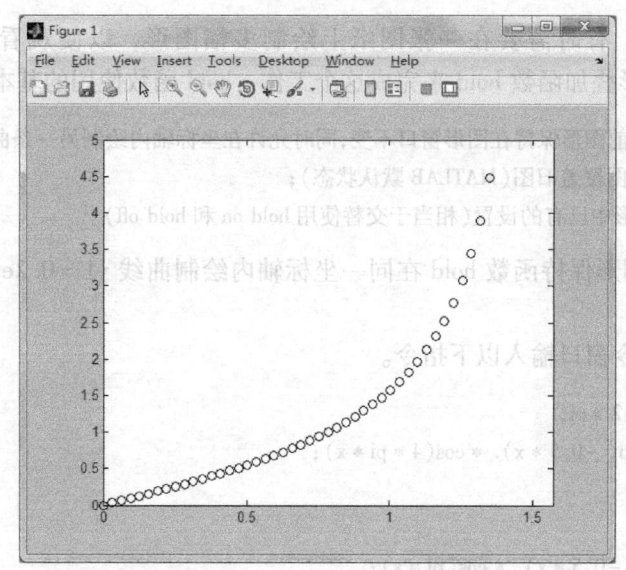

图 3-7 axis 函数设置的范围

2. 网格线设置

在 MATLAB 图形中，为了能够直观地观察数据曲线，使用 grid 命令将轴的坐标线绘制出来，grid 函数使用的基本格式为

  grid on 在图形中添加网格线；
  grid off 将已有网格线取消；
  grid 改变图形中已有的设置(使当前网格线状态翻转)。

图 3-8 就是将例 3-7 的结果添加上坐标网格线之后的效果。

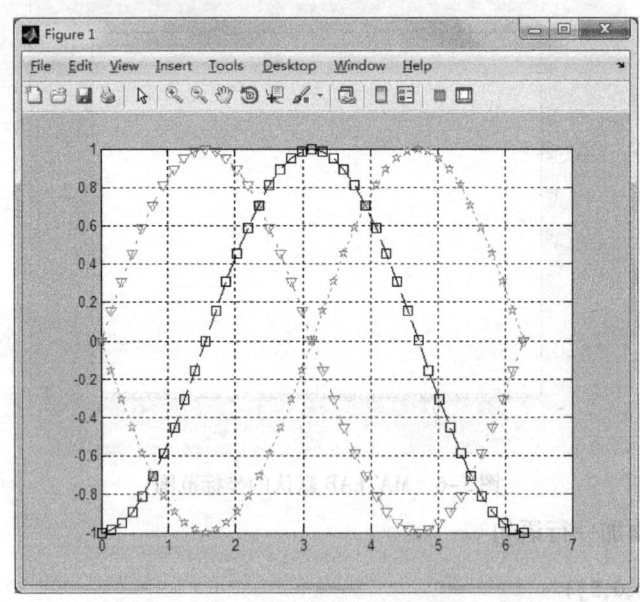

图 3-8 带网格线的绘图结果

3. 图形叠加

在绘图过程中，有时需要在一张图纸上绘制多幅图形，以便观看图形之间的关系。MATLAB 提供了图形叠加函数 hold 来完成这个工作。hold 函数使用的基本格式为

  hold on 把当前图形保持在图形窗口不变，同时允许在坐标轴内绘制另一条曲线；
  hold off 使新图覆盖旧图(MATLAB 默认状态)；
  hold 改变图形中已有的设置(相当于交替使用 hold on 和 hold off)。

例 3-7 采用图形保持函数 hold 在同一坐标轴内绘制曲线 $y1 = 0.2e^{-0.5x}\cos(4\pi x)$ 和 $y2 = 2e^{-0.5x}\cos(\pi x)$。

在 MATLAB 命令窗口输入以下指令。

```
x = 0:pi/100:2*pi;
y1 = 0.2*exp(-0.5*x).*cos(4*pi*x);
plot(x,y1)
hold on
y2 = 2*exp(-0.5*x).*cos(pi*x);
plot(x,y2,'r');
```

hold off

输出结果如图 3-9 所示。

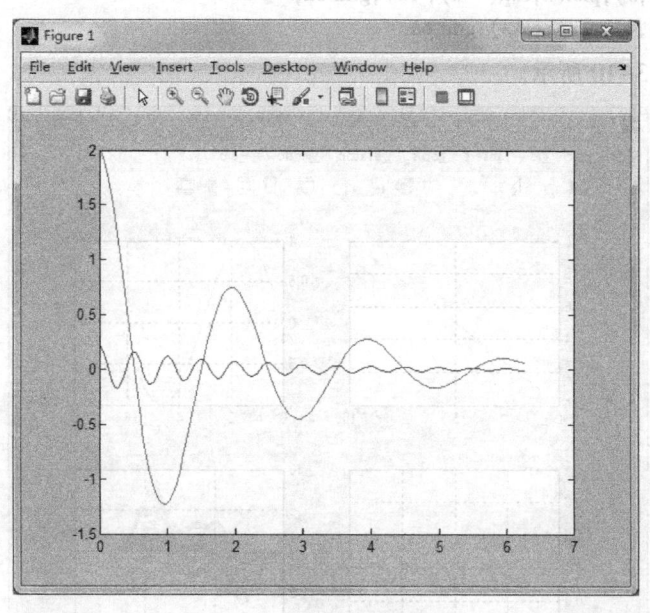

图 3-9 hold 函数绘图

4. 子图绘制

图形窗体中不仅可以包含一个轴，还可以划分为多个显示区域，用户可以根据需要把数据绘制在指定区域中，这种特性就是利用子图功能来完成的。使用 subplot 函数选择绘制区域即可。subplot 函数把图形窗体分割成指定行数和列数的区域，在每个区域内都可以包含一个绘图轴，利用该函数选择不同的绘图区，然后所有的绘图操作都将结果输出到指定的绘图区中。

subplot 函数的基本用法如下

subplot(m,n,p)

其中，m 和 n 为将图形窗体分割成的行数和列数，p 为选定的窗体区域的序号，以行元素优先顺序排列。

例如，在命令行窗口中键入指令

subplot(2,3,4)

即将图形窗体分割成为 2 行 3 列，并且将第四个区域设置为当前的绘图区域。

例 3-8 子图函数 subplot 使用实例。

在 MATLAB 命令窗口输入以下指令。

x = 0:.1:2*pi;
figure(1);clf; % 创建新的图形窗体
% 分隔窗体为 2 行 2 列，分别在不同的区域绘图

```
subplot(2,2,1);plot(1:10);grid on;
subplot(2,2,2);plot(x,sin(x));grid on;
subplot(2,2,3);plot(x,exp(-x),'r');grid on;
subplot(2,2,4);plot(peaks);grid on
```

输出结果如图 3-10 所示。

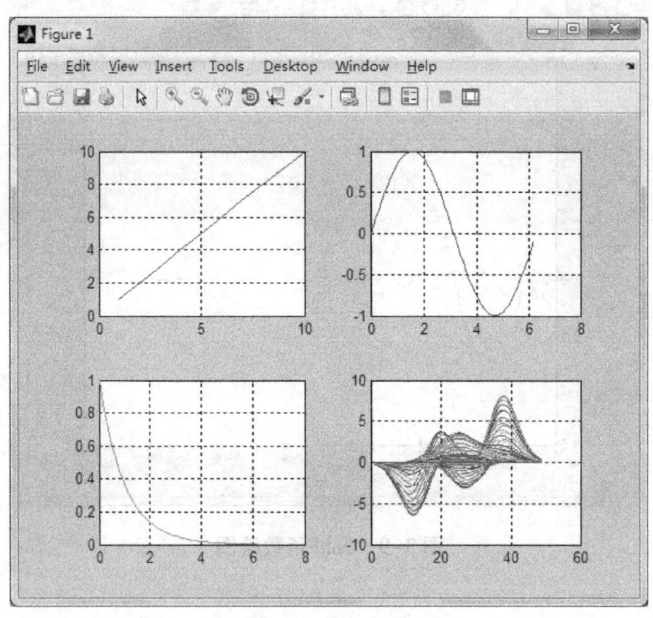

图 3-10 subplot 函数绘图

3.2 格式化绘图

3.2.1 增加文本信息

图形窗文本信息包括图形标题、文本注释、轴标签和图例等，专门对图形进行修饰，使其更加美观和人性化，便于使用者理解图形。为图形窗体增加这些文本信息一般有多种途径：图形窗 Insert 菜单下包含多个菜单命令，可以用来添加这些格式化的文本信息；通过图形编辑器，配合不同对象的属性编辑器也可以完成添加格式化文本信息的工作。

1. 标题（title）

添加图形的标题需要使用 title 函数，函数基本用法为

title('string')

其中，字符串 string 为图形标题，标题自动设置在轴的正中顶部。

例 3-9 在 $0 \leqslant x \leqslant 2\pi$ 区间内，绘制曲线 $y1 = 2e-0.5x$ 和 $y2 = \cos(4\pi x)$。

在 MATLAB 命令窗口输入以下指令。

```
x = 0:pi/100:2*pi;
y1 = 2*exp(-0.5*x);
y2 = cos(4*pi*x);
plot(x,y1,x,y2)
```

title('x from 0 to 2{\pi}');%加图形标题

输出结果如图3-11所示。

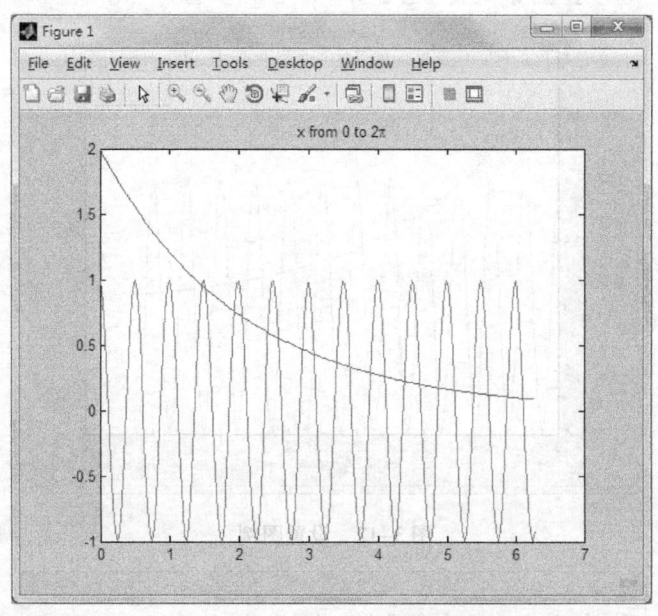

图3-11 设置图形标题

2. 图例（legend）

图例作为绘制数据曲线的说明，默认绘制在轴的右上角处，包括了绘制曲线的色彩、样式和时标，同时为每一个曲线添加简要的说明文字。添加图例使用函数legend，基本语法为

  legend('string1','string2'……)

其中，string1、string2为图例的说明性文本，MATLAB将自动按照绘制次序选择相应文本作为图例。在例3-9的程序后加上一条语句

  legend('y1','y2') %加图例

输出结果如图3-12所示，通过图例可以了解绘制在图形窗体中的曲线的基本信息。图例所在的位置可以任意挪动，可以用鼠标直接在图形窗体中移动图例的位置，也可以在创建图表的时候，直接利用legend函数设置图表的不同位置。另外，还可以使用句柄图形的方法设置图例的位置。

3. 坐标轴标签（label）

坐标轴的标签可以用来说明与坐标轴有关的信息，坐标轴标签也可以包含坐标轴数据的单位、物理意义等。使用xlabel、ylabel函数分别为X轴、Y轴添加轴标签。以X轴为例，基本语法如下

  xlabel('string')

其中，string就是坐标轴标签。坐标轴标签自动与坐标轴居中对齐。图3-13是在例3-9中添加以下语句后生成的。

  xlabel('Variable X');   %加X轴说明
  ylabel('Variable Y')   %加Y轴说明

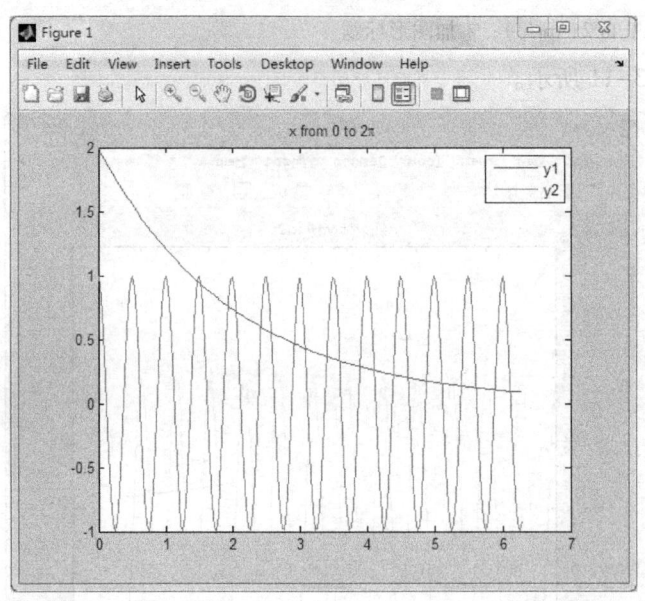

图 3-12 设置图例

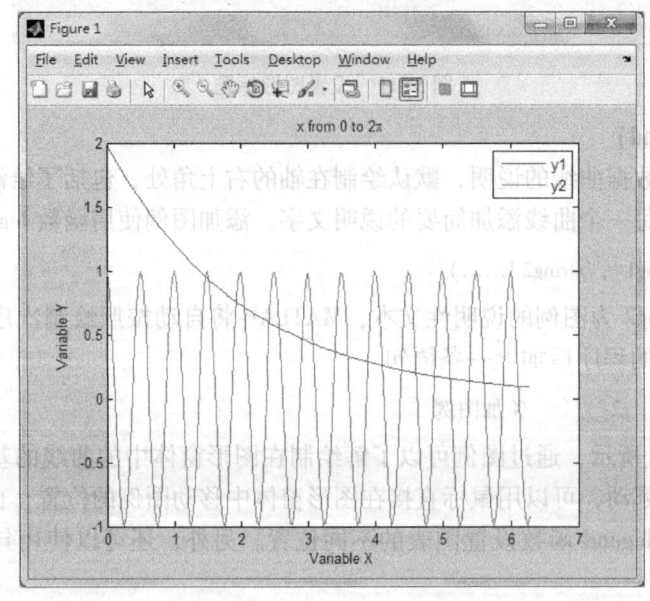

图 3-13 添加坐标轴标签

4. 文本注释（text）

文本注释是由创建图形的用户添加的说明行文字，这些文字可用来说明数据曲线的细节特点。创建文本注释的时候可以将文本注释首先保存在元胞数组中，使用 text 函数完成向图形窗体添加文本注释的工作。基本语法为

  text(x,y,'string')

其中，x 和 y 是文本注释添加的坐标值，该坐标值使用当前轴系的单位设置，也就是文本起始点坐标。向图 3-13 的图形窗体中添加文本

```
text(0.8,1.5,'曲线 y1 = 2e^{ -0.5x}');      % 在指定位置添加图形说明
text(2.5,1.1,'曲线 y2 = cos(4{\pi}x)')
```

通过调用 text 函数,把文本注释添加到了图形上,如图 3-14 所示。

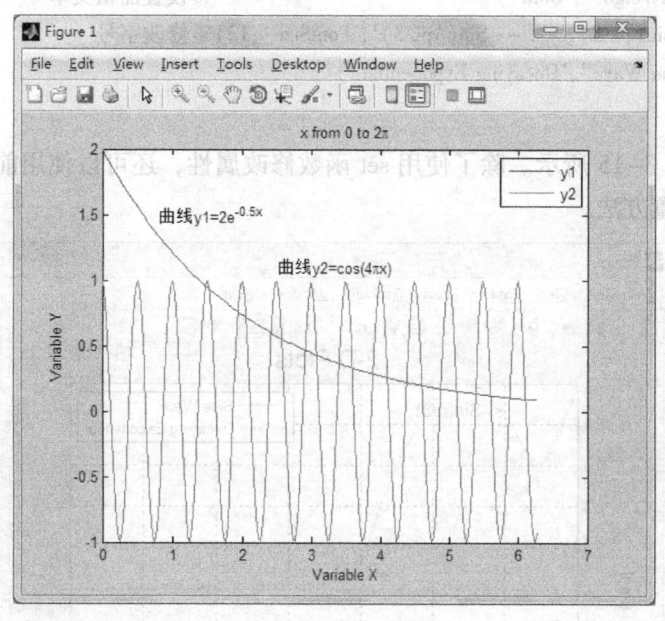

图 3-14 添加文本注释

3.2.2 格式化文本标注

在上节的例子中添加的各种文本标注使用了系统默认的字体、字号等属性设置,有时需要对图形文本注释的属性进行修改,MATLAB 中使用 set 函数修改这些属性,而前提是需要获取相应图形对象的句柄。本节主要介绍创建格式化文本标注的方法。

文本标注的字体属性可以在创建文本标注的时候进行设置,其中有关字体本身的属性包括:

1) FontName:字体名称,例如 Courier、隶书等。
2) FontSize:字体大小,整数值,默认为 10 points。
3) FontWeight:设置字体的加粗属性。
4) FontUnits:字体大小的度量单位,默认为 point。

set 函数的调用格式为

```
set(handle,'PropertyName',PropertyValue,…)
```

其中,handle 是句柄值,PropertyName 为属性名,PropertyValue 为属性值。

例 3-10 添加格式化的文本信息。

在 MATLAB 命令窗口输入以下指令。

```
x = 0:.1:2*pi;y = sin(x);plot(x,y)
grid on;hold on
plot(x,exp( -x),'r:*');
% 添加标注
```

```
title('2-D Plots','FontName','Arial','FontSize',16)    %修改字体和大小
xlabel('时间','FontName','隶书','FontSize',16)         % 使用中文字体
h = ylabel('Sin(t)')                                    %获得 ylabel 的句柄值
set(h,'FontWeight','Bold')                              %设置加粗文本
text(pi/3,sin(pi/3),' <--Sin(\pi/3)','FontSize',12)    %修改字号
legend('Sine Wave','Decaying Exponential')
hold off
```

输出结果如图 3-15 所示。除了使用 set 函数修改属性，还可以使用前面例 3-5 提到的属性名/属性值设置方法。

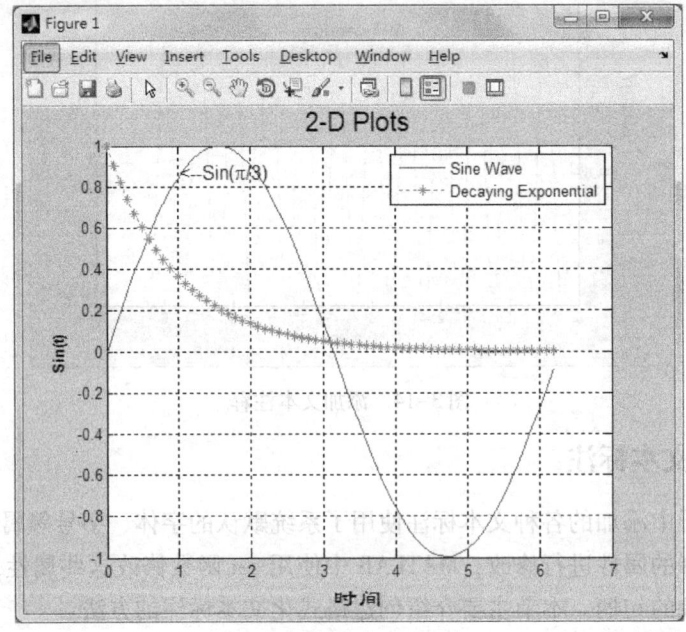

图 3-15 格式化文本标注

3.2.3 特殊字符标注

在例 3-9 中，使用了特殊的字符集来显示字符 π，而显示字符 π 的方法就是利用 LaTeX 字符集。利用这个字符集和 MATLAB 文本注释的定义，可以在图形文本标注中使用希腊字符、数学符号或者上标和下标字体等。所有文本标注中可以使用这些特殊文本，使用时一定要注意加"\"符号，否则会按照普通文本处理这些字符。还可用下面标识符组合完成更丰富的字体标注。

1) \bf：加粗字体。
2) \it：斜体字。
3) \sl：斜体字（很少使用）。
4) \rm：正常字体。
5) \fontname{fontname}：定义使用特殊的字体名称。
6) \fontsize{fontsize}：定义使用特殊的字体大小，单位为 FontUnits。

进行下标或上标文本的注释使用"_"和"^"字符。上标标注的方法如下

^{superstring}

其中，superstring是上标内容，添加在大括号"{ }"之中。

下标标注时的标注方法如下

_{substring}

其中，substring是下标内容，添加在大括号"{ }"之中。

例3-11 使用特殊文本标注。

```
alpha = -0.5;
beta = 3;
A = 50;
t = 0:.01:10;
y = A*exp(alpha*t).*sin(beta*t);
%绘制曲线
plot(t,y);
%添加特殊文本注释
title('\fontname{隶书}\fontsize{16}{隶书} \fontname{Impact}{Impact}')
xlabel('^{上标} and _{下标}')
ylabel('Some \bf 粗体\rm and some \it{斜体}')
txt = {'y = {\itAe}^{\alphax}sin(\beta\itt)',...
['\itA\rm ',' = ',num2str(A)],...
['\alpha = ',num2str(alpha)],...
['\beta = ',num2str(beta)]};
text(2,22,txt)
```

输出结果如图3-16所示。

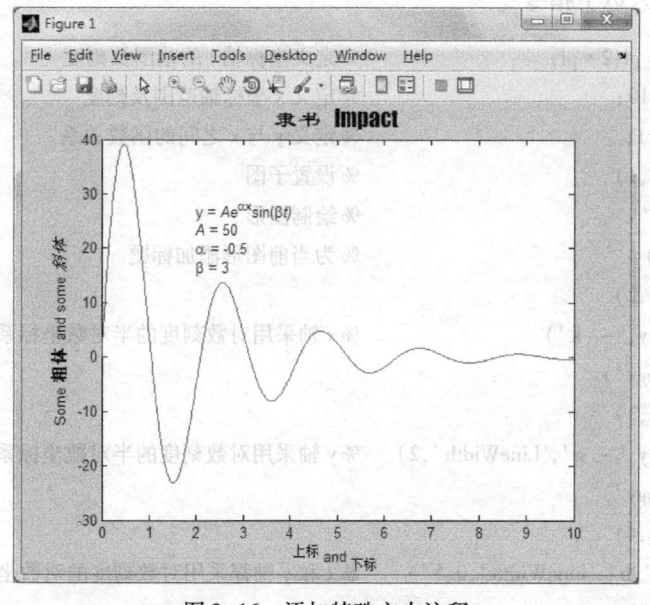

图3-16 添加特殊文本注释

特殊文本注释可以放置在各种文本注释的内容中，在例3-11中分别在标题、坐标轴标签、文本注释内容中添加了特殊文本。注意，在添加多行文本注释的时候，需要将注释的内容保存在元胞数组中，元胞数组每一个元胞即为注释的一行。

3.3 特殊图形函数

3.3.1 特殊坐标系

在前面介绍的绘图方法中，坐标轴基本上都是线性刻度的，但是在信号处理和控制工程等学科中，有时需要绘制极坐标图，而有时要绘制对数坐标图。MATLAB提供了一些专用函数来绘制这些图形。

1. 对数坐标系绘图

MATLAB中绘图除了用标准的直角坐标系，还可以采用对数坐标系。表3-3列出了MATLAB中对数/半对数坐标系绘图函数。

表3-3 对数/半对数坐标系绘图函数

函 数	说 明
semilogx	X轴采用对数刻度的半对数坐标系函数
semilogy	Y轴采用对数刻度的半对数坐标系函数
loglog	X和Y轴都采用对数刻度的对数坐标系函数

三个函数的用法和plot函数相同，不同的是图形中的坐标轴。

例3-12 对数/半对数坐标系绘图实例。分别用semilogx、semilogy和loglog绘制 $y = e^{-x}$ 的图形。

在命令窗口输入以下指令

```
t = 0:0.01*pi:2*pi;            %定义坐标轴t的范围及刻度
x = 0:0.01:10;                 %定义x坐标轴范围及刻度
y = exp(-x);                   %定义y与x之间的函数关系
subplot(2,2,1)                 %设置子图
plot(x,y,'r')                  %绘制图形
title('plot')                  %为当前图形添加标题
subplot(2,2,2)
semilogx(x,y,'--k')            %x轴采用对数刻度的半对数坐标系图形
title('semilogx')
subplot(2,2,3)
semilogy(x,y,'-.g','LineWidth',2)  %y轴采用对数刻度的半对数坐标系图形
title('semilogy')
subplot(2,2,4)
loglog(x,y,':b','LineWidth',0.5)   %x和y轴都采用对数刻度的对数坐标系图形
title('loglog')
```

输出结果如图 3-17 所示。

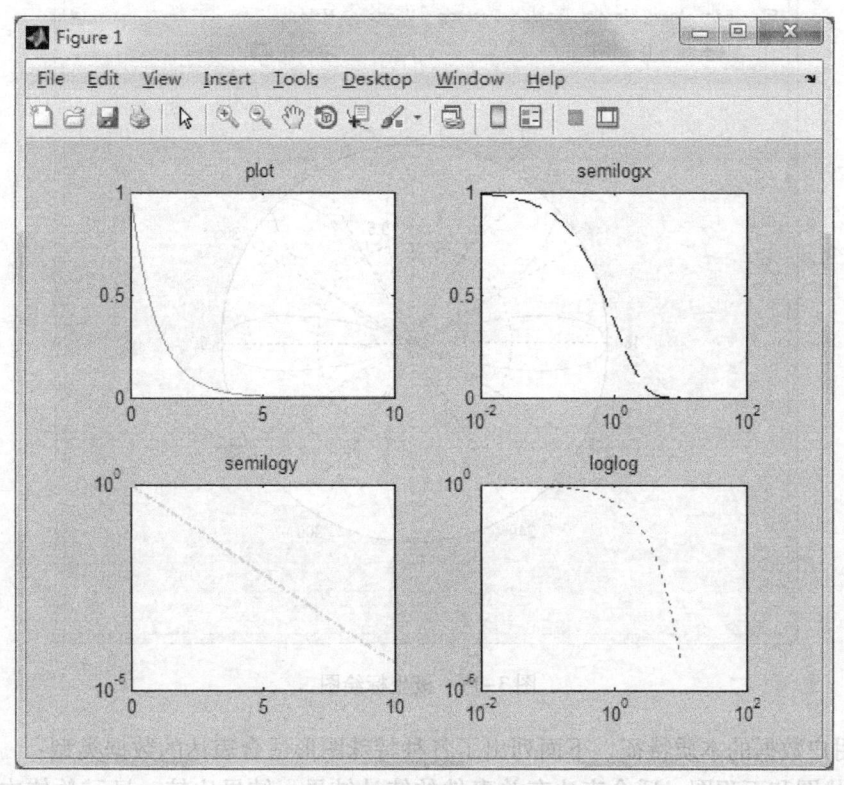

图 3-17 对数/半对数坐标系绘图

2. 极坐标系绘图

MATLAB 提供了极坐标绘图函数 polar，常用格式为

polar(thera,rho,LineSpec)

其中，thera 表示各个数据点的角度向量，rho 表示各个数据点的幅值向量，这两个参数的长度必须一致；LineSpec 是一个选项参数，与 plot 选项参数含义相同。极坐标绘图与 plot 函数类似，但不接受多参数输入。

例 3-13 利用命令 polar 在极坐标下绘制函数 $r = 2\sin[2(t-\pi/8)] \times 2\cos[2(t-\pi/8)]$ 的图形。

在命令窗口输入以下指令

```
t = 0:0.01 * pi:2 * pi;                              %定义坐标轴范围和刻度
r = 2 * sin(2 * (t - pi/8)). * cos(2 * (t - pi/8));  %定义 r 和 t 的函数关系
    polar(t,r)                                       %绘制极坐标下的图形
```

输出结果如图 3-18 所示。

3.3.2 特殊图形

MATLAB 支持许多种能够有效表达信息的特殊图形。用户究竟选择何种图形很大程度

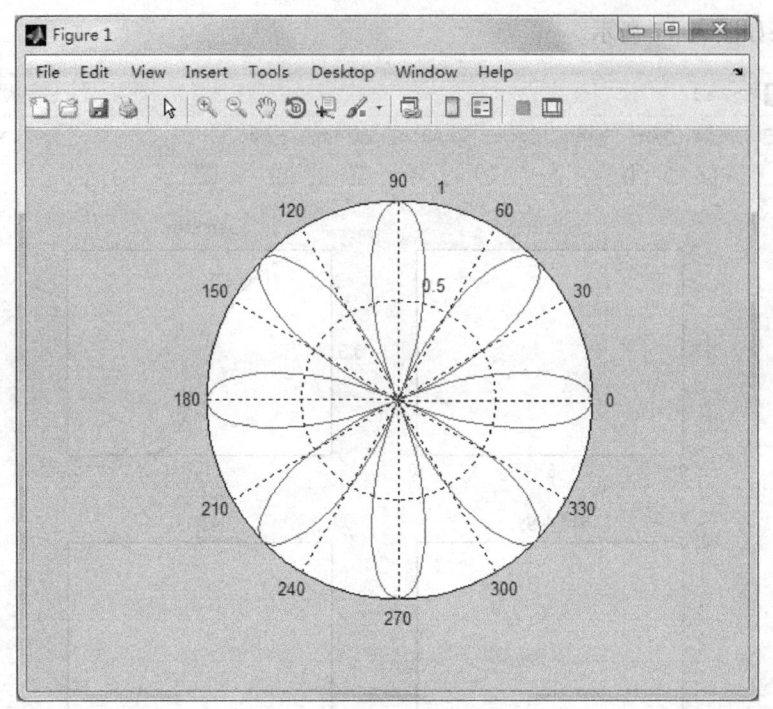

图 3-18　极坐标绘图

上依赖于用户数据的本质特征，下面列出了各种特殊图形适合表达的数据类型：

1）柱状图和面积图：适合表达有关事件的统计结果、结果比较、显示总体中的个体分布情况。

2）直方图：适合显示数据值的分布情况。

3）饼图：适合显示总体中的个体分布情况。

4）离散数据图：适合表示离散数据。

5）等值线图：适用于显示数据中的等值区域。

下面分别就各种图形进行介绍。

1. 柱状图和面积图

柱状图和面积图用来显示向量或矩阵数据。这两种图形在进行诸如观察某段时间的结果、比较两个不同数据集的结果以及表明个体在总体中是如何分布的情况下是非常有用的。柱状图比较适合显示离散数据，面积图则适合显示连续数据。绘制柱状图和面积图的函数如下：

*bar：绘制二维垂直柱状图，将 m 行 n 列的矩阵绘制成 m 组，每组 n 个垂直条（bar），语法为

　　bar(data,'mode')

其中，mode 用于设置绘图模式，默认情况为 grouped，函数把 data 的每一行看作一组，画在一个水平坐标位置；若设为 stacked，则把每一组的数据累叠起来绘图。

*barh：绘制二维水平柱状图，将 m 行 n 列的矩阵绘制成 m 组，每组 n 个水平条（bar），用法与 bar 相同。

* area：绘制面积图，将向量数据的相邻点用线条连接起来，围成的区域绘制成面积图，用默认颜色填充。

例3-14 绘制柱状图和面积图。

在命令窗口输入以下命令

```
data = [10 2 3 5;5 8 10 3;9 7 6 1;3 5 7 2;4 7 5 3];
subplot(2,2,[1 2]);bar(data);
title('垂直柱状图');
subplot(2,2,3);barh(data);
title('水平柱状图');
subplot(2,2,4);area(data);
title('面积图')
```

输出结果如图3-19所示。

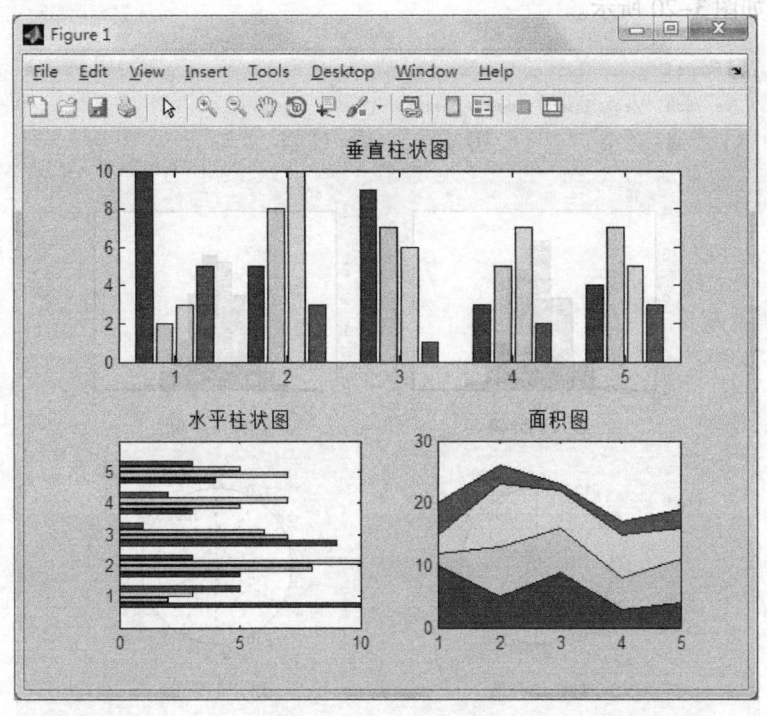

图3-19 柱状图和面积图

2. 直方图

直方图用来显示数据的分布情况，比如显示一组数据的概率分布情况。直方图可以绘制在普通的直角坐标下，也可以绘制在极坐标下，使用的函数分别为hist和rose。这两个函数分别计算输入向量中数据落入某一范围的数量，而绘制的柱状高度或者长度则表示落入该范围的数据的个数。

hist函数的常用格式为

  hist(y,n)

将向量 y 的最大值和最小值的差平均分为 n 等份，默认为 10。
rose 函数的常用格式为

rose(thera,n)

将向量 thera 的最大值和最小值的差平均分为 n 等份，默认为 20。

例 3-15 绘制直方图。

在命令窗口输入以下命令

A = randn(100000,1);
subplot(2,2,1);hist(A);xlabel('默认均分值')
subplot(2,2,2);hist(A,15);xlabel('均分 15 份')
subplot(2,2,3);rose(A);xlabel('默认均分值')
subplot(2,2,4);rose(A,15);xlabel('均分 15 份')

输出结果如图 3-20 所示。

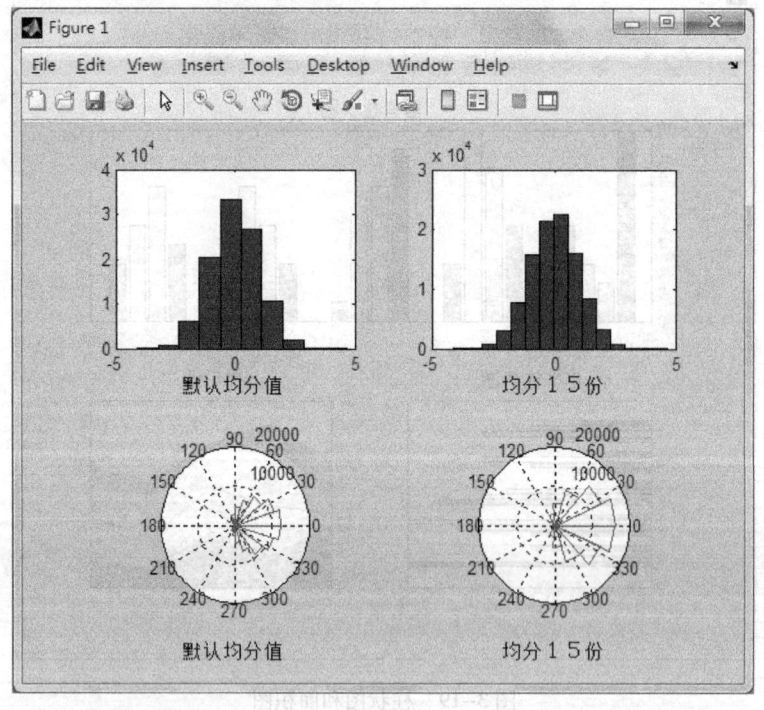

图 3-20　绘制直方图

3. 饼图

饼图用来显示向量或者矩阵元素占所有元素和的百分比。MATLAB 提供了绘制二维饼图的函数 pie，常用格式为

pie(Y)

若 Y 为向量值，则该命令绘制出每一元素占全部向量元素总和的百分比饼图，若 Y 为矩阵值，则命令绘制出每一元素占全部矩阵元素总和值的百分比饼图。

例 3-16 绘制饼图。

在命令窗口输入以下命令

```
A = sum(rand(5,5));
subplot(1,2,1);pie(A);
title('完整饼图');
B = [0.18 0.22 0.35];
subplot(1,2,2);pie(B);
title('缺角饼图');
```

输出结果如图 3-21 所示。

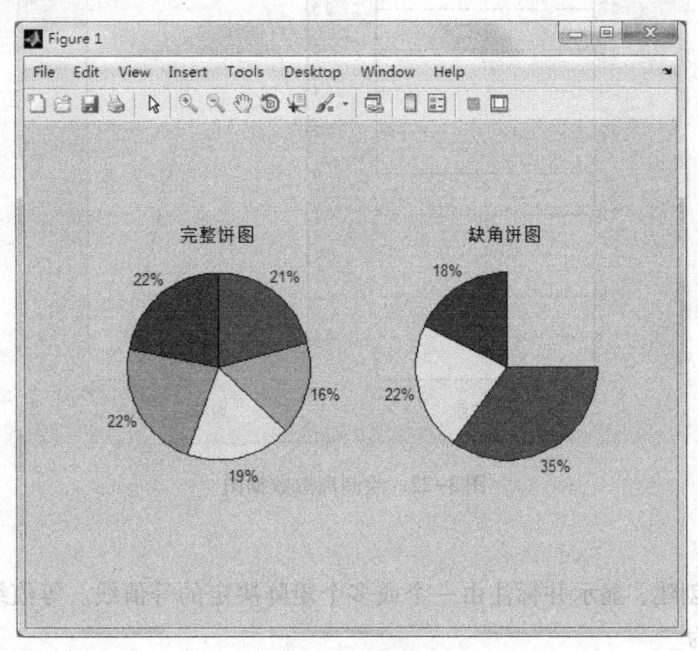

图 3-21 绘制饼图

4. 离散数据图

在数字信号处理领域经常处理一些离散数据，而 MATLAB 提供了相应的函数进行离散数据的绘制，例如常用的火柴杆图、阶梯图等。前面介绍的柱状图也是绘制离散数据的一种选择。绘制火柴杆图可使用 stem 函数，而阶梯图需要使用 stairs 函数。

例 3-17 绘制离散数据图。

在命令窗口输入以下命令

```
alpha = .01; beta = .5; t = 0:0.2:10;
y = exp(-alpha * t).*sin(beta * t);
stem(t,y,'r');grid on;hold on;
stairs(t,y,'g');
plot(t,y,'b');
figure
theta = 2 * pi * (0:127)/128;
```

```
x = cos(theta);
y = sin(theta);
z = abs(fft(ones(10,1), 128))';
stem3(x, y, z)
```

输出结果如图 3-22 所示。

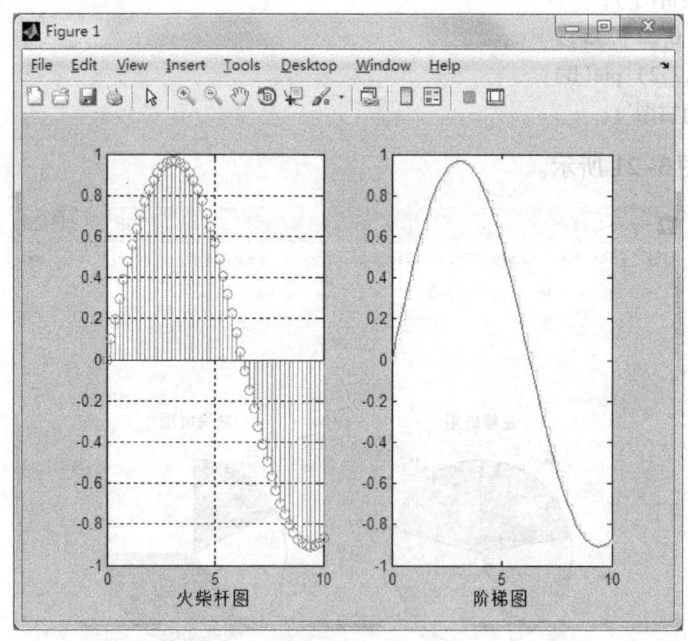

图 3-22　绘制离散数据图

5. 等值线图

等值线图将创建、显示并标注由一个或多个矩阵决定的等值线。等值线绘制函数 contour 的使用语法为

  contour(z)

  contour(z,n)

  contour(z,v)

其中，z 是一个由平面位置数据决定的二维函数值，等值曲线是一个平面的曲线，n 为等值线条数，向量 v 为等值线数值。

  [c,h] = contour(…)

返回等值矩阵 c 和线句柄或块句柄列向量 h，这些可作为 clabel 命令的输入参量，每条线对应一个句柄。

函数 clabel 在二维等值线图中添加数值标签，一般与 contour 同时使用，使用格式为

  clabel(c,h)

把标签旋转到恰当的角度，再插入到等值线中。只有等值线之间有足够的空间时才加入，当然这决定于等值线的尺度。

函数 contourf 的作用是绘制填充的等值线图，用法与 contour 相同。

例 3-18 绘制离散数据图

在命令窗口输入以下命令

```
z = peaks;                      %绘制 peaks 图形
subplot(2,2,1)
contour(z)                      %绘制 peaks 图形等值线图
subplot(2,2,2)
[c,h] = contour(z,[3.8 1.5]);
clabel(c,h)                     %标注等值线图中的函数值
subplot(2,2,3)
[c,h] = contour(z,4);
clabel(c,h)                     %标注等值线图中的函数值
subplot(2,2,4)
contourf(z,4)                   %生成填充等值线图
```

输出结果如图 3-23 所示。

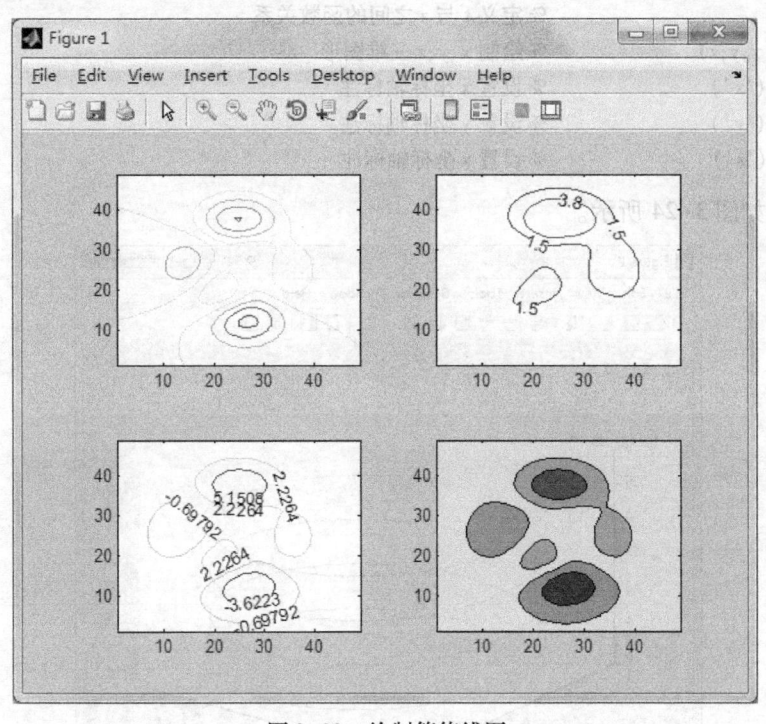

图 3-23 绘制等值线图

3.4 三维绘图

二维绘图虽然能够有效地表达数据，获得较为直观的信息，但对于某些问题而言，信息量还是不够的。三维图形的表现能力要强于二维图形，在很多时候需要使用 MATLAB 绘制三维图形的能力。MATLAB 提供了若干函数进行三维数据可视化，同时还有若干种方法进行三维图形对象属性的设置和控制。

3.4.1 创建简单的三维图形

最基本的三维绘图函数为 plot3,它将二维绘图函数 plot 的有关功能扩展到三维空间,可以用来绘制三维曲线。其调用格式为

plot3(x1,y1,z1,option1,x2,y2,z2,option 2,…)

其中,每一组 x、y、z 组成一组曲线的坐标参数,选项的定义和 plot 的选项一样。当 x、y、z 是同维向量时,则 x、y、z 对应元素构成一条三维曲线。当 x、y、z 是同维矩阵时,则以 x、y、z 对应列元素绘制三维曲线,曲线条数等于矩阵的列数。

例 3-19 三维曲线绘图函数 plot3 使用实例:利用 plot3 函数分别绘制 x = sint、y = cost 三维螺旋线,其中 $t \in [0, 8\pi]$。

解:在命令窗口输入以下命令

```
t = 0:pi/50:8 * pi;      %定义坐标轴 t 的范围及刻度
x = sin(t);              %设置 x 与 t 之间的函数关系
y = cos(t);              %设置 y 与 t 之间的函数关系
z = t;                   %定义 t 与 z 之间的函数关系
plot3(x,y,z)             %绘制 x、y、z 三维图形
xlabel('x')              %设置 x 坐标轴标注
ylabel('y')              %设置 y 坐标轴标注
zlabel('z')              %设置 z 坐标轴标注
```

输出结果如图 3-24 所示。

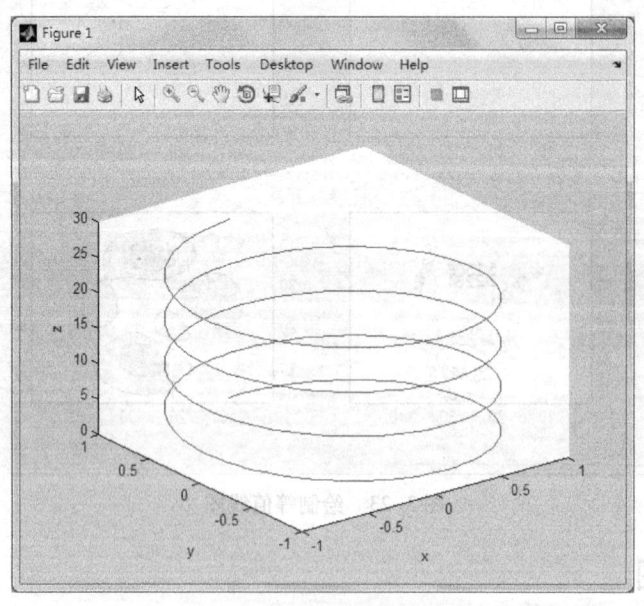

图 3-24 三维螺旋线

3.4.2 三维网格曲面

三维网格曲面是由一些四边形相互连接在一起所构成的一种曲面,这些四边形的 4 条边所围成的颜色与图形窗口的背景色相同,并且无色调的变化,呈现的是一种线架图的形式。

绘制三维网格曲面时，需要知道各个四边形顶点的(x,y,z)3个轴坐标值，然后再使用MATLAB所提供的网格曲面绘图命令 mesh、meshc 或 meshz 来绘制不同形式的网格曲面。

1. **三维网格点的生成**

在绘制网格曲面之前，需要预知各个网格顶点的三维坐标值。绘制曲面的一般情况是：先知道四边形各个顶点的二维坐标（x,y），然后再利用某个函数公式计算出四边形各个顶点的 z 坐标。MATLAB 提供的 meshgrid 函数产生所使用的栅格数据点。

meshgrid 命令的调用格式为

[X, Y] = meshgrid(x, y)

该命令的功能是由 x 向量和 y 向量值通过复制的方法产生绘制三维图形时所需的栅格数据 X 矩阵和 Y 矩阵。

在使用该命令的时候，需要说明以下两点：

1) 向量 x 和 y 向量分别代表三维图形在 X 轴、Y 轴方向上的取值数据点。
2) x 和 y 分别是 1 个向量，而 X 和 Y 分别代表 1 个矩阵。

例 3-20　meshgrid 函数示例。

解：在命令窗口中执行下列代码

x = [1 2 3 4 5 6 7 8];
y = [3 5 7];
[X, Y] = meshgrid(x, y)

输出结果如下

X =

1	2	3	4	5	6	7	8
1	2	3	4	5	6	7	8
1	2	3	4	5	6	7	8

Y =

3	3	3	3	3	3	3	3
5	5	5	5	5	5	5	5
7	7	7	7	7	7	7	7

2. **网格曲面函数**

MATLAB 中可以通过 mesh 函数绘制三维网格曲面图，该函数的常用语法格式如下

mesh(X, Y, Z, C)
mesh(X, Y, Z)
mesh(x, y, Z, C)
mesh(x, y, Z)
mesh(Z, C)
mesh(Z)

在命令格式 mesh(X, Y, Z, C) 和 mesh(X, Y, Z) 中，参数 X、Y、Z 都为矩阵值，并且 X 矩阵的每一个行向量都是相同的，Y 矩阵的每一个列向量也都是相同的。参数 C 表示网格曲面的颜色分布情况，若省略该参数则表示网格曲面的颜色分布与 Z 方向上的高度值成正比。

在命令格式 mesh(x,y,Z,C) 和 mesh(x,y,Z) 中，参数 x 和 y 为长度 n×m 的向量值，而参数 Z 是 m×n 的矩阵，命令相当于执行了下面两条命令

[X,Y] = meshgrid(x,y)
mesh[X,Y,Z,C]

在命令格式 mesh[Z,C] 和 mesh(Z) 中，若参数 Z 是维数为 m×n 的矩阵，命令相当于执行了下面 5 条命令

[m,n] = size(Z);
x = 1:n;
y = 1:m;
[X,Y] = meshgrid(x,y);
mesh(X,Y,Z,C)

例 3-21 在笛卡儿坐标系中绘制以下函数的网格曲面图：$f(x,y) = \dfrac{\sin(\sqrt{x^2+y^2})}{\sqrt{x^2+y^2}}$。

在命令窗口中输入以下命令

```
x = -8:0.5:8;
y = x;
[X,Y] = meshgrid(x,y);
R = sqrt(X.^2 + Y.^2) + eps;
Z = sin(R)./R;
mesh(X,Y,Z)
grid on
axis([-10 10 -10 10 -1 1])
```

运行以上程序，得到函数的三维网格图形如图 3-25 所示。

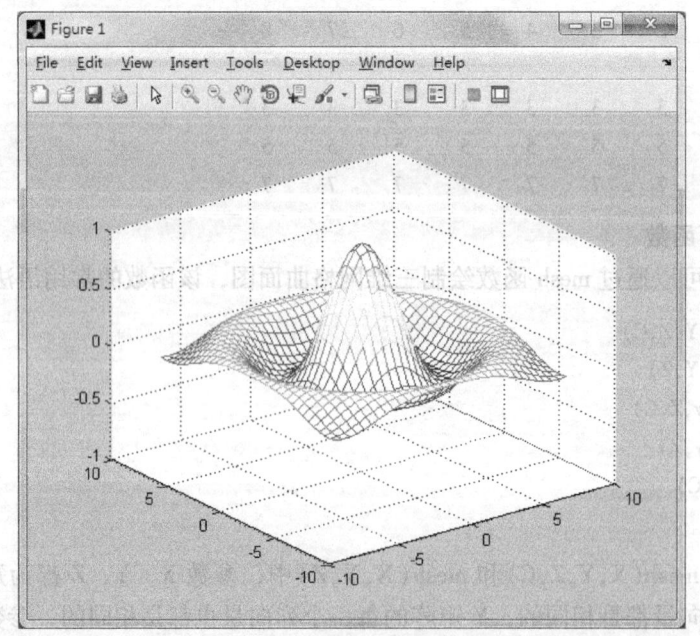

图 3-25 三维网格曲面图

另外，MATLAB 中还有两个 mesh 的派生函数：
1) meshc 在绘图的同时，在 x-y 平面上绘制函数的等值线。
2) meshz 则在网格图基础上在图形的底部外侧绘制平行 z 轴的边框线。

例 3-22 利用函数 mesh、meshc 和 meshz 绘制三维网格曲面图。

在命令窗口中输入以下命令

```
[X,Y] = meshgrid(-3:.125:3);
Z = peaks(X,Y);
subplot(2,2,1);
plot3(X,Y,Z)
axis([-3 3 -3 3 -10 5]);
title('plot3');
subplot(2,2,2);
meshc(X,Y,Z);
axis([-3 3 -3 3 -10 5]);
title('Meshc');
subplot(2,2,3);
meshz(X,Y,Z);
axis([-3 3 -3 3 -10 5]);
title('MeshZ');
subplot(2,2,4);
mesh(X,Y,Z);
axis([-3 3 -3 3 -10 5]);
title('Mesh')
```

运行以上程序，得到函数的三维网格图形如图 3-26 所示。

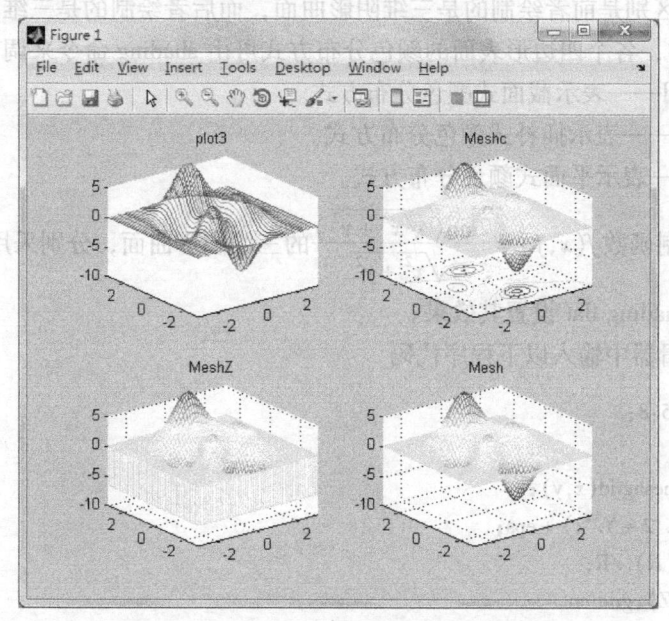

图 3-26　mesh、meshc 和 meshz 函数示例

从图 3-26 可以看到，plot3 只能画出 X、Y、Z 的对应列表示的一系列三维曲线，它只要求 X、Y、Z 三个数组具有相同的尺寸，并不要求（X，Y）必须定义网格点。

mesh 函数则要求（X，Y）必须定义网格点，并且在绘图结果中可以把邻近网格点对应的三维曲面点（X，Y，Z）用线条连接起来。

此外，plot3 绘图时按照 MATLAB 绘制图线的默认颜色序循环使用颜色以区别各条三维曲线，而 mesh 绘制的网格曲面图中的颜色则用来表征 z 值的大小，可以通过 colormap 命令显示表示图形中颜色和数值对应关系的颜色表。

3.4.3 三维阴影曲面

在三维网格曲面中，各个小的曲面是由四边形组成的，每个四边形的 4 条边有某一种颜色，但其内部却无颜色。本节将介绍另外一种三维曲面的表示方法——三维阴影曲面。这种曲面也是由很多个较小的四边形构成的，但是各个四条边是无色的（即为绘图窗口的底色），其内部却分布着不同的颜色，也可认为是各个四边形带有阴影效果。MATLAB 提供了 3 条用于绘制这种三维阴影曲面的命令：surf、surfc、surfl。

1. 阴影曲面函数

MATLAB 中可以通过 surf 函数绘制三维阴影曲面，该函数的常用语法格式如下

    surf(X,Y,Z,C)
    surf(X,Y,Z)
    surf(x,y,Z,C)
    surf(x,y,Z)
    surf(Z,C)
    surf(Z)

这 6 个 surf 命令与 3.4.2 节所介绍的 6 个 mesh 命令的使用方法及参数含义相同。surf 命令与 mesh 命令的区别是前者绘制的是三维阴影曲面，而后者绘制的是三维网格曲面。

在 surf 命令中，各个四边形表面的颜色分布方式可由 shading 命令来调节

shading faceted——表示截面式颜色分布方式。

shading interp——表示插补式颜色分布方式。

shading flat——表示平面式颜色分布方式。

例 3-23 绘制函数 $f(x,y) = \dfrac{2\sin(\sqrt{x^2+y^2})}{\sqrt{x^2+y^2}}$ 的三维阴影曲面，分别采用 shading faceted、shading interp 和 shading flat 设置其效果。

在 M 文件编辑器中输入以下程序代码

    x = -8:0.5:8;
    y = x;
    [X,Y] = meshgrid(x,y);
    R = sqrt(X.^2 + Y.^2) + eps;
    Z = 2*sin(R)./R;
    surf(X,Y,Z);grid on
    axis([-10 10 -10 10 -0.5 1.5])

shading faceted

输出结果如图 3-27 所示。

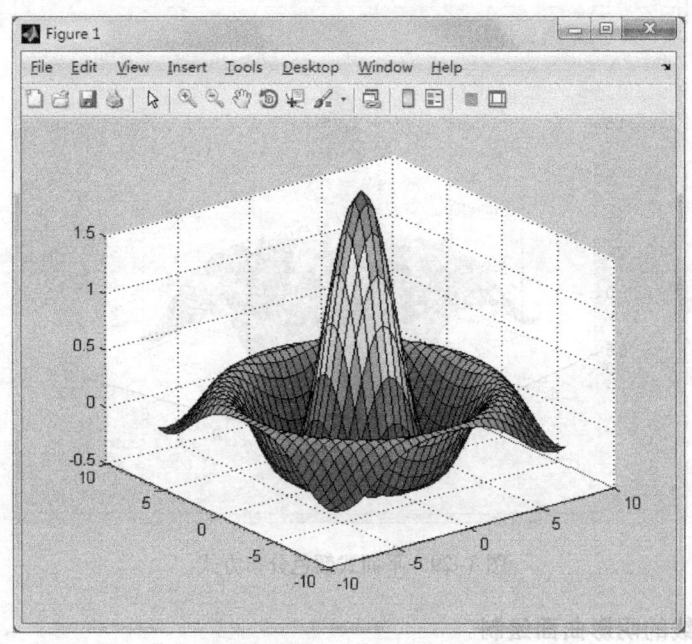

图 3-27 截面式颜色分布方式

将程序中最后一句改为 shading interp，再次运行程序，结果显示如图 3-28 所示。

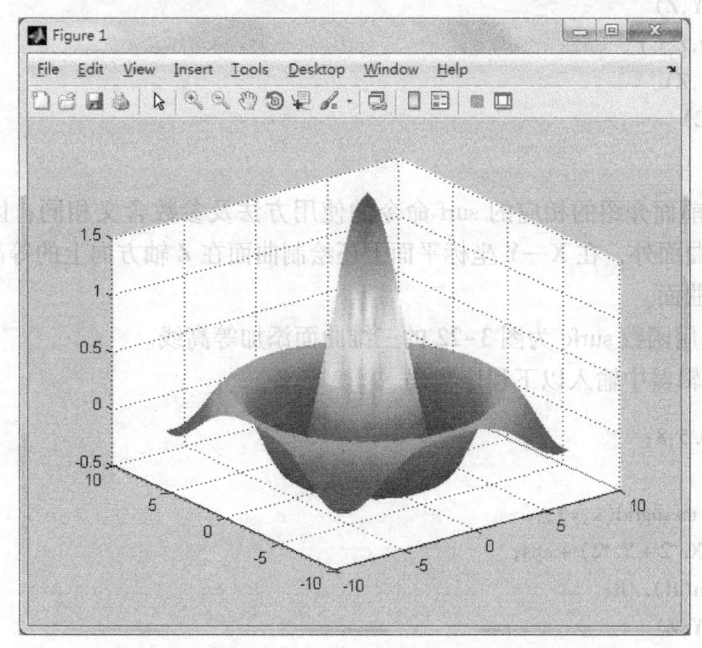

图 3-28 插补式颜色分布方式

将程序中最后一句改为 shading flat，再次运行程序，结果显示如图 3-29 所示。

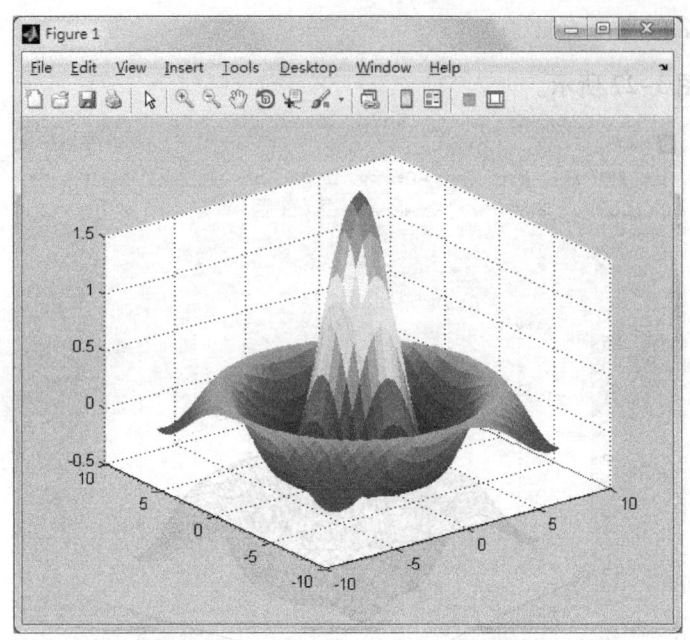

图 3-29 平面式颜色分布方式

2. 带有等高线的阴影曲面绘制

绘制在 XY 平面上等高线的三维阴影曲面的函数采用 surfc，调用这种函数的格式是

    surfc(X,Y,Z,C)
    surfc(X,Y,Z)
    surfc(x,y,Z,C)
    surfc(x,y,Z)
    surfc(Z,C)
    surfc(Z)

surfc 命令与前面介绍的相应的 surf 命令的使用方法及参数含义相同；区别是前者除了绘制出三维阴影曲面外，在 X—Y 坐标平面上还绘制曲面在 Z 轴方向上的等高线，而后者仅绘制出三维阴影曲面。

例 3-24 利用函数 surfc 为图 3-22 的三维曲面添加等高线。

在 M 文件编辑器中输入以下程序代码

    x = -8:0.5:8;
    y = x;
    [X,Y] = meshgrid(x,y);
    R = sqrt(X.^2 + Y.^2) + eps;
    Z = 2 * sin(R)./R;
    surfc(X,Y,Z)
    grid on
    axis([-10 10 -10 10 -0.5 1.5])

输出结果如图 3-30 所示。

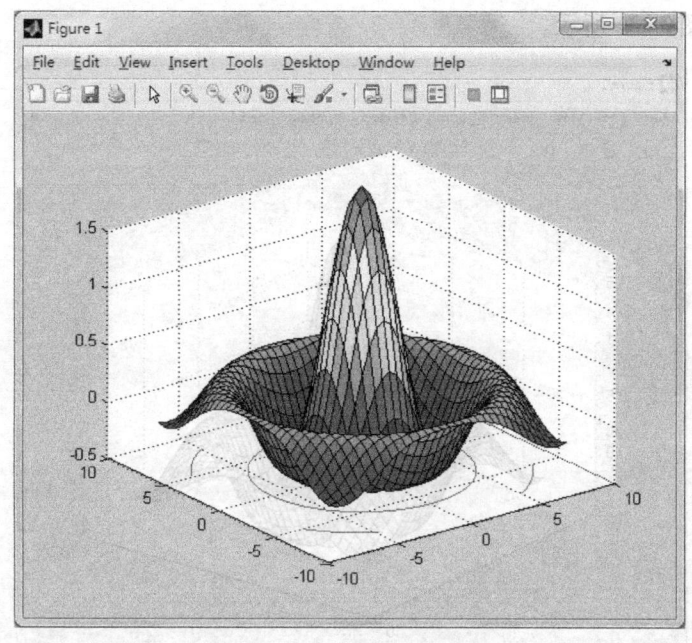

图 3-30　三维阴影曲面等高线

3. 具有光照效果的阴影曲面绘制

MATLAB 为用户提供了一种可以绘制具有光照效果的阴影曲面绘制函数 surfl，调用这种函数的格式是

　　surfl(X,Y,Z,s)
　　surfl(X,Y,Z)
　　surfl(Z,s)
　　surfl(Z)

这 4 种 surfl 命令与前面介绍的 surf 命令的使用方法及参数含义类似；surfl 命令与 surf 命令的区别是前者绘制出的三维阴影曲面具有光照效果，而后者绘制出的三维阴影曲面无光照效果；向量参数 s 表示光源的坐标位置，s = [sx,xy,xz]，缺省光源位置为观测角的反时针 45°处。

例 3-25　利用 sufl 函数为图 3-22 所示的阴影曲面添加光照效果。

在 M 文件编辑器中输入以下程序代码

　　x = -8:0.5:8;
　　y = x;
　　[X,Y] = meshgrid(x,y);
　　R = sqrt(X.^2 + Y.^2) + eps;
　　Z = 2 * sin(R)./R;
　　s = [0 -1 0];
　　surfl(X,Y,Z)
　　grid on
　　axis([-10 10 -10 10 -0.5 1.5])

输出结果如图 3-31 所示。

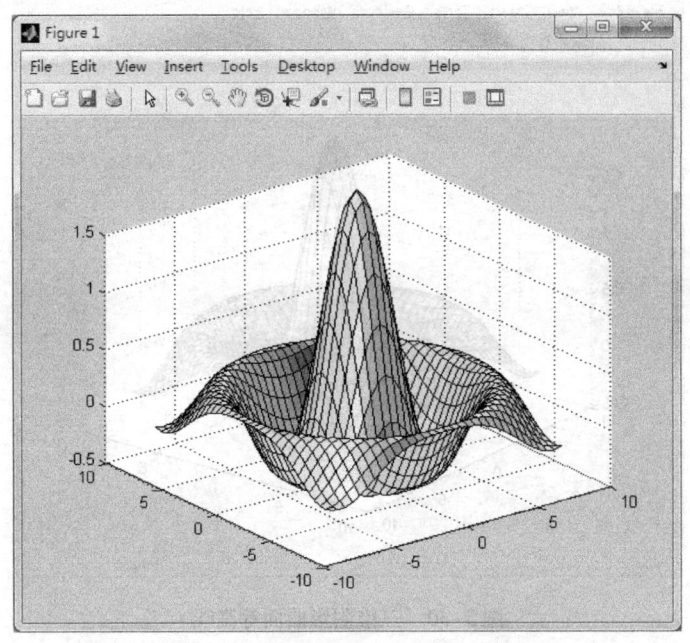

图 3-31　阴影曲面添加光照效果图

3.5　习题

1. 在 $0 \leqslant x \leqslant 2\pi$ 区间内，绘制曲线 $y = 2e - 0.5x\cos(4\pi x)$。
2. 在同一坐标系内，分别用不同线型和颜色绘制曲线 $y1 = 0.2e - 0.5x\cos(4\pi x)$ 和 $y2 = 2e - 0.5x\cos(\pi x)$，标记两曲线交叉点。
3. 分别以条形图、阶梯图、杆图和填充图形式绘制曲线 $y = 2\sin(x)$。
4. 用 plot3 函数绘制 $x = \sin(t)$，$y = \cos(t)$，$z = t$ 的三维曲线。
5. 用曲面图表现函数 $z = x^2 + y^2$。

第 4 章　MATLAB 图像处理工具箱

图像处理工具箱是 MATLAB 环境下开发出来的工具箱之一，它以数字图像处理理论为基础，用 MATLAB 语言构造出一系列用于图像数据显示与处理的 M 函数，包括：
1）几何运算，包括缩放、旋转和裁剪。
2）分析操作，包括边缘检测，四叉树分解。
3）增强操作，包括亮度调整，直方图均衡化，消噪。
4）图像变换，包括离散余弦变换，傅里叶变换。
5）邻域处理。
6）形态学处理。
7）彩色图像处理。

4.1　MATLAB 图像处理的特点

4.1.1　MATLAB 与其他图像处理软件的比较

目前图像技术飞速发展，数码产品不断更新，许多人都遇到和图像处理有关的问题，最为常见的是使用数码相机拍照，然后进行图像处理。而各种各样的图像处理软件比较多，MATLAB 与其他软件相比有什么突出的地方呢？

普通用户用到的软件一般是通用图像处理软件，比较典型的有：
1）ACDSee，主要用来浏览图片，具有简单的图像处理功能。
2）Photoshop，一般用来处理数码相机的照片，具有强大的图像处理功能。

专业工作人员使用的是和专业领域相关的图像分析处理软件，例如：
1）Spectrum，偏重医学图像分析的图像处理软件。
2）Surfer，地表图像处理分析软件。

MATLAB 相对于通用图像处理软件来说，是专业软件，但是相对于专业图像处理分析软件，它又可以说是通用软件，是专业软件中的通用软件。

MATLAB 作为一个处理平台，它的功能适应性非常强，用途非常广泛，有各种各样的工具箱，和图像有关的就是图像处理工具箱和图像获取工具箱。MATLAB 和其他图像处理软件的差异如表 4-1 所示。

表 4-1　MATLAB 和其他图像处理软件的差异

比 较 对 象	MATLAB	其他图像处理软件
操作方式	命令操作	菜单操作
是否带有编程工具	是	部分带有
图像硬件设备适应性	范围广	范围小
是否具有图像处理以外的功能	有	没有

从表 4-1 可以看到，MATLAB 由于可以进行编程操作，在图像处理上具有很大的自由度和灵活性，其他图像处理软件主要基于菜单操作，灵活度相对较小，但操作相对简单。从图像硬件适应性来说，由于 MATLAB 功能多样，支持多种硬件设备，在图像硬件适应性上有明显优势。

如果是完成特定的图像任务，可以优先选择其他图像软件。如果希望在图像处理分析上有更大的自由度，需要自己完成某种图像处理功能，则需要 MATLAB。

4.1.2　MATLAB 图像处理程序开发特点

MATLAB 图像处理程序的特点是上手容易，开发周期短，见效快。和 VB、VC 等专业级编程工具相比，在 MATLAB 平台上开发图像处理软件程序代码编写量明显较小。专业级的编程工具并没有专门为图像处理而编写的函数，很多图形处理函数需要开发者自己编写，开发者花在程序编译和界面编程上的时间有可能超过图像处理功能程序部分。MATLAB 有专门的图像处理工具箱，有很多实现某种图像处理功能的函数，借助 MATLAB/GUI 工具，图形界面编程也变得简单了。

但是如果使用 MATLAB 编写功能强大的图像处理程序需要进行商业软件开发的话，问题就出来了：MATLAB 程序不能脱离 MATLAB 平台而独立存在，而在商业开发时我们不可能卖出图像处理程序还要求用户电脑上也安装 MATLAB 软件。因此使用 MATLAB 开发商业软件最主要的问题就是如何让 MATLAB 上编写的图像处理程序脱离 MATLAB 平台而独立运行。

使用 MATLAB 开发图像处理程序是典型的先易后难。如果只是进行高校教学和科学研究，就不存在任何问题，但上手快、功能强大、不断更新的图像处理函数，还是让很多人选择 MATLAB 作为自己的程序开发工具。

4.2　图像处理工具箱的图像类型

在 MATLAB 中，大部分图像用二维数组即矩阵表示，矩阵中的一个元素对应一个像素。例如，一个由 500 行 600 列不同颜色点组成的图像可以用 500×600 的矩阵来表示。当然也有一些图像是用三维数组表示的，如真彩色图像的三个维分别表示像素的红色、绿色和蓝色分量值。这样使得在 MATLAB 中使用图形文件格式的图像和使用其他类型的矩阵数据的方式一致。一幅图像可能包含一个数据矩阵，也可能包含一个颜色映射表矩阵。图像处理工具箱支持的图像分为四个基本类型：真彩色图像、灰度图像、索引图像及二值图像。它们的区别在于数据矩阵元素的含义不同。

4.2.1　二值图像

二值图像是图像中最简单的类型，只需要一个数据矩阵就可以表示，每个像素只能取两个离散数值（0 或 1）中的一个。

二值图像仅使用 8 位无符号类型或双精度类型的数组来存储。由于 8 位无符号类型数组使用的内存较小，故 8 位无符号类型数组比双精度数组性能更好。在图像处理工具箱中，任何返回一幅二进制图像的函数均使用 8 位无符号类型数组来存储图像。图 4-1 所示是一幅典型的二值图像。

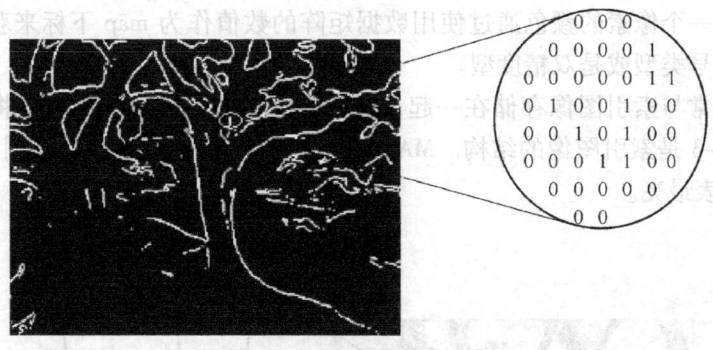

图 4-1　二值图像结构

4.2.2　灰度图像

MATLAB 把灰度图像存储为一个数据矩阵,该数据矩阵中的元素分别代表了图像中的像素,其值为颜色的灰度值。矩阵中的元素可以是双精度浮点型、8 位或 16 位无符号的整数类型。

大多数情况下,灰度图像很少和调色板一起保存。但是在显示灰度图像时,MATLAB 仍然在后台使用系统预定义的默认灰度调色板。图 4-2 为典型的灰度图像结构。

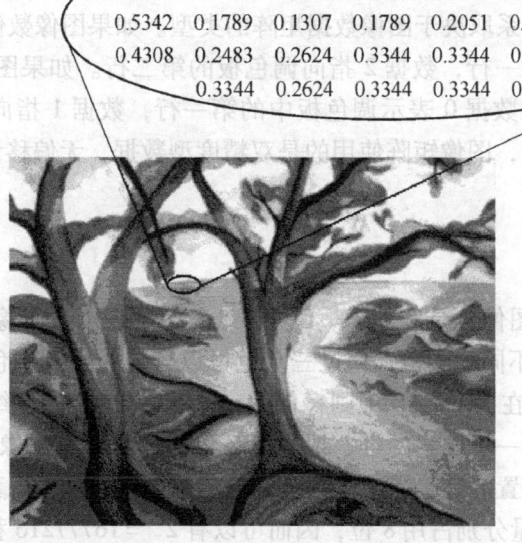

图 4-2　灰度图像结构

4.2.3　索引图像

索引图像是把像素值直接作为调色板下标的图像。

MATLAB 中的索引色图像包含 2 个结构,一个是调色板;另外一个是图像数据矩阵。调色板是一个有 3 列和若干行的色彩映像矩阵,矩阵的每行都代表一种色彩,通过 3 个分别代表红、绿、蓝颜色强度的双精度数,形成一种特定的颜色。索引图像可把像素值直接映射为调色板数值,每一个像素的颜色通过使用数据矩阵的数值作为 map 下标来获得。图像数据可以是 8 位无符号类型或是双精度型。

颜色映射通常与索引图像存储在一起,当装载图像时,MATLAB 自动将调色板与图像同时装载。图 4-3 是索引图像的结构。MATLAB 调色板的色彩强度是[0,1]中的浮点数,0 代表最暗,1 代表最亮。

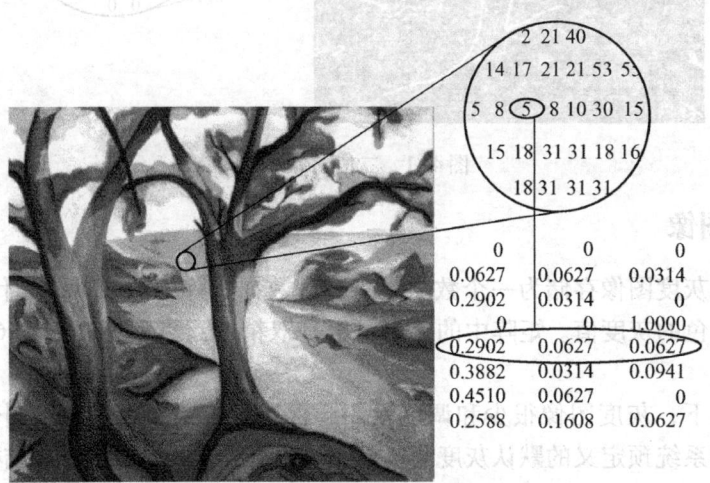

图 4-3 索引图像结构

图像矩阵与调色板之间的关系取决于图像数据矩阵的类型。如果图像数值矩阵是双精度类型,则数据 1 指向调色板的第一行,数据 2 指向调色板的第二行。如果图像矩阵是 uint8 类型时,将产生一个偏移量,即数据 0 表示调色板中的第一行,数据 1 指向调色板的第二行。在图 4-3 所示的索引图像中,图像矩阵使用的是双精度型数据,无偏移量,数值 5 指向调色板的第五行。

4.2.4 真彩色图像

真彩色图像,又称为 RGB 图像,是利用 R、G、B 三个分量表示一个像素的颜色,R、G、B 分别代表红、绿、蓝三种不同的颜色,通过三基色可以合成为任意颜色。所以对一个尺寸为 $m \times n$ 的彩色图像来说,在 MATLAB 中则存储为一个 $m \times n \times 3$ 的多维数据数组,其中数组中的元素定义了图像中每一个像素的红、绿、蓝颜色值。真彩色图像不使用调色板,每个像素的颜色由存储在相应位置的红、绿、蓝颜色分量的组合来确定,把真彩色图像存储为 24 位的图像,红、绿、蓝分量分别占用 8 位,因而可以有 $2^{24} = 16777216$ 种颜色,能够再现自然界所有颜色。

MATLAB 的 RGB 数组可以是双精度浮点型、8 位或 16 位无符号的整数类型。在双精度型数组中每一个颜色分量都是一个 [0,1] 范围内的数值。图 4-4 为一幅典型的双精度真彩色图像。在此图中为了确定像素(10,5)的颜色,需要查看数据 RGB(10,5,1:3),像素的红、绿、蓝颜色值分别保存在元素(10,5,1)、(10,5,2)、(10,5,3)中。

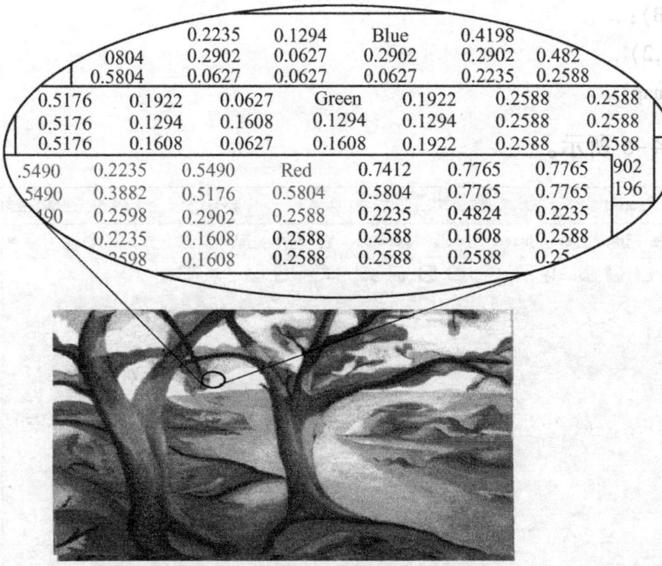

图 4-4 真彩色图像

4.3 图像类型转换

在有些图像操作中,需要对图像的类型进行转换。比如对一幅索引图像滤波,首先必须将它转换成真彩色图像,此时再对真彩色图像进行滤波,MATLAB 才能滤掉图像中的部分灰度值,否则 MATLAB 要对调色板的序号滤波,这样的结果毫无意义。MATLAB 图像处理工具箱提供了很多图像类型转换函数,下面将一一介绍。

4.3.1 真彩色图像与索引图像的转换

1. 真彩色图像转换为索引图像

Rgb2ind 函数用于将真彩色图像转换为索引图像,可采用直接转换、均匀量化、最小方差量化、颜色图近似四种方法。其语法格式为

  [X,map] = rgb2ind(RGB):直接将真彩色图像转换为具有调色板 map 的矩阵 X。

  [X,map] = rgb2ind(RGB,tol):用均匀量化法将真彩色图像转换为索引图像,tol 的范围从 0.0 到 1.0。

  [X,map] = rgb2ind(RGB,n):使用最小量化法将真彩色图像转换为索引图像,map 包括至少 n 个颜色。

  [X,map] = rgb2ind(RGB,map):将真彩色图像中的颜色与调色板 map 中最相近的颜色匹配,将真彩色图像转换为具有调色板 map 的索引图像。

  […] = rgb2ind(…,dither_option):通过 dither_option 参数来设置图像是否抖动。

例 4-1 真彩色图像转换为索引图像。

  RGB = imread('autumn.tif');
  [X,map] = rgb2ind(RGB,128);
  subplot(2,1,1)

```
imshow(RGB);
subplot(2,1,2)
imshow(X,map)
```

输出结果如图 4-5 所示。

图 4-5 使用函数 rgb2ind 将真彩色图像转换为索引图像示例

2. 索引图像转换为真彩色图像

函数 ind2rgb 将索引图像转换成真彩色图像，其语法格式为

RGB = ind2rgb(X,map)

其功能是将具有调色板 map 的索引图像 X 转换为真彩色图像 RGB。转换实现时，产生一个三维数组，然后将索引图像的调色板颜色值赋予三维数组，X 可以是双精度型或 8 位无符号型，RGB 是双精度型。

例 4-2 索引图像转换为真彩色图像。

```
load wmandril
I = ind2rgb(X,map);
subplot(2,1,1)
imshow(X,map);
subplot(2,1,2)
imshow(I)
```

输出结果如图 4-6 所示。

3. 图像抖动

在 MATLAB 中，dither 函数通过抖动算法将真彩色图像转换成索引图像，其语法格

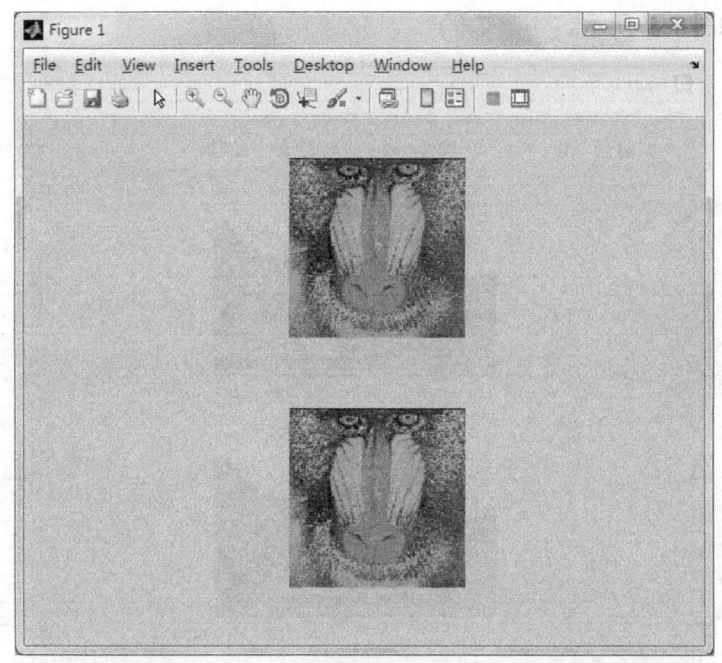

图 4-6　使用函数 ind2rgb 将索引图像转换为真彩色图像示例

式为

$X = \text{dither}(RGB, map)$

其作用是通过抖动算法将真彩色图像 RGB 按调色板 map 转换成索引图像 X。

$X = \text{dither}(RGB, map, Qm, Qe)$

利用给定的参数 Qm，Qe 从真彩色图像 RGB 中产生索引图像 X。Qm 表示沿每个颜色轴反转调色板的量化（即对于补色各颜色轴）的位数，Qe 表示颜色空间计算误差的量化误差。如果 Qe < Qm，则不进行抖动操作。Qm 的默认值是 5，Qe 的默认值是 8。

$BW = \text{dither}(I)$

通过抖动算法将矩阵 I 中的灰度图像转换为二进制图像。

输入图像可以是双精度类型或 8 位无符号类型，其他参数必须是双精度型。如果输出的图像是二值图像或颜色种类少于 256 的索引图像时，为 8 位无符号型，否则为双精度型。

例 4-3　图像抖动示例。

```
I = imread('autumn.tif');
map = pink(1024);
X = dither(I, map);
subplot(2,1,1)
imshow(I);
subplot(2,1,2)
imshow(X, map);
```

输出结果如图 4-7 所示。

图 4-7　图像抖动示例

4.3.2　索引图像与灰度图像的转换

1. 索引图像转换为灰度图像

函数 ind2gray 将索引图像转换为灰度图像,其语法格式为

　　I = ind2gray(X,map)

它将具有调色板 map 的索引图像 X 转换为灰度图像 I,X 可以是双精度型或 8 位无符号型,I 是双精度型。

例 4-4　索引图像转换为灰度图像。

```
load wmandril
I = ind2gray(X,map);
subplot(2,1,1)
imshow(X,map);
subplot(2,1,2)
imshow(I)
```

输出结果如图 4-8 所示。

2. 灰度图像转换为索引图像

函数 gray2ind 将灰度图像转换为索引图像,其语法格式为

　　[X,map] = gray2ind(I,n)

它按照指定的灰度级数 n 和调色板 map 将灰度图像 I 转换成索引图像 X,n 的默认值是 64。

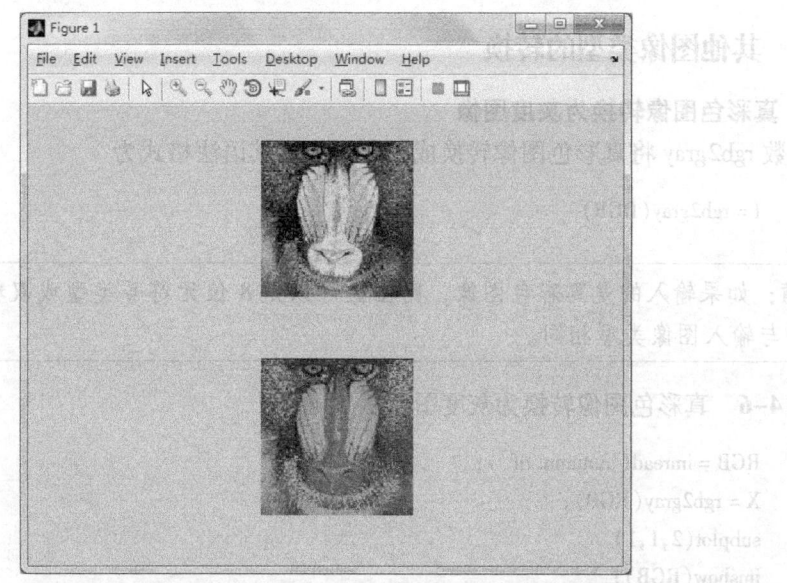

图 4-8 使用函数 ind2gray 将索引图像转换为灰度图像示例

例 4-5 灰度图像转换为索引图像。

```
I = imread('cameraman.tif');
[X,map] = gray2ind(I,16);
subplot(2,1,1)
imshow(I);
subplot(2,1,2)
imshow(X,map);
colorbar
```

输出结果如图 4-9 所示。

图 4-9 使用函数 gray2ind 将灰度图像转换为索引图像示例

4.3.3 其他图像类型的转换

1. 真彩色图像转换为灰度图像

函数 rgb2gray 将真彩色图像转换成灰度图像,其语法格式为

I = rgb2gray(RGB)

> **注意**:如果输入的是真彩色图像,则图像可以是 8 位无符号类型或双精度类型,输出图像 I 与输入图像类型相同。

例 4-6 真彩色图像转换为灰度图像。

```
RGB = imread('autumn.tif');
X = rgb2gray(RGB);
subplot(2,1,1)
imshow(RGB);
subplot(2,1,2)
imshow(X);
```

输出结果如图 4-10 所示。

图 4-10 使用函数 rgb2gray 将真彩色图像转化为灰度图像示例

2. 通过阈值化方法将图像转换为二值图像

在 MATLAB 中,im2bw 函数通过阈值化方法将索引、灰度和真彩色图像转换为二值图像。首先将输入图像转换成灰度图像,然后设置亮度阈值将灰度图像转换成二值图像。其语法格式有以下几种

BW = im2bw(I,map,level):将调色板为 map 的索引图像转换为二值图像;
BW = im2bw(I,level):将灰度图像 I 转换为二值图像;
BW = im2bw(RGB,level):将 RGB 图像转换为二值图像。

其中，level 表示阈值，level 取值范围 [0,1]。

例 4-7 真彩色图像转换为二值图像。

```
I = imread('autumn.tif');
X = im2bw(I,0.5);
subplot(2,1,1)
imshow(I);
subplot(2,1,2)
imshow(X)
```

输出结果如图 4-11 所示。

图 4-11 使用函数 im2bw 将图像转换为二值图像示例

3. 数据矩阵转换为灰度图像

函数 mat2gray 用于将一个数据矩阵转换成一个灰度图像，其语法格式为

I = mat2gray(X,[xmin,xmax])

其功能是按指定的取值区间[xmin,xmax]将数据矩阵 X 转换为图像 I，xmin 对应灰度 0（最暗即黑），xmax 对应灰度 1（最亮即白）。如果不指定区间[min,max]，则 MATLAB 自动将 X 矩阵中最小值设为 xmin，最大值设为 xmax。输入 X 和输出图像 I 都是双精度类型。实际上，mat2gray 函数与 imshow 函数功能类似，imshow 函数也可用来使数据矩阵可视化。

例 4-8 数据矩阵转换为灰度图像。

I = imread('rice.png');
J = filter2(fspecial('sobel'), I);
K = mat2gray(J);
subplot(2,1,1)
imshow(I);
subplot(2,1,2)
imshow(K)

输出结果如图 4-12 所示。

图 4-12 使用函数 mat2gray 将数据矩阵转化为灰度图像示例

4.4 图像读/写和显示

4.4.1 图像读/写

1. 图像读入

通常情况下，MATLAB 通过 imread 函数读入标准格式图像，得到描述图像的数值数组，然后就可以对这些数值数组进行图像处理。

MATLAB 利用函数 imread 的常见调用格式为

I = imread('filename','fmt')

其作用是将文件名用字符串 filename 表示、扩展名用 fmt 表示的图像文件中的数据读到矩阵 I 中。如果 filename 所指为灰度级图像，则 I 为一个二维矩阵；如果 filename 所指为

RGB 图像，则 I 为一个 m×n×3 的三维矩阵。当 filename 中不包含任何路径信息时，imread 函数会从当前工作目录中寻找并读取文件。要想读取指定路径中的图像，最简单的方法就是在 filename 中输入完整的或相对的地址。

例 4-9 图像读入示例。

```
imshow(X,map);
imdata = imread('ngc6543a.jpg');
image(imdata)
```

输出结果如图 4-13 所示，读入的图像通过 image 函数显示。

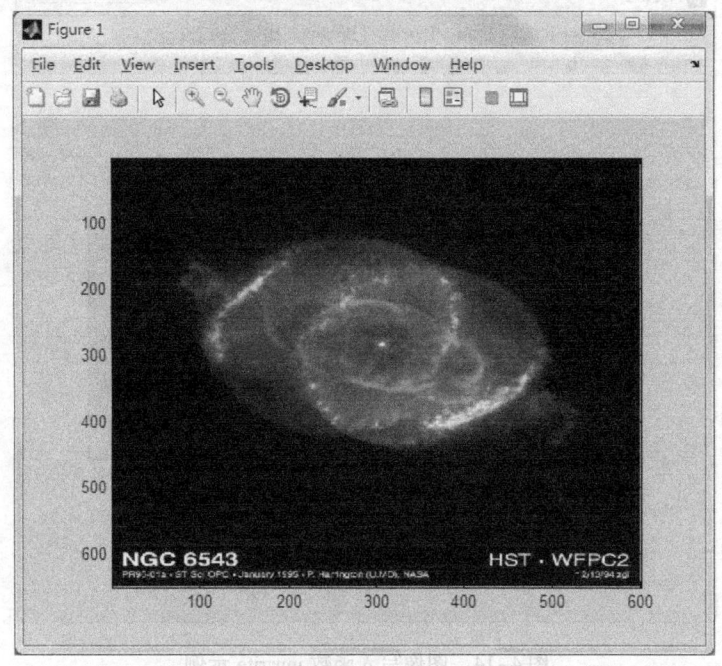

图 4-13 图像读入函数 imread 示例

2. 图像写入

MATLAB 利用 imwrite 函数把数值数组代表的数据写回标准格式的图像文件。其语法格式为

```
imwrite(I,'filename','fmt')
```

其中的 I、filename 和 fmt 的意义同上所述。

注意：当利用 imwrite 函数保存图像时，MATLAB 默认的保存方式是将其简化为 8 位无符号的数据类型。与读取文件类型类似，MATLAB 在文件保存时还支持 16 位的 PNG 和 TIFF 图像。所以，当用户保存这类文件时，MATLAB 就将其存储在 16 位无符号数据类型中。

例 4-10 图像写入示例。

```
A = imread('onion.png');
B = A(50:100,100:150,:);
```

```
imwrite(B,'onion - part.png')
C = imread('onion - part.png');
subplot(1,2,1)
image(A);axis image;title('全部')
subplot(1,2,2)
image(C);axis image;title('部分')
```

输出结果如图4-14所示，函数将A裁剪出来的部分数值数组B写入onion - part.png，并显示出来。

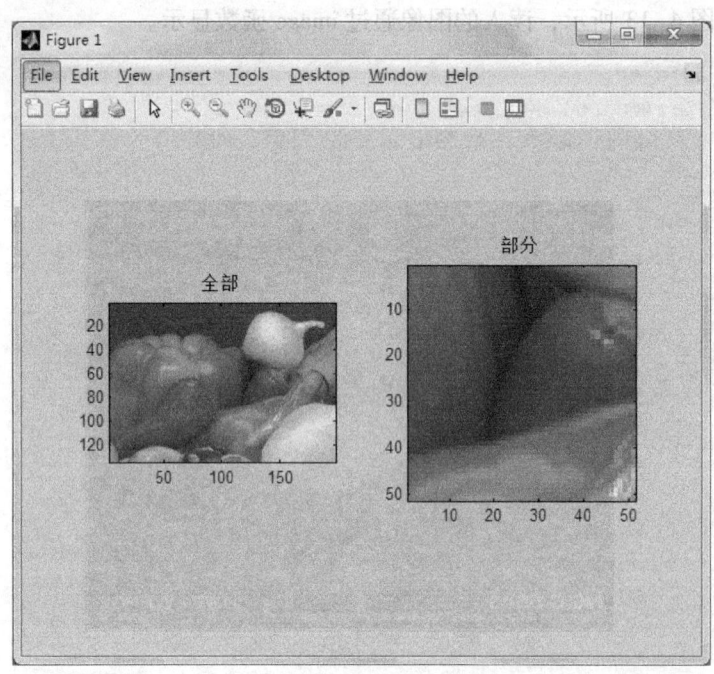

图4-14　图像写入函数imwrite示例

3. 获取图像信息

在MATLAB中用于图像文件信息查询的是imfinfo函数，其格式如下

```
info = imfinfo('filename',fmt)
info = imfinfo('filename')
```

其中，返回的info是MATLAB的一个结构体。

例4-11　图像信息获取。

在命令窗口输入以下命令

```
info = imfinfo('ngc6543a.jpg')
```

得到结果为

```
info =
    Filename: [1x64 char]
    FileModDate: '01 - 十月 - 1996 16:19:44'
    FileSize: 27387
```

```
              Format: 'jpg'
       FormatVersion: ''
               Width: 600
              Height: 650
            BitDepth: 24
           ColorType: 'truecolor'
     FormatSignature: ''
     NumberOfSamples: 3
        CodingMethod: 'Huffman'
       CodingProcess: 'Sequential'
             Comment: {[1x69 char]}
```

函数可以返回某个标准格式图像文件的特定信息，包括文件名、创建时间、文件格式、文件尺寸、颜色模型、编码方法等。

4.4.2 图像显示

在 MATLAB 中，提供了一个应用广泛的图像显示函数 imshow，与 image 函数类似，imshow 也可以创建句柄图形图像显示对象，还可以自动设置各种句柄图形属性和图像特征，以优化显示结果。

1. imshow 函数

当用户使用 imshow 函数显示一幅图像时，函数将自动设置图像窗口、坐标轴和图像属性，这些自动设置的属性包括图像对象的 CData 和 CDataMapping 属性、坐标轴对象的 CLim 属性、图像窗口对象的 Colormap 属性。函数 imshow 的语法结构如下

```
imshow(I,n)
imshow(I,[low high])
imshow(BW)
imshow(X,map)
imshow(RGB)
imshow(…,display_option)
imshow(x,y,A,…)
imshow filename
h = imshow(…)
```

根据用户使用参数的不同，imshow 函数在调用时除了完成前面提到的属性设置外，还可以完成以下的操作：

1）设置其他图形窗口对象的属性和坐标轴对象的属性以优化显示效果。
2）包含和隐藏图像边框。
3）调用 truesize 函数以显示没有颜色渐变效果的图像。

2. 显示灰度图像

显示灰度图像的语法如下

```
imshow(I,n)
```

其中，I 为显示的灰度图像数据矩阵，n 为显示图像的灰度级数。

　　　　imshow(I,[low,high])

其中，[low,high] 为图像数据的值域，可以将所有小于或等于 low 的值都显示为黑色，所有大于或等于 high 的值都表示为白色。介于 low 与 high 之间的值以默认的级数显示为中等亮度值。

例 4-12　按指定灰度级显示。

　　　　I = imread('moon. tif');
　　　　subplot(2,2,1)
　　　　imshow(I,256)
　　　　subplot(2,2,2)
　　　　imshow(I,64)
　　　　subplot(2,2,3)
　　　　imshow(I,16)
　　　　subplot(2,2,4)
　　　　imshow(I,8)

输出结果如图 4-15 所示，四幅图像分别按灰度为 256、64、16、8 的级数显示图像。

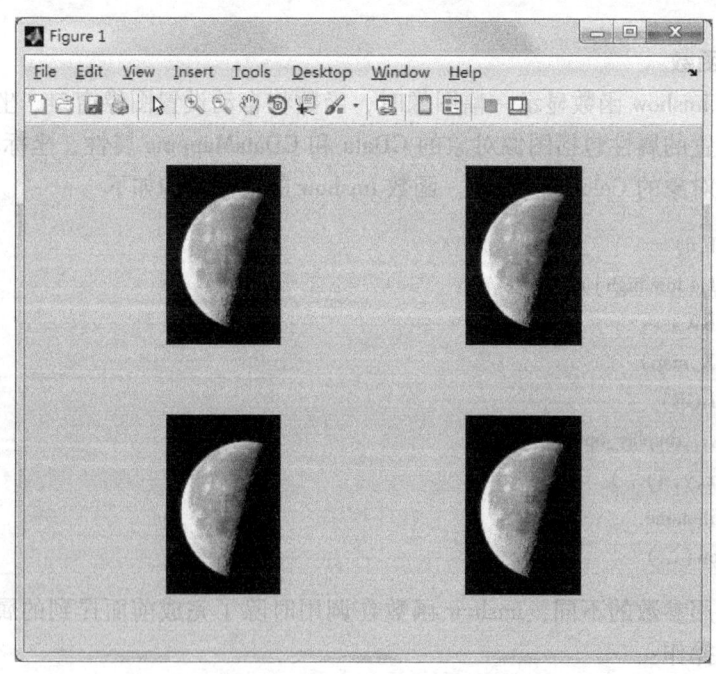

图 4-15　指定灰度级显示图像

例 4-13　按指定灰度范围显示。

　　　　I = imread('moon. tif');
　　　　imshow(I,[64,128])

输出结果如图 4-16 所示，图像按灰度范围 [64，128] 显示图像。

图 4-16 指定灰度范围显示图像

3. 显示二值图像

显示二值图像的语法如下

  imshow(BW)

其中函数将 CDatamapping 属性设置为 scaled，CLim 的属性值设置为[0,1]，Colormap 属性设置为灰度调色板。图像数据矩阵中的值 0 对应显示黑色，值 1 显示白色。

例 4-14 显示二值图像。

  BW = imread('canoe. tif');
  imshow(BW)

输出结果如图 4-17 所示。

4. 显示索引图像

显示索引图像的语法如下

  imshow(X,map)

显示索引图像时，函数将图像的 CData 属性值设置为 X 矩阵的数据；CDatamapping 属性值设置为 direct；使坐标轴的属性失效；将图形窗口对象的 Colormap 属性值设置为 map 矩阵中的数据。

图 4-17　二值图像

其中，X 为索引图像的数据矩阵，map 为调色板。

例 4-15　显示索引图像。

　　[X,map] = imread('canoe.tif');
　　imshow(X,map)

输出结果如图 4-18 所示。

图 4-18　索引图像

5. 显示真彩色图像

显示真彩色图像的语法如下

　　imshow(RGB)

其中，RGB 为 $m \times n \times 3$ 的数据阵列。

6. 显示图形文件

在显示图像时,图像的对象数据保存在 MATLAB 运行内存中的一个或几个变量中。如果所显示的图像保存在可以通过 imread 函数读取的图像文件中,imshow 函数可以通过以下格式将其显示出来。

  imshow filename

例 4-16 直接显示图像。

  imshow moon.tif

结果显示如图 4-19 所示。

图 4-19 图形文件显示

4.4.3 特殊图像显示

1. 添加颜色条

在 MATLAB 中显示图像时,可利用 colorbar 函数将颜色条添加到坐标轴对象上。添加的颜色条用来指示图像中不同颜色所对应的数据值。其常见格式如下

  colorbar

表示直接为当前图像添加颜色条。

99

例4-17 颜色条实例。

```
I = imread('autumn.tif');    % 读取一个真彩色图像
imshow(I)
colorbar
```

输出结果如图4-20所示。

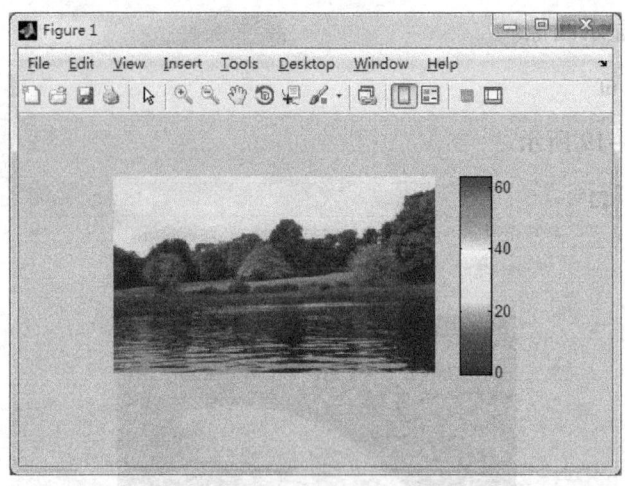

图4-20 添加颜色条

2. 显示多帧图像

多帧图像是一个包含多个图像的图像文件。MATLAB 支持的多帧图像文件格式有 HDF 和 TIFF 两种。文件读入后，显示帧数由矩阵的第四维数值来决定。查看图像有以下几种形式：

(1) 单帧显示

利用 MATLAB 标准的索引方法指定帧号，调用 imshow 函数，就可独立显示特定的帧。

例4-18 单帧显示示例。

```
load mri
imshow(D(:,:,:,7))
```

运行结果显示如图4-21所示。其中 D 为磁共振图像（MRI）中的多帧图像阵列，调用 imshow 函数显示其中的第7帧。

(2) 多帧显示

同时显示所有帧，调用 montage 函数，语法格式如下

```
montage(I)
montage(D,map)
```

例4-19 显示 MRI 的所有帧。

```
load mri
montage(D,map)
```

结果如图4-22所示。

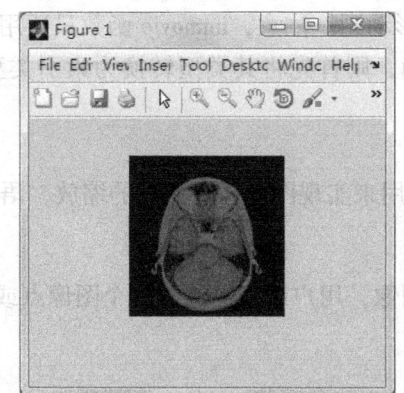

图 4-21 单帧显示 MRI 图像

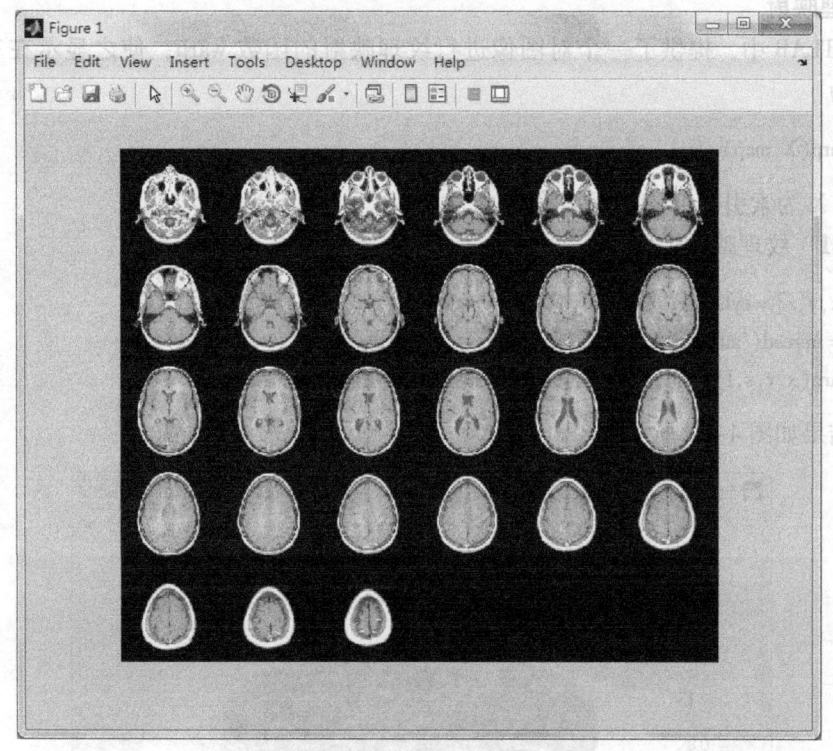

图 4-22 多帧显示 MRI 图像

(3) 动画显示

利用 immovie 函数可以将多帧图像阵列转换成电影动画，语法格式为

    mov = immovie(D,map)

例 4-20 动画显示 MRI。

    load mri
    mov = immovie(D,map);
    implay(mov)

可以创建一个 MRI 的电影动画。注意，immovie 函数只适用于索引图像。如果将其他类型的图像阵列转换为电影动画，则首先将其类型转换为索引类型，而且参数 D 为一个四维数组。

3. 区域缩放

在 MATLAB 中 zoom 函数用来实现图像任意区域的缩放，语法格式为

  zoom on

该命令可以使用户缩放图像，用户用鼠标选择一个图像点或者一个矩形框，单击左键放大图像，单击右键缩小图像。

  zoom off

该命令即关闭图像缩放功能。

4. 纹理映射

在 MATLAB 中，提供了一个对图像进行纹理映射的函数 warp，使之显示在三维空间，语法结构为

  warp(X,map)

其中，X 为索引图像的数据矩阵。

例 4-21　纹理映射示例。

```
[x,y,z] = cylinder;           % 创建一个圆柱面
I = imread('autumn.tif');     % 读取一个真彩色图像
warp(x,y,z,I);                % 把图像映射成圆柱体的表面纹理
```

输出结果如图 4-23 所示。

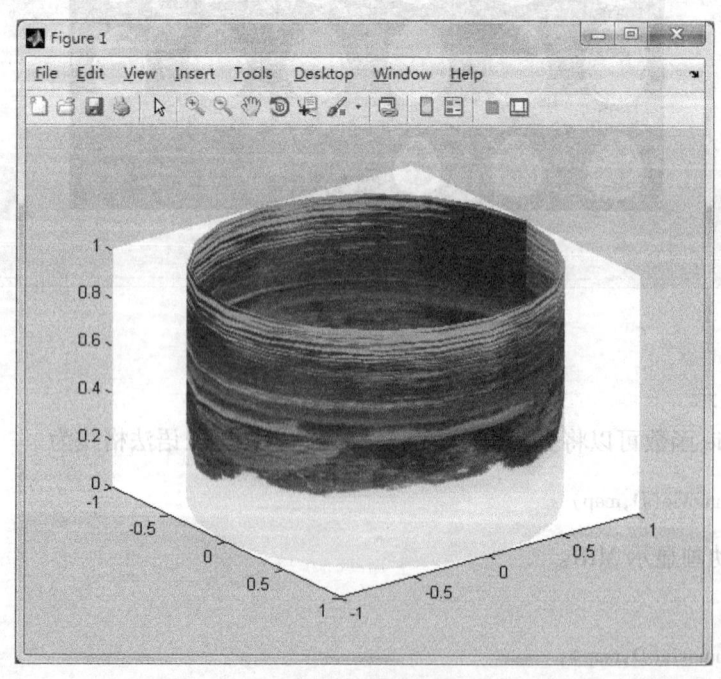

图 4-23　纹理映射

5. 显示多幅图像

为了便于在多幅图像之间进行比较，要把图像显示在同一个 figure 窗口下。subimage 函数是 MATLAB 提供的这样一个函数，语法结构如下

subimage(X,map)

> **注意**：subimage 函数必须和 subplot 函数一起使用，后者指定单个图像的位置。

例 4-22 多幅图像显示。

```
load trees
[X2,map2] = imread('forest.tif');
subplot(1,2,1), subimage(X,map)
subplot(1,2,2), subimage(X2,map2)
```

输出结果如图 4-24 所示。

图 4-24 多幅图像显示

4.5 习题

1. MATLAB 与其他图像处理软件相比，有什么优点？
2. MATLAB 图像有哪几种类型？
3. 索引图像的结构是什么？
4. 请用 Rgb2ind 函数的四种转换方法将例 4-1 中的图像转换成索引图像。
5. 编写一段程序，将一幅图像读入 MATLAB，并显示出来。

第 5 章 彩色图像处理

数字图像处理大多数技术都是面向黑白色或灰度图像。然而世界上的物体具有丰富的色彩，彩色图像可以提供比灰度图像更丰富的信息，而且人眼对于彩色的视觉感受要比对灰度图像的感受更加敏感和丰富。为了更好地增强和复原图像，在数字图像处理中广泛使用了彩色图像处理技术，例如印刷、出版、电影电视、遥感和医学成像等方面。

5.1 颜色处理基础

为了用计算机来表示和处理颜色，必须采用定量的方法来描述颜色，即建立颜色模型。目前广泛采用的颜色模型有 3 类，即计算机颜色模型、工业颜色模型和视觉颜色模型。计算机颜色模型又称为色度学颜色模型，主要应用于纯理论研究和计算推导；工业颜色模型侧重于实际应用的实现技术；视觉颜色模型用于与人直接接口的颜色描述和控制。所有彩色模型的基础都是建立在色度学理论之上。人们是如何识别如此繁多的颜色呢？本节将介绍人眼的构造，并进一步阐述色度学的基本原理——三色成像原理。

5.1.1 人眼构造

人眼的结构如图 5-1 所示。眼睛是一个球状的器官，其平均直径约为 20 mm，它由三层薄膜覆盖，即角膜和巩膜外壳、脉络膜和视网膜。

角膜是一种硬而透明的组织，它覆盖着眼睛的前表面。巩膜与角膜连在一起，巩膜是一层包围着眼球剩余部分的不透明的膜。

脉络膜位于巩膜的里边，这层膜包含着血管网，是眼睛的重要滋养源。脉络膜外壳着色，有助于减少外来光束进入人眼球内的回射。在脉络膜的最前面被分为睫状肌和虹膜。虹膜的收缩和扩张控制着进入人眼的光量。虹膜的中间开口处（瞳孔）的直径是可变的，大约为 2 mm 到 8 mm。虹膜的前部有眼睛敏感的色素，而后部含有黑色素。

眼睛最内层的膜为视网膜，它布满在整个后部的内壁上。当眼睛聚焦时，从外部物体反射来的光在视网膜上成像，整个视网膜表面上的分离的光接收器形成物体影像视觉，光接收器分为锥状体和杆状体。眼睛中的锥状体数量大约在 600 万到 700 万之间，它们主要位于视网膜的中间部分，称为中央凹，它对颜色很敏感，能充分地识别图像的细节。每个锥状体都连接着其自身神经的一端，控制眼睛

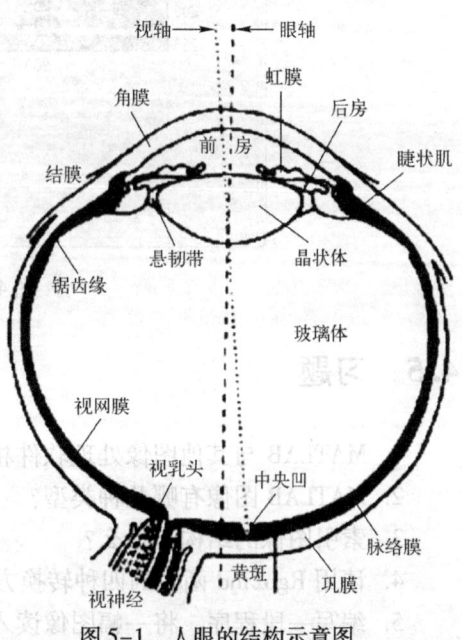

图 5-1 人眼的结构示意图

的肌肉，使眼球转动，从而使人所感兴趣的物体的像落在视网膜的中央凹上。锥状视觉称为白昼视觉。杆状体数目更多，约有7500万到15 000万个，分布在视网膜表面上。因为分布面积较大，并且几个杆状体连接到同一个神经末端上，因而识别图像的细节减少了。杆状体形成视野中的物体影像，没有颜色的感觉，而对低照明度景物较敏感。

锥状细胞将电磁光谱的可见光部分分为三个波段：红、绿和蓝，这三种颜色被称为人类视觉的三原色。下面就介绍三色成像的原理。

5.1.2 三色成像

色度学理论是 T. Young 在 1802 年提出来的，基本内容是：任何彩色都可以用 3 种不同的基本颜色按不同的比例混合而得到，即

$$C = aC_1 + bC_2 + cC_3 \tag{5-1}$$

其中 C_1，C_2，C_3 为三原色（又称三基色），a，b，c 为三种原色的权值（三原色的比例或浓度），C 为所合成的颜色，可为任意颜色。

该理论一般被称为三原色原理或三基色原理，它指出：

1）自然界的可见颜色都可以用 3 种原色（基色）按一定的比例混合得到，反之，任意一种颜色都可以分解为 3 种原色。

2）作为原色的 3 种颜色应该互相独立，即其中任何一种都不能用其他两种混合得到。

3）三原色之间的比例直接决定混合色调的饱和度。

4）混合色的亮度等于各原色的亮度之和。

为了建立统一的标准，国际照明委员会（CIE）在 1931 年规定了三种基本色的波长分别为 700 nm(R)、546.1 nm(G) 和 435.8 nm(B)。将这三种单色光作为表色系统的三原色，这就是 CIE 的 RGB 颜色表示系统。

由式（5-1）可知，一幅数字图像中每一个像素都可以用三维彩色空间 (C_1, C_2, C_3) 的一个向量 $[a, b, c]^T$ 来表示。为了讨论方便，将 C_1，C_2，C_3 的系数 a_1，b，c 结合到 C_1，C_2，C_3 中，直接用 C_1，C_2，C_3 来表示颜色。

5.2 颜色模型

所谓颜色模型指的是某个三维颜色空间中的一个可见光子集，它包含某个色彩域的所有色彩。一般而言，任何一个色彩域都只是可见光的子集，任何一个颜色模型都无法包含所有的可见光。常见的颜色模型有 RGB 模型（用于彩色监视器和彩色视频摄像机）、HSI（色调、饱和度、亮度）模型（符合人眼和脑对颜色感知和解释的方式，主要应用于彩色保真图像处理）、CMYK（青、品红、黄和黑色）模型（用于彩色打印、印染、印刷及绘画）等。

5.2.1 RGB 模型

RGB 模型是目前常用的一种彩色图像模型，采用三维空间中的一个点来表示某一种颜色，如图 5-2 的立方体所示。红、绿、蓝位于三个坐标轴上的顶点，根据不同比例将三基色进行混合，得到三种补色，分别为青色、品红和黄色，位于其他的三个顶点。原点表示黑色，即三种基色都没有亮度，当三种基色都达到最大亮度的时候，就表现为白色，从黑到白

的灰度值分布在从原点到离原点最远的顶点间的连线上。立方体上或其内部的点对应不同的颜色，可用从原点到该点的矢量表示。

图 5-2 所示的彩色立方体是一个对所有颜色值都进行归一化处理后的单位立方体，因而所有的 RGB 值都在[0,255]范围内取值。目前常用的数据量化精度是 R、G、B 三原色分别量化为 0~255 共 256 个等级，三种色彩叠加就能形成多于 1600 万种的颜色。目前的图像显示设备、图像打印设备等大多采用该模型。

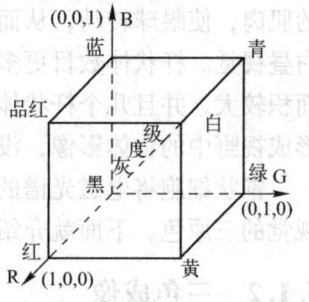

图 5-2 RGB 彩色立方体

在 RGB 彩色模型中，每一幅图像都由 R、G、B 这三个基色图像分量表示。在彩色监视器应用中，当反映同一幅图像的 R、G、B 三基色图像分量同时送入 RGB 监视器时，这三幅图像就在荧光屏上混合产生一幅合成的彩色图像。

RGB 模型的缺陷是没有建立起与颜色概念中的色调、饱和度和亮度之间的直观联系。

例 5-1　用 MATLAB 生成一幅 RGB 图像。

```
clear
rgb_R = zeros(128,128);
rgb_R(1:64,1:64) = 1;
rgb_G = zeros(128,128);
rgb_G(1:64,65:128) = 1;
rgb_B = zeros(128,128);
rgb_B(65:128,1:64) = 1;
rgb = cat(3,rgb_R,rgb_G,rgb_B);
figure;
imshow(rgb);
title('RGB 图像')
```

运行程序，输出结果如图 5-3 所示，生成的图像，左上角为红色，右上角为蓝色，左下角为绿色，右下角为黑色。

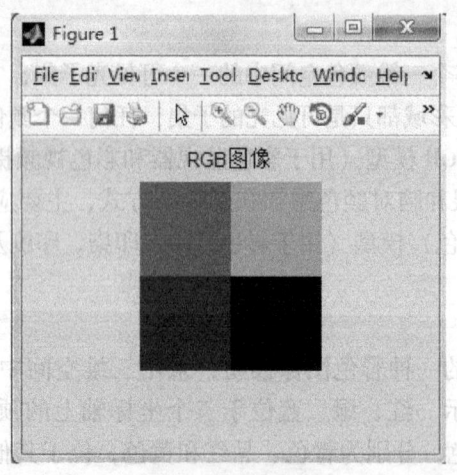

图 5-3 RGB 图像

5.2.2 HSI 模型

HSI 彩色模型是芒塞尔（Munsell）提出的，即用色调（H）、饱和度（S）及亮度（I）描述被观察物体的颜色，对于开发基于彩色描述的图像处理方法是一个理想的工具。HSI 彩色模型定义在如图 5-4 所示的圆柱形坐标的双圆锥子集上。下面圆锥的顶点为黑点，上面圆锥的顶点为白点，连接黑点和白点的双圆锥体的轴线称为亮度轴，用于表示亮度分量 I。黑点的亮度为 0，白点的亮度为 1，任何位于区间[0,1]内的亮度值都可以由亮度轴与垂直于该亮度轴的圆平面的交点给出。这个模型的建立基于两个重要的事实：I 分量与图像的彩色信息无关；H 和 S 分量与人感受颜色的方式是紧密相连的。

垂直于亮度轴的平面是一个如图 5-5 所示的色相环，描述了 HSI 的色调和饱和度两个参数。色调 H 由绕亮度轴 I（对应于图 5-5 的色环圆心）的旋转角给定，反映了该彩色最接近的光谱波长。红色对应角度 0°，绿色对应 120°，蓝色对应 240°，各基色按 120°分隔。各基色与其补色相隔 180°，如青色对应 180°，品红对应 300°，黄色对应 60°。对于任意一个色点 P 来说，其 H 的值对应于指向该点的矢量与 0°处的红色轴的夹角。

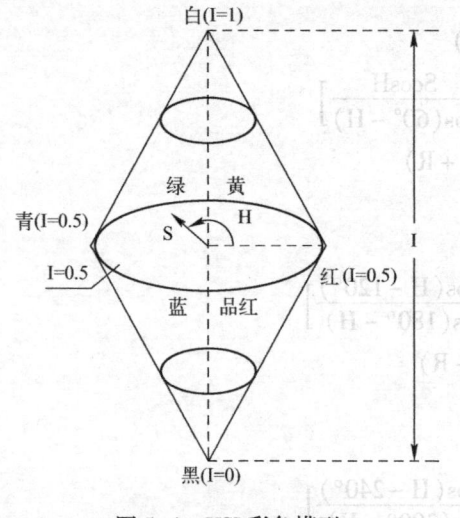
图 5-4　HSI 彩色模型

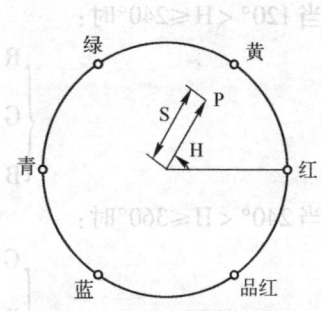
图 5-5　HSI 模型中的彩色

饱和度 S 表示一个颜色的鲜明程度，其值与指向该点的矢量长度成正比。由于亮度轴表示的是亮度（灰度）信息，没有色彩，所以在亮度轴 I 上的饱和度 S 的值为 0。最饱和的色彩（纯色或接近纯色）出现在 I = 0.5 的色相环边缘上，S 的值为 1。

亮度是指光波作用于感受器所发生的效应，其大小由物体反射系数来决定。反射系数越大，物体的亮度越大，反之越小。

5.2.3 RGB 模型与 HSI 模型之间的变换

1. 从 RGB 模型到 HSI 模型的变换

给定一幅 RGB 模型的图像，对于任何在[0,1]范围内的 R、G、B 值，对应的 HSI 模型中的 H、S、I 分量可由下式计算得出

$$I = \frac{1}{3}(R + G + B) \tag{5-2}$$

$$S = 1 - \frac{3}{R+G+B}\min(R,G,B) \tag{5-3}$$

$$H = \begin{cases} \theta & G \geq B \\ 360 - \theta & G < B \end{cases} \tag{5-4}$$

其中，$\theta = \arccos\dfrac{\frac{1}{2}[(R-B)(G-B)]}{[(R-G)^2+(R-B)(G-B)]^{1/2}}$，当 S = 0 时对应无色的亮度轴，I 无意义，约定 H = 0；当 I = 0 时，S 无意义，约定 S = 0 和 H = 0。

总结以上公式可得：RGB 模型到 HSI 模型的转换是非线性的，计算量较大；HSI 色彩空间中的亮度轴与 RGB 色彩空间中的对角线灰度轴相对应，当 R = G = B 时，表现为灰度（非色彩），此时 H 无意义，为奇点；在奇点附近，很小的 RGB 值变化会引起很大的色彩波动。

2. 从 HSI 模型到 RGB 模型的变换

对于 HSI 模型中在 [0，1] 范围内 S 和 I 值，对应的 RGB 模型中的在 [0，1] 范围内的 R、G、B 值可分段地按如下公式计算得出。

1）当 $0° \leq H \leq 120°$ 时：

$$\begin{cases} B = I(1-S) \\ R = I\left[1 + \dfrac{S\cos H}{\cos(60°-H)}\right] \\ G = 3I - (B+R) \end{cases} \tag{5-5}$$

2）当 $120° < H \leq 240°$ 时：

$$\begin{cases} R = I(1-S) \\ G = I\left[1 + \dfrac{S\cos(H-120°)}{\cos(180°-H)}\right] \\ B = 3I - (G+R) \end{cases} \tag{5-6}$$

3）当 $240° < H \leq 360°$ 时：

$$\begin{cases} G = I(1-S) \\ B = I\left[1 + \dfrac{S\cos(H-240°)}{\cos(300°-H)}\right] \\ R = 3I - (B+G) \end{cases} \tag{5-7}$$

在 RGB 与 HIS 之间的变换公式有多种形式，上面介绍的是常用的一种。这些变换方式的基本思想都是类似的。一般而言，对一种从 RGB 空间转换到 HIS 空间的方法，只要该方法保证转换后的色调 H 是一个角度，饱和度 S 与亮度 I 相互独立，并且这个转换是可逆的，那么这种方法就是可行的。

5.2.4 CMY 模型和 CMYK 模型

和 RGB 一样，青、品红、黄（即原料的原色）也可构成一组基色，称为 CMY 颜色模型，各种颜色都可以由 C、M、Y 三种基色加权混合而成。CMY 颜色模型是在实际的应用中，RGB 颜色模型用于磷粉屏幕的颜色生成，是一个由黑到白的过程，称为增色过程。CMY 颜色模型主要用来描述绘图和打印彩色输出的颜色。因为这类彩色的形成是在白纸或其他介质上生成的，是一个由白到黑的过程，所以称之为减色过程。RGB 到 CMY 之间的转换关系如下

$$\begin{bmatrix} C \\ M \\ Y \end{bmatrix} = \begin{bmatrix} 1 \\ 1 \\ 1 \end{bmatrix} - \begin{bmatrix} R \\ G \\ B \end{bmatrix} \qquad (5-8)$$

理论上，纯青色（C）、品红（M）和黄（Y）色素能够合成吸收所有颜色并产生黑色。实际上，由于油墨杂质的影响，只能产生一种土灰色，必须以黑色（K）油墨混合才能产生真正的黑色，因此，CMY模型又称为CMYK彩色模型。当所有四种分量值都是0时，就会产生纯白色，其他颜色由相应百分比的CMYK值相减混色而得。从CMY到CMYK的转换公式如下

$$\begin{cases} K = \min(C, M, Y) \\ C = C - K \\ M = M - K \\ Y = Y - K \end{cases} \qquad (5-9)$$

5.2.5 YIQ模型

NTSC是由EIA（美国电子工业协会）所发起及创办的图像输出制式，其标准主要应用于日本和北美等地区。YIQ是NTSC制式采用的颜色空间。在YIQ模型中，Y分量代表图像的亮度信息，I、Q两个分量则携带颜色信息，I分量代表从橙色到青色的颜色变化，而Q分量则代表从紫色到黄绿色的颜色变化。YIQ模型的优点是将灰度信息和颜色信息区分开来。

RGB与YIQ颜色空间的转换的公式如下

$$\begin{cases} Y = 0.299R + 0.587G + 0.114B \\ I = 0.596R - 0.275G - 0.321B \\ Q = 0.212R - 0.523G + 0.311B \end{cases} \qquad (5-10)$$

$$\begin{cases} R = Y + 0.956I + 0.621Q \\ G = Y - 0.272I + 0.647Q \\ B = Y - 1.107I + 1.704Q \end{cases} \qquad (5-11)$$

5.2.6 YUV与YC_bC_r颜色模型

PAL电视制式是由前联邦德国在综合NTSC制式的技术成就基础上研制出来的一种改进方案。PAL制式的RGB三基色与NTSC及CIE的三基色均不同，但它们可以相互转换，中国采用该电视制式。

YUV颜色模型为PAL制式使用的电视信号传送的颜色模型。YUV是用于真彩色空间的表示，Y代表亮度信息，U、V分别代表色度（色差）信息。YUV与PAL制式对应的三原色R、G、B的转换关系为

$$\begin{cases} Y = 0.299R + 0.587G + 0.114B \\ U = -0.14713R - 0.28886G + 0.436B \\ V = 0.615R - 0.51499G - 0.10001B \end{cases} \qquad (5-12)$$

反之有

$$\begin{cases} R = Y + 2.03211U \\ G = Y - 0.39465U - 0.58060V \\ B = Y + 1.13983V \end{cases} \qquad (5-13)$$

与 YUV 类似，YC_bC_r 颜色模型同样将亮度信息与色度信息分开，也是由亮度 Y、色差 C_b、C_r 三个相互独立属性构成的颜色模型。人眼对彩色细节的分辨力远比对亮度细节的分辨力低。如果把人眼刚刚可以分辨的黑白相间的条纹换成彩色条纹，人眼就分辨不出来了。根据这个特点，把彩色分量的分辨率降低不会显著影响图像的质量，由此来减少图像所需要的存储容量。

YC_bC_r 模型充分考虑了人眼的这种视觉特性，在构造 C_b、C_r 色差的计算公式时，关系系数的确定充分考虑了与之相关的 R、G、B 三个分量在视觉感觉中的不同重要性，因而是一种适合图像压缩的颜色模型，常用于数字视频中。YC_bC_r 与 RGB 的转换关系为

$$\begin{cases} Y = 0.299R + 0.587G + 0.114B \\ C_b = 2(1-0.114)(B-Y) \\ C_r = 2(1-0.299)(R-Y) \end{cases} \quad (5-14)$$

反之有

$$\begin{cases} R = Y + 0.7133C_r \\ B = Y + 0.5643C_b \\ G = (Y - 0.299R - 0.114B)/0.587 \end{cases} \quad (5-15)$$

在实际应用中两个色彩空间经常是相互混用的，其中 YUV 主要用于模拟信号，YC_bC_r 则用于数字信号。

5.2.7 MATLAB 实例——颜色空间转换

针对不同类型的彩色图像，MATLAB 可以实现不同颜色模型的图像类型转换。

例 5-2 将 RGB 图像转换到 HSI 空间。

```
rgb = imread('lena.jpg');
subplot(221);
imshow(rgb);
title('原始图像')
rgb1 = im2double(rgb);
r = rgb1(:,:,1);
g = rgb1(:,:,2);
b = rgb1(:,:,3);
I = (r+g+b)/3;
tmp1 = min(min(r,g),b);
tmp2 = r+g+b;
tmp2(tmp2==0) = eps;
S = 1 - 3.*tmp1./tmp2;
tmp1 = 0.5*((r-g)+(r-b));
tmp2 = sqrt((r-g).^2+(r-b).*(g-b));
theta = acos(tmp1./(tmp2+eps));
H = theta;
H(b>g) = 2*pi - H(b>g);
H = H/(2*pi);
H(S==0) = 0;
hsi = cat(3,H,S,I)
```

```
subplot(222);
imshow(H);
title('H 分量')
subplot(223);
imshow(S);
title('S 分量')
subplot(224);
imshow(I);
title('I 分量')
```

运行程序，输出结果如图 5-6 所示。

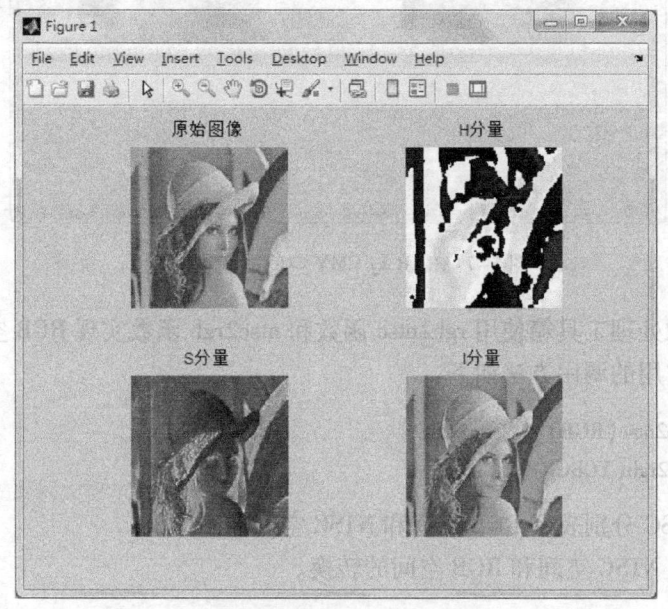

图 5-6　图像在 HIS 空间的分量

MATLAB 图像处理工具箱使用函数 imcomplement 实现 RGB 空间与 CMY 空间的相互转换，其常用调用方式如下

```
CMY = imcomplement(RGB)
```

其中，RGB 可以是二值图像、灰度图像或彩色图像，而 CMY 与 RGB 互余。

例 5-3　将 RGB 图像转换到 CMY 空间。

```
I = imread('glass.png');
J = imcomplement(I);
subplot(121);
imshow(I);
title('RGB 空间图像')
subplot(122);
imshow(J);
title('CMY 空间图像')
```

运行程序，输出结果如图 5-7 所示。

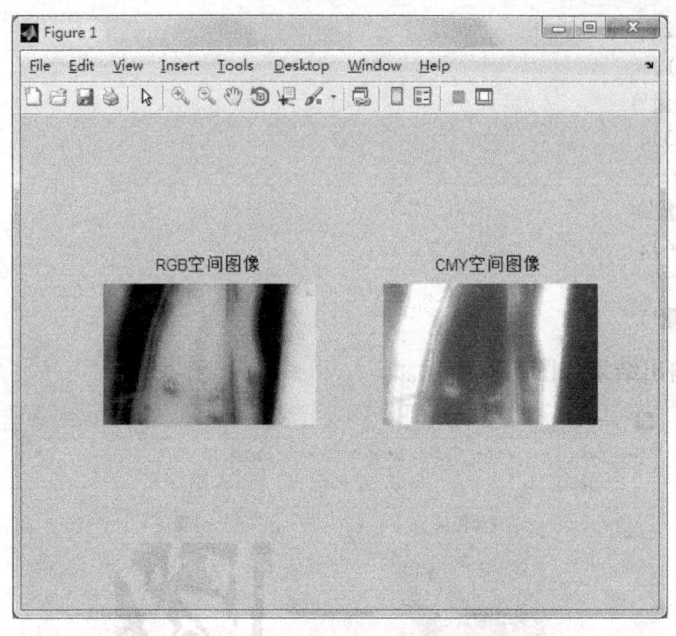

图 5-7　RGB 与 CMY 空间的图像对比

MATLAB 图像处理工具箱使用 rgb2ntsc 函数和 ntsc2rgb 函数实现 RGB 空间和 NTSC 空间之间的转换。其常用的调用方法如下

　　　　NTSC = rgb2ntsc(RGB)
　　　　RGB = ntsc2rgb(YCBCR)

其中，RGB 和 NTSC 分别表示 RGB 空间和 NTSC 空间的图像值。

例 5-4　实现 NTSC 空间和 RGB 空间的转换。

```
RGB = imread('board.tif');        %读取图像
NTSC = rgb2ntsc(RGB);             %转换到 NTSC 空间
RGB2 = ntsc2rgb(NTSC);            %转换到 RGB 彩色空间
subplot(121);
imshow(NTSC);
title('NTSC 空间图像')             %显示 NTSC 空间的图像
subplot(122);
imshow(RGB2);
title('RGB 空间图像')              %显示 RGB 彩色空间的图像
```

运行程序，输出结果如图 5-8 所示。

MATLAB 图像处理工具箱使用 rgb2ycbcr 函数和 ycbcr2rgb 函数实现 RGB 空间和 YCBCR 空间之间的转换。其常用的调用方法如下

　　　　YCBCR = rgb2ycbcr(RGB)
　　　　RGB = ycbcr2rgb(YCBCR)

其中，RGB 和 NTSC 分别表示 RGB 空间和 NTSC 空间的图像值。

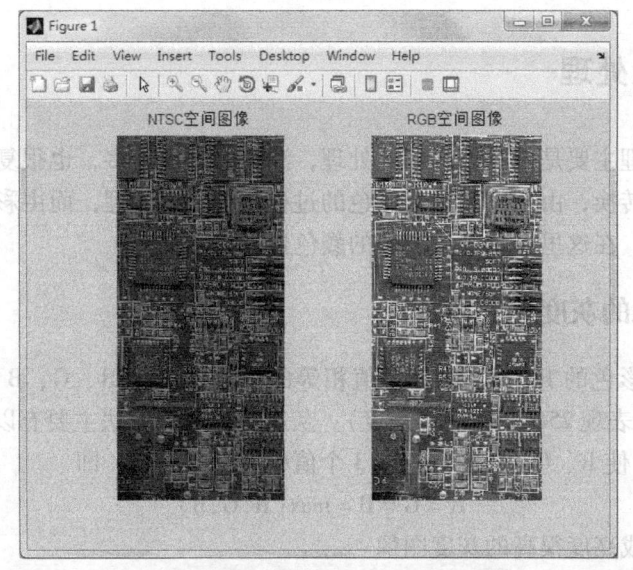

图 5-8 NTSC 空间与 RGB 空间图像对比

例 5-5 RGB 空间和 YCBCR 空间之间的转换。

```
RGB = imread('board.tif');        % 读取图像
YCBCR = rgb2ycbcr(RGB);           % 把 RGB 彩色空间图像转换到 YCBCR 空间
subplot(121);
imshow(RGB);
title('RGB 空间图像')              % 显示 RGB 空间图像
subplot(122);
imshow(YCBCR);
title('NTSC 空间图像')             % 显示 YCBCR 空间图像
```

运行程序，输出结果如图 5-9 所示。

图 5-9 RGB 和 YCBCR 空间的图像对比

5.3 图像颜色处理

图像的颜色处理主要是指图像的彩色处理，涉及的内容很多，也很复杂和重要。彩色和灰度之间可以互相转换，由灰度转化为彩色的过程叫伪彩色处理，而由彩色转化为灰度的过程叫做灰度化处理。在这里介绍几种简单的颜色处理技术。

5.3.1 彩色图像的灰度化处理

灰度化就是使彩色的 R、G、B 分量值相等的过程。由于 R、G、B 的取值范围是 0~255，灰度图像仅能表现 256 种颜色（灰度）。灰度化处理的方法主要有以下 3 种。

1）最大值法：使 R、G、B 的值等于 3 个值中最大的一个，即

$$R = G = B = \max(R, G, B) \tag{5-16}$$

最大值法会形成亮度很高的灰度图像。

2）平均值法：使 R、G、B 的值为其平均值，即

$$R = G = B = \frac{1}{3}(R + G + B) \tag{5-17}$$

平均值法会形成较柔和的灰度图像。

3）加权平均值法：根据重要性或其他指标给 R、G、B 赋予不同的权值，并使 R、G、B 的值加权平均，即

$$R = G = B = W_r R + W_g G + W_b B \tag{5-18}$$

其中，W_r、W_g、W_b 分别为 R、G、B 的权值。W_r、W_g、W_b 取不同的值，加权平均值法就将形成不同的灰度图像。由于人眼对绿色的敏感度最高，对红色的敏感度次之，对蓝色的敏感度最低，因此实验和理论推导证明，当 $W_r = 0.30$，$W_g = 0.59$，$W_b = 0.11$ 时，即当

$$V_{gray} = 0.30R + 0.59G + 0.11B$$
$$V_{gray} = R = G = B \tag{5-19}$$

时，能得到最合理的灰度图像。

5.3.2 灰度图像转变为彩色图像

伪彩色处理是指用线性或非线性的映射函数将黑白色（灰度级）图像转化为彩色图像。由于人眼对彩色的分辨能力远远高于对黑白灰度的分辨能力，所以将黑白图像转化成彩色表示，便可以提高对图像细节的辨别力。因此，伪彩色处理的主要目的是为了提高人眼对图像的细节分辨能力，以达到图像增强的目的。

伪彩色处理的基本原理是将黑白图像或者单色图像的各个灰度级匹配到彩色空间中的一点，从而使单色图像映射为彩色图像。对黑白图像中不同的灰度级赋予不同的彩色，如图 5-10 所示。

设 $f(x,y)$ 为一幅黑白图像，$R(x,y)$、$G(x,y)$、$B(x,y)$ 为 $f(x,y)$ 映射到 RGB 空间的 3 个颜色分量，则伪彩色处理可表示为

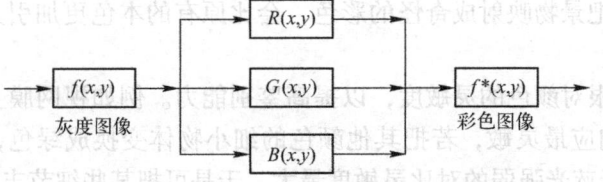

图 5-10 灰度图像转换为彩色图像的原理

$$R(x,y) = T_r[f(x,y)]$$
$$G(x,y) = T_g[f(x,y)] \qquad (5-20)$$
$$B(x,y) = T_b[f(x,y)]$$

其中，T_r、T_g、T_b 为某种灰度级与三基色的映射函数，给定不同的映射函数就能将灰度图像转化为不同的伪彩色图像。应该注意，伪彩色虽然能将黑白灰度转化为彩色，但这种彩色并不能真正表现图像的原始颜色，而仅是一种便于识别的"伪"彩色。在实际应用中，应该采用分辨效果最好的映射函数。

下面的一组简单的映射函数可以将黑白图像的 256 个灰度级转化为一幅按可见光谱中彩色光的波长来表示其灰度值分布的伪彩色图像。

$$R(x,y) = \begin{cases} 0 & 0 \leqslant f \leqslant 63 \\ 0 & 64 \leqslant f \leqslant 127 \\ 4f(x,y) - 510 & 128 \leqslant f \leqslant 191 \\ 255 & 192 \leqslant f \leqslant 255 \end{cases} \qquad (5-21)$$

$$G(x,y) = \begin{cases} 254 - 4f(x,y) & 0 \leqslant f \leqslant 63 \\ 4f(x,y) - 254 & 64 \leqslant f \leqslant 127 \\ 255 & 128 \leqslant f \leqslant 191 \\ 1022 - 4f(x,y) & 192 \leqslant f \leqslant 255 \end{cases} \qquad (5-22)$$

$$B(x,y) = \begin{cases} 255 & 0 \leqslant f \leqslant 63 \\ 510 - 4f(x,y) & 64 \leqslant f \leqslant 127 \\ 0 & 128 \leqslant f \leqslant 191 \\ 0 & 192 \leqslant f \leqslant 255 \end{cases} \qquad (5-23)$$

与伪彩色处理相似的另一种颜色处理方法是假彩色处理，即将一幅彩色图像中的每一像素的 RGB 值都映射到显示 RGB 空间中的一个新点。利用假彩色处理，可以将不可见光谱图像转化为可见光谱图像，使人眼可以直接获得更多的图像信息。

假彩色处理过程可用下面简单的例子来描述，若对彩色的自然景物作如下的映射：

$$\begin{bmatrix} R_g \\ G_g \\ B_g \end{bmatrix} = \begin{bmatrix} 0 & 0 & 1 \\ 1 & 0 & 0 \\ 0 & 1 & 0 \end{bmatrix} \begin{bmatrix} R_f \\ G_f \\ B_f \end{bmatrix}$$

则原来的红（R_f）、绿（G_f）、蓝（B_f）三个分量相应变换成绿（G_g）、蓝（B_g）、红（R_g）三个分量。这样，蓝色的天空将变成红色，绿色的草坪显示成蓝色，而红色的玫瑰花又成为绿色了。

假彩色处理的用途有以下 3 方面：

1）如上所述，把景物映射成奇怪的彩色，会比原有的本色更加引人注目，以吸引人们特别的关注。

2）为了适应人眼对颜色的灵敏度，以提高鉴别能力。例如视网膜上的视锥细胞和视杆细胞对绿色亮度的响应最灵敏，若把其他颜色的细小物体变换成绿色，就容易为人眼所鉴别。又如，人眼对于蓝光强弱的对比灵敏度最大，于是可把某些细节丰富的物质按各像素明暗的程度，假彩色显示成亮度与深浅不一的蓝色。

3）把遥感的多光谱图像用自然彩色显示。在遥感的多光谱图像中，有些是不可见光波段的图像，如近红外、红外、甚至是远红外波段。因为这些波段不仅具有夜视能力，而且通过与其他波段的配合，易于区分地面物体。用假彩色技术处理多光谱图像，目的不在于使景物恢复自然的彩色，而是从中获得更多的信息。

总之，假彩色处理也是一种很有实用意义的技术，其中蕴含着颇为深刻的心理学问题。

自然彩色图像的假彩色线性映射的一般表示为

$$\begin{bmatrix} R_g \\ G_g \\ B_g \end{bmatrix} = \begin{bmatrix} \alpha_1 & \beta_1 & \gamma_1 \\ \alpha_2 & \beta_2 & \gamma_2 \\ \alpha_3 & \beta_3 & \gamma_3 \end{bmatrix} \begin{bmatrix} R_f \\ G_f \\ B_f \end{bmatrix}$$

这种映射可看成是一种从原来的三基色变成新的一组三基色的彩色坐标变换，对于多光谱图像的假彩色处理，例如四波段的，可写成

$$R_g = T_r \{f_1, f_2, f_3, f_4\}$$
$$G_g = T_g \{f_1, f_2, f_3, f_4\}$$
$$B_g = T_b \{f_1, f_2, f_3, f_4\}$$

其中，f_i 代表第 i 波段的图像，$T_r(.)$、$T_g(.)$、$T_b(.)$ 均为函数运算的一般表示。

伪彩色处理和假彩色处理都不改变像素的几何位置，而仅仅改变其显示的颜色。它们主要用于提高人眼对图像的分辨能力，是一种很实用的图像增强技术，广泛应用于遥感和医学图像处理中。

5.3.3 MATLAB 实例——彩色图像处理

例 5-6 彩色图像灰度化处理。

```
RGB = imread('lena.jpg');              % 读取 RGB 格式的图像
Gray1 = rgb2gray(RGB);                 % 加权平均法
[rows,cols,colors] = size(RGB);        % 得到 RGB 图像矩阵的参数
Gray2 = zeros(rows,cols);              % 创建一个全零矩阵,用来存储产生的灰度图像
Gray2 = uint8(Gray2);                  % 将创建的全零矩阵转化为 8 位无符号类型格式
Gray3 = zeros(rows,cols);
Gray3 = uint8(Gray3);
for i = 1:rows
    for j = 1:cols
        sum1 = 0;
        sum2 = 0;
        for k = 1:colors
```

```
            sum1 = sum1 + RGB(i,j,k)/3;     %均值法
            sum2 = sum2 + max(RGB(i,j,k));  %最大值法
        end
        Gray2(i,j) = sum1;                  %将得到的加权平均值作为对应像素点的灰度值
        Gray3(i,j) = sum2;                  %将得到的简单平均值作为对应像素点的灰度值
    end
end
subplot(221);
imshow(RGB);
title('RGB 图像')                           %显示 RGB 图像
subplot(222);
imshow(Gray1);
title('加权平均法')                          %显示经过加权平均法转化后的灰度图像
subplot(223);
imshow(Gray2);
title('均值法')                              %显示均值法转化后的灰度图像
subplot(224);
imshow(Gray3);
title('最大值法')                            %显示最大值法转化后的灰度图像
```

运行程序，输出结果如图 5-11 所示，对灰度化的三种方法进行了比较。

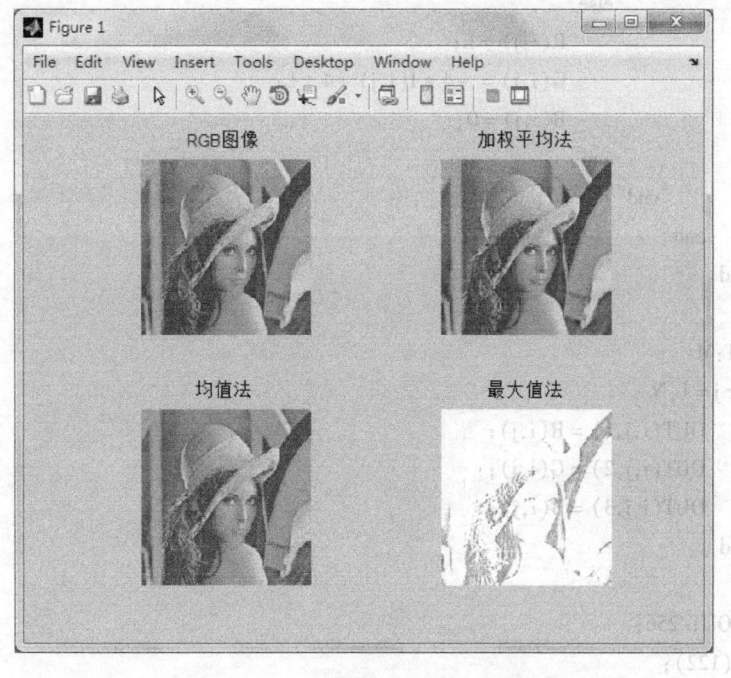

图 5-11 灰度变换三种方法对比

例 5-7 伪彩色图像处理。

```
I = imread('lena.BMP');
```

```
subplot(121);
imshow(I);
title('灰度图像')
I = double(I);
[M,N] = size(I);
L = 256;
for i = 1:M
    for j = 1:N
        if I(i,j) <= L/4
            R(i,j) = 0;
            G(i,j) = 4 * I(i,j);
            B(i,j) = L;
        else if I(i,j) <= L/2
            R(i,j) = 0;
            G(i,j) = L;
            B(i,j) = -4 * I(i,j) + 2 * L;
        else if I(i,j) <= 3 * L/4
            R(i,j) = 4 * I(i,j) - 2 * L;
            G(i,j) = L;
            B(i,j) = 0;
        else
            R(i,j) = L;
            G(i,j) = -4 * I(i,j) + 4 * L;
            B(i,j) = 0;
        end
    end
end
        end
    end
end
for i = 1:M
    for j = 1:N
        OUT(i,j,1) = R(i,j);
        OUT(i,j,2) = G(i,j);
        OUT(i,j,3) = B(i,j);
    end
end
OUT = OUT/256;
subplot(122);
imshow(OUT);
title('伪彩色图像')
```

运行程序,输出结果如图 5-12 所示。

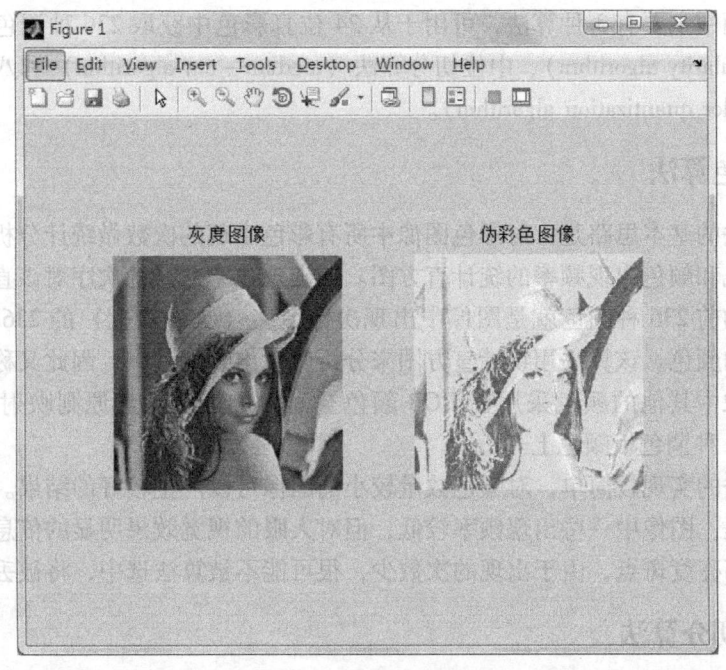

图 5-12 伪彩色图像处理

5.4 颜色量化与减色

大多数彩色图像采集系统都采用 24 位的真彩色来存储图像,这样可以最大限度地保证图像信息的完整性。但是在许多情形中,例如 5.3 节中的灰度化处理要在仅能显示 256 色的显示系统中显示真彩色图像时,必须使用 8 位的 256 色图像。这就需要将 24 位真彩色图像转化为 8 位彩色图像,即进行减色处理。

将 24 位真彩色图像转化为 8 位彩色图像的核心就是生成一个合适的调色板,用它来显示图像时,能最好地反映源图像的彩色信息。由于 8 位彩色的调色板仅能使用 256 项颜色表项,因此将 24 位真彩色图像转化为 8 位彩色图像时,就必须从 24 位真彩色所能表现的颜色中选取最具代表性或出现频率最高的 256 种颜色。这种从 m 种颜色中选取最具代表性的 n 种颜色(m >> n)的操作叫做颜色量化(color quantization)。但是在 256 种调色板颜色项中,Windows 需要保留 20 种颜色,因此实际可选用的只有 236 种颜色。

确定了用来填写调色板的 256 种颜色(236 种是从 16M 种颜色中选出的,20 种是 Windows 保留的)后,必须将 24 位真彩色的其余颜色赋值为选定的 256 种颜色中与它最相似的颜色。两种颜色的相似程度,可用它们在 RGB 彩色空间中的距离来表示,这一距离常称为彩色距离。在 RGB 彩色空间中颜色 ($r1$, $g1$, $b1$) 和 ($r2$, $b2$, $g2$) 的彩色距离 ΔC 可定义为

$$\Delta C = (r1-r2)^2 + (g1-g2)^2 + (b1-b2)^2$$

考虑到人眼对红、绿、蓝色的敏感程度不同,经常给各颜色分量的增量加上一定的权值,经验的彩色距离计算公式是

$$\Delta C = 3(r1-r2)^2 + 4(g1-g2)^2 + 2(b1-b2)^2$$

在实际应用中主要有3种算法，可用于从24位真彩色中获取236种调色板颜色，即流行色算法（popularity algorithm）、中位切分算法（median-cut algorithm）和八叉树颜色量化算法（octree color quantization algorithm）。

5.4.1　流行色算法

流行色算法的基本思路是：对彩色图像中所有彩色出现的次数做统计分析，创建一个数组用于表示颜色和颜色出现频率的统计直方图。按出现频率递减的次序对该直方图数组排序后，直方图中的前236种颜色就是图像中出现次数最多（频率最大）的236种颜色，将它们作为调色板的颜色。该算法用统计直方图来分析颜色出现的频率，因此又称为彩色直方图统计算法。图像中其他的颜色采用在RGB颜色空间中的最小距离原则映射到与其邻近的256（236+20）种调色板颜色上。

流行色算法的实现较简单，对颜色数量较小的图像可以产生较好的结果。但是该算法存在的主要缺陷是：图像中一些出现频率较低，但对人眼的视觉效果明显的信息将丢失。比如图像中存在的高亮度斑点，由于出现的次数少，很可能不被算法选中，将被丢失。

5.4.2　中位切分算法

中位切分算法的基本思路是：在RGB彩色空间中，R、G、B三基色对应于空间的3个坐标轴，将每一坐标轴都量化为0~255。0对应于最暗（黑），255对应于最亮（白），这样就形成了一个边长为256的彩色立方体，所有可能的颜色都对应于立方体内的一个点。将彩色立方体切分成236个小立方体，每个立方体中都包含相同数量的在图像中出现的颜色点，取出每个小立方体的中心点，则这些点所表示的颜色就是所需要的最能代表图像颜色特征的236种颜色。

中位切分算法是Paul Heckbert在20世纪80年代初期提出来的，现广泛应用于图像处理领域。该算法的缺点是涉及复杂的排序工作，而且内存开销较大。

5.4.3　八叉树颜色量化算法

1988年，奥地利的M. Gervautz和W. Purgathofer提出了一种新的采用八叉树数据结构的颜色量化算法，一般称为八叉树颜色量化算法。该算法的效率比中位切分算法高，而且内存开销小。

八叉树颜色量化算法的基本思路是：将图像中使用的RGB颜色值分布到层状的八叉树中。八叉树的深度可达9层，即根节点层加上分别表示8位的R、G、B值的每一位的8层节点，较低的节点层对应于较不重要的RGB值的位（右边的位）。因此，为了提高效率和节省内存，可以去掉最底部的2~3层，这样不会对结果有太大的影响。叶节点编码存储像素的个数和R、G、B颜色分量的值，而中间的节点组成了从最顶层到叶节点的路径。这是一种高效的存储方式，既可以存储图像中出现的颜色和其出现的次数，也不会浪费内存来存储图像中不出现的颜色。

扫描图像的所有像素，每遇到一种新的颜色就将它放入八叉树中，并创建一个叶节点。图像扫描完后，如果叶节点的数量大于调色板所需的颜色数（236）时，就需要将有些叶子节点合并到其上一层节点中，并将该节点转化成叶节点，在其中存储颜色及其出现的次数。

这样，减少叶节点的数量，直到叶节点的数量等于或小于调色板所需的颜色数。如果叶节点的数量小于或等于调色板所需的颜色数（236），则可以遍历八叉树，将叶子节点的颜色填入调色板的颜色表。

5.5 习题

1. 简述三色成像理论。
2. 简述伪彩色图像与 24 位真彩色图像的区别处理。
3. 简述 RGB 模型与 HSI 模型之间的变换方法。
4. 简述彩色图像的逆反处理方法，并编程实现。
5. 简述颜色量化与减色的原理。

第6章 图像基本运算

图像的运算是图像处理中最简单的操作。图像运算是指多幅图像的数学运算,主要包括图像代数运算、图像的逻辑运算、图像几何运算和图像邻域处理等。

6.1 代数运算

图像的代数运算是图像的标准算术操作实现方法,是两幅图像像素之间的点对点进行加、减、乘、除运算后,得到输出图像的过程。设输入图像 A(x,y)、B(x,y),输出图像为 C(x,y),则代数运算有如下四种形式

$$C(x,y) = A(x,y) + B(x,y)$$
$$C(x,y) = A(x,y) - B(x,y)$$
$$C(x,y) = A(x,y) \times B(x,y)$$
$$C(x,y) = A(x,y) \div B(x,y)$$

图像的代数运算在图像的处理中有着广泛的应用,它除了可以实现自身所需的算术操作外,还能为许多复杂的图像处理提供准备。下面介绍几种典型的代数运算。

6.1.1 加法运算

图像相加一般用于对同一场景的多幅图像求平均,常常用来有效地减小叠加在图像上的随机噪声。直接采集的图像品质一般较好,不需要进行加法运算处理,但对于那些经过长距离模拟通信方式传送的图像(如卫星图像),这种处理方法必不可少。当噪声可以用同一个独立分布的随机模型表示和描述时,则利用求平均值方法降低噪声信号,提高信噪比非常有效。

在 MATLAB 图像处理工具箱中,imadd 函数实现图像相加运算,其调用格式如下

Z = imadd(X,Y)

对 X 和 Y 数组中对应元素相加,返回值 Z 和 X、Y 大小一致,若 Y 为标量,则对 X 数组中每个元素相加 Y。类似矩阵的加法运算,但要注意类型的处理。

例6-1 图像相加操作

```
I = imread('rice. png');
J = imadd(I,50);
subplot(1,2,1);
imshow(I);
title('原始 rice 图像');
subplot(1,2,2);
imshow(J);
title('图像与数据进行相加操作效果');
K = imread('cameraman. tif');
```

```
H = imadd(I,K,'uint16');
% 转换数据类型相加图像数据
figure;
subplot(1,3,1);imshow(I);
title('原始 rice 图像');
subplot(1,3,2);imshow(K);
title('原始 cameraman 图像');
subplot(1,3,3);imshow(H,[]);
title('两图像进行相加操作效果');
```

运行程序，输出结果如图 6-1 和 6-2 所示。

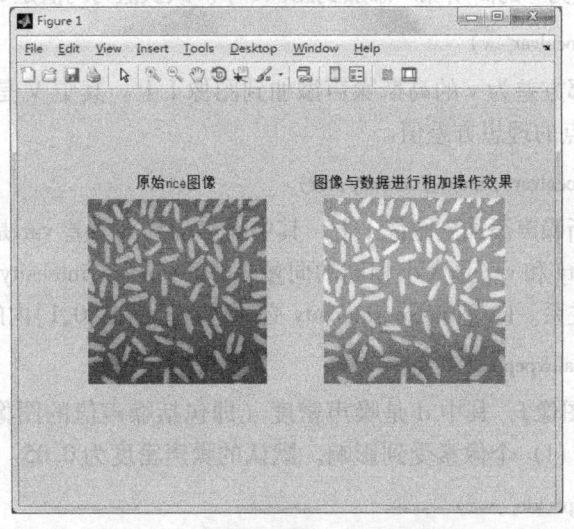

图 6-1　图像与数据相加显示效果

图 6-2　两幅图像相加显示效果

和 imadd 一样，MATLAB 还提供一个噪声添加函数 imnoise，以方便模拟噪声信息。调用格式如下

J = imnoise(I,type)

其中，I 为输入图像，函数向亮度图 I 中添加指定类型的噪声。type 是字符串，可以是以下值："Gaussian"（高斯噪声）、"localvar"（均值为零，且一个变量与图像亮度有关）、"poisson"（泊松噪声）、"salt&pepper"（椒盐噪声）和"speckle"（乘性噪声）。

J = imnoise(I,type,parameters)

根据噪声类型，可以确定该函数的其他参数。所有的数值参数都进行归一化处理，它们对应于亮度从 0 到 1 的图像操作。

J = imnoise(I,'gaussian',m,v)

将均值为 m，方差为 v 的高斯噪声添加到图像 I 中。默认值为均值是 0，方差是 0.01 的噪声。

J = imnoise(I,'localvar',v)

将均值为 0，局部方差为 v 的高斯噪声添加到图像 I 上。其中 V 是与 f 大小相同的一个数组，它包含了每个点的理想方差值。

J = imnoise(I,'localvar',image_intensity,var)

将均值为 0 的高斯噪声添加到图像 I 上，其中噪声的局部方差 var 是图像 I 的亮度值的函数。参量 image_intensity 和 var 是大小相同的向量，plot（image_intensity, var）绘制出噪声方差和图像亮度的函数关系。向量 image_intensity 必须包含范围在[0,1]内的归一化亮度值。

g = imnoise(f,'salt&pepper',d)

用椒盐噪声污染图像 f，其中 d 是噪声密度（即包括噪声值的图像区域的百分比）。因此，大约有 d×numel（f）个像素受到影响。默认的噪声密度为 0.05。

g = imnoise(f,'speckle',var)

用方程 g = f + n×f 将乘性噪声添加到图像 f 上，其中 n 是均值为 0，方差为 var 的均匀分布的随机噪声，var 的默认值是 0.04。

g = imnoise(f,'poisson')

从数据中生成泊松噪声，而不是将人工的噪声添加到数据中，8 位无符号类型和 16 位无符号类型图像的亮度必须和光子的数量相符合。当每个像素的光子数量大于 65535 时，就要使用双精度类型图像。亮度值在 0 到 1 之间变化，并且对应于光子的数量除以 10^{12}。

例 6-2 利用 imnoise 函数添加噪声

```
a = imread('eight.tif');
a1 = imnoise(a,'gaussian',0,0.006);  % 对原始图像加高斯噪声
subplot(131);
imshow(a);
title('原始图像');
subplot(132);
imshow(a1);
title('加高斯噪声的图像');
a2 = imnoise(a,'salt & pepper',0.02);
subplot(133);
```

```
imshow(a2);
title('加椒盐噪声的图像');
```
运行程序,输出结果如图 6-3 所示。

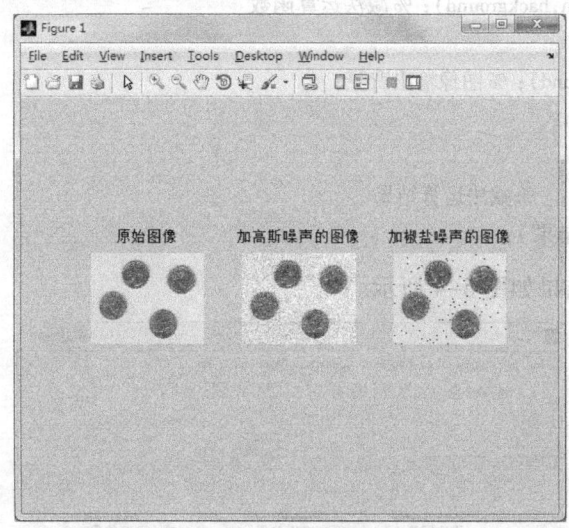

图 6-3　利用 imnoise 函数添加噪声

6.1.2　减法运算

图像的减法运算也称为差分法,是一种常用于检测图像变化及物体运动的处理方法。图像减法可以作为许多图像处理工作的前期准备步骤。例如,可以用图像减法检查一系列相同场景图像的差异。图像减法与阈值处理的结合使用往往是建立机器视觉系统最有效的方法之一。下面介绍减法运算的三个重要用途。

(1) 差影法

所谓差影法,是指将同一景物在不同时间拍摄的图像或同一景物在不同波段的图像相减。差影图像提供了图像间的差异信息,能用于指导动态监测、运动目标的检测和跟踪、图像背景的消除和目标识别等。

(2) 消除背景影响

在有些情况下,背景对图像中的被研究物体具有不利影响,这时背景就成为了噪声,通过减法运算清除了背景噪声,图像的目标就突出了。

(3) 求梯度幅度

在一幅图像中,灰度变化大的区域梯度值大,一般认为此区域是图像内物体的边界,因此求图像的梯度图像能获得图像物体边界。

在 MATLAB 中,图像的减法运算用 imsubtract 和 imabsdiff 函数可以完成,其调用格式为

```
Z = imsubtract(a,b)  % 差值结果小于 0 的赋值为 0,a 和 b 大小相等
Z = imabsdiff(a,b)   % 差值结果取绝对值
```

例 6-3　图像相减运算。

```
clear;
a = imread('rice.png');  % 读取图像
```

```
subplot(131);imshow(a);    % 显示原始图像
title('原始图像');
background = imopen(a,strel('disk',15));    % 在 a 上进行形态学运算;
ap = imsubtract(a,background);    % 减法运算函数
subplot(132);
imshow(background);    % 图像输出背景
title('输出背景');
subplot(133);
imshow(ap,[]);    % 减法运算结果
title('减法运算结果');
```

运行程序,输出结果如图 6-4 所示。

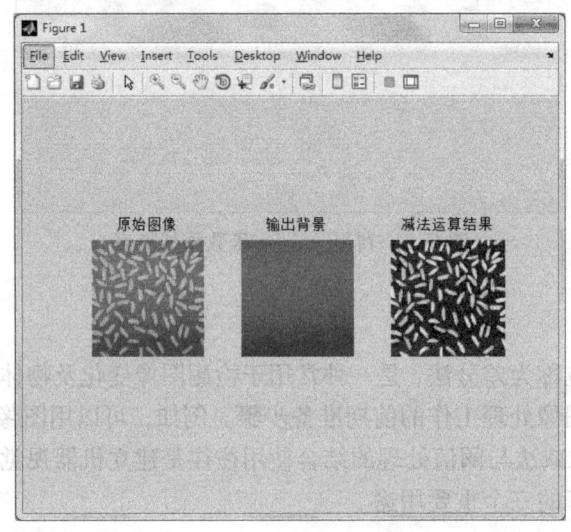

图 6-4 图像减法显示效果

6.1.3 乘法运算

两幅图像进行乘法运算可以实现掩模操作,即屏蔽图像的某些部分。一幅图像乘以一个常数通常称为缩放,这是一种常见的图像处理操作。如果使用的缩放因数大于 1,那么将增强图像的亮度;如果缩放因数小于 1,则图像变暗。因此,乘法运算可以用来屏蔽图像的某些部分。缩放通常将产生比简单添加像素偏移量自然得多的明暗效果,这是因为这种处理能够更好地维持图像的相关对比度。此外,由于时域的卷积或相关运算与频域的乘法运算相对应,因此乘法运算有时也被作为一种技巧来实现卷积或相关处理。

一般情况下,利用计算机图像处理软件生成掩模图像的步骤如下:

1) 新建一个与原始图像大小相同的图层,图层文件一般保存为二值图像文件。

2) 用户在新建图层上人工勾绘出所需要保留的区域,区域的确定也可以由其他二值图像文件导入或由计算机图形文件转换生成。

3) 确定局部区域后,将整个图层保存为二值图像,选定区域内的像素点值为 1,非选定区域像素点值为 0。

4) 将原始图像与步骤 3 形成的二值图像进行乘法运算,即可将原始图像选定区域外像

素点的灰度值置 0，而选定区域内像素的灰度值保持不变，得到与原始图像分离的局部图像，即掩模结果图。

图像的乘运算是指计算两个图像矩阵对应元素的积。在 MATLAB 中，图像乘运算的函数是 immultiply，其调用方法如下

　　　　Z = immultiply(X,Y)

例 6-4 图像乘法运算。在程序中，首先进行一幅图像的自相乘操作，然后将图像与常数相乘。

```
I = imread('rice.png');  % 读取图像
I16 = uint16(I);  % 转换图像数据类型
J = immultiply(I16,I16);  % 同一幅图像相乘
L = immultiply(I,0.5);  % 图像乘以一个常数
figure;
% 依次显示三幅图像
subplot(131);
imshow(I);
title('原始图像');
subplot(132);
imshow(J);
title('图像自乘效果');
subplot(133);
imshow(L);
title('图像与数据相乘效果');
```

运行程序，输出结果如图 6-5 所示。

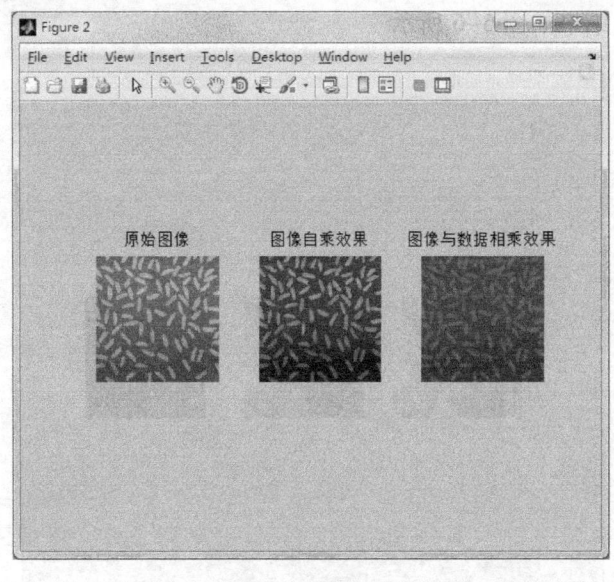

图 6-5　图像乘运算

6.1.4 除法运算

除法运算可用于校正成像设备的非线性影响，这在特殊形态的图像（如断层扫描等医学图像）处理中经常用到。除法运算也可以用来检测两图像间的区别，但是除法运算操作给出的是相应像素值的变化比率，而不是每个像素的绝对差异，因而图像除法有时也叫比值处理。除运算是指计算两个图像矩阵对应元素的商。图像的除运算前提是两个图像矩阵的大小和类型相同。

在 MATLAB 中，图像除运算的函数是 imdivide，其调用方法如下

Z = imdivide(X,Y)

其参数含义与函数 imadd 相同。

例 6-5 图像除运算

```
a = imread('lena.bmp');
background = imopen(a,strel('disk',15));
a1 = imdivide(a,background);
subplot(131);
imshow(a);       %原始图像
title('原始图像')
subplot(132);
imshow(background); %background 结果
title('背景图像')
subplot(133);
imshow(a1,[]);   %除法运算结果
title('图像相除')
```

运行程序，输出结果如图 6-6 所示

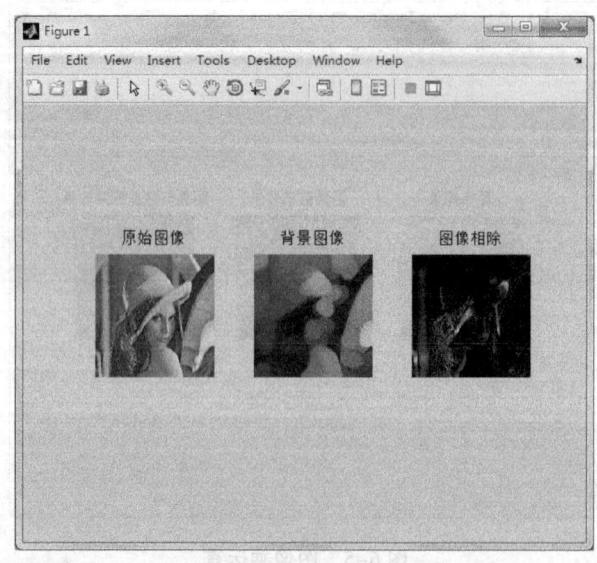

图 6-6 图像的除运算

6.2 逻辑运算

图像处理中常用的逻辑运算主要有"与"(AND)、"或"(OR)、"非"(NOT),还可将以上几种逻辑运算组合起来进一步构成其他的逻辑运算。

对灰度级图像进行逻辑操作时,像素值作为一个二进制字符串来处理。例如对于一个8位的黑色像素值,其二进制表示为00000000B,进行"非"操作产生一个白色像素值11111111B。"非"操作是对像素值的每一位取反,也就是说"非"操作执行的结果与图像求反具有相同的功能。

"与"操作和"或"操作通常用作模板,即通过这些操作可以从一幅图像中提取子图像,更加突出了图像的内容。

例 6-6 图像的逻辑运算

```
I = imread('cameraman.tif');
J = imread('rice.png');
I1 = im2bw(I);%转化为二值图像
J1 = im2bw(J);
K1 = I1 & J1;%逻辑与运算
K2 = I1 | J1;%逻辑或运算
K3 = ~I1;%逻辑非运算
K4 = xor(I1,J1);%异或运算
figure(1);
%依次显示四幅图像
subplot(221);imshow(I);
title('原始 cameraman 图像')
subplot(222);imshow(J);
title('原始 rice 图像')
subplot(223);imshow(I1);
title('cameraman 二值图像')
subplot(224);imshow(J1);
title('rice 二值图像')
figure(2);
%依次显示四幅图像
subplot(221);imshow(K1);
title('逻辑与运算')
subplot(222);imshow(K2);
title('逻辑或运算')
subplot(223);imshow(K3);
title('逻辑非运算')
subplot(224);imshow(K4);
title('逻辑异或运算')
```

运行程序,结果如图6-7和6-8所示。在这个程序中,首先读取了两幅维数相同的图像矩

阵，然后把这两幅图像转化为二值图像，并且依次显示了原始图像和二值图像，如图 6-7 所示。图 6-8 为两幅二值图像经过逻辑运算（与、或、非、异或）得到的图像。

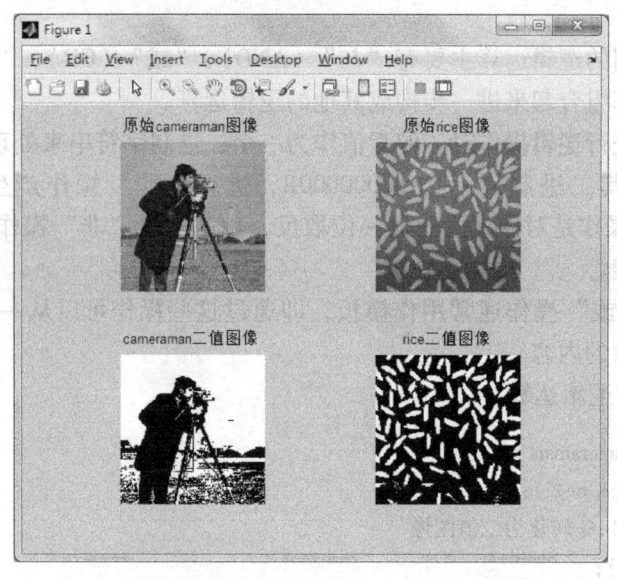

图 6-7　原图和二值图像

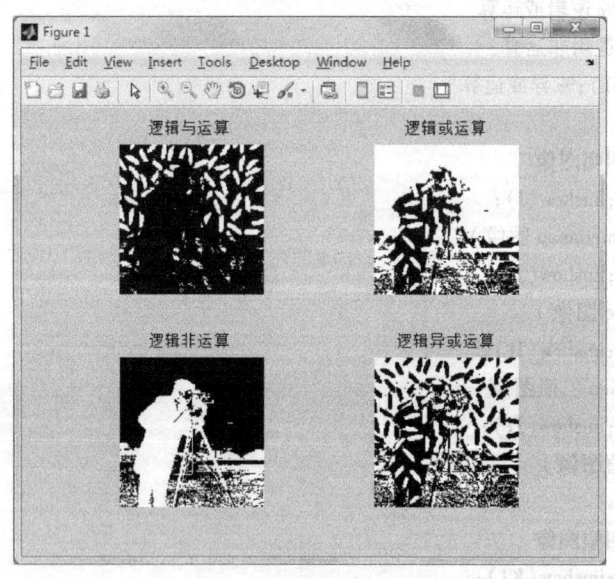

图 6-8　图像逻辑运算

6.3　几何运算

几何运算是图像基本运算的重要内容之一，通过几何运算，可以使原图像产生大小、形状和位置等各方面的变化。这些运算可以被看成是将各物体在图像内移动，特别是图像具有一定的规律时，一个图像可以由另一个图像通过做几何运算来产生。几何运算从变换的性质来分,可以分为图像的位置变换(平移、镜像和旋转)和图像的形状变换(缩放和裁剪)。

6.3.1 平移

平移就是将图像中的所有像素都移动一个相等的距离。这是图像几何变换中最简单的类型。设(x_0,y_0)为原图像上的一点,图像水平平移量为t_x,垂直平移量为t_y,则平移后点(x_0,y_0)坐标将变为(x_1,y_1)。用矩阵表示如下

$$\begin{pmatrix} x_1 \\ y_1 \\ 1 \end{pmatrix} = \begin{pmatrix} 1 & 0 & t_x \\ 0 & 1 & t_y \\ 0 & 0 & 1 \end{pmatrix} \begin{pmatrix} x_0 \\ y_0 \\ 1 \end{pmatrix}$$

6.3.2 旋转

一般情况下图像的旋转变换是指以图像的中心为原点,将图像上的所有像素都旋转同一个角度的变换,图像经过旋转变换后,图像的位置发生了改变。为表示方便,采用极坐标形式表示,点(x_0,y_0)经过旋转θ度后坐标变成(x_1,y_1)。

在旋转前

$$\begin{cases} x_0 = r\cos(\theta) \\ y_0 = r\sin(\theta) \end{cases}$$

旋转后

$$\begin{cases} x_1 = r\cos(\alpha - \theta) = r\cos(\alpha)\cos(\theta) + r\sin(\alpha)\sin(\theta) = x_0\cos(\theta) + y_0\sin(\theta) \\ y_1 = r\sin(\alpha - \theta) = r\sin(\alpha)\cos(\theta) - r\cos(\alpha)\sin(\theta) = -x_0\sin(\theta) + y_0\cos(\theta) \end{cases}$$

写成矩阵表达式为

$$\begin{pmatrix} x_1 \\ y_1 \\ 1 \end{pmatrix} = \begin{pmatrix} \cos(\theta) & \sin(\theta) & 0 \\ -\sin(\theta) & \cos(\theta) & 0 \\ 0 & 0 & 1 \end{pmatrix} \begin{pmatrix} x_0 \\ y_0 \\ 1 \end{pmatrix}$$

6.3.3 比例缩放

图像比例缩放是指将给定的图像在 x 轴和 y 轴方向按比例缩放一定的倍数,从而获得新的图像。假设图像 x 轴方向缩放比率为f_x,y 轴方向缩放比率为f_y,那么原图中点(x_0,y_0)对应于新图中的点(x_1,y_1)的转换矩阵为

$$\begin{pmatrix} x_1 \\ y_1 \\ 1 \end{pmatrix} = \begin{pmatrix} f_x & 0 & 0 \\ 0 & f_y & 0 \\ 0 & 0 & 1 \end{pmatrix} \begin{pmatrix} x_0 \\ y_0 \\ 1 \end{pmatrix}$$

式中,若f_x和f_y大于 1,则图像被放大,反之则缩小。

6.3.4 镜像

图像镜像变换不改变图像的形状。图像的镜像变换包括水平镜像变换、垂直镜像变换和对角镜像变换三种。

设图像点(x_0,y_0)进行镜像后的对应点为(x_1,y_1),图像高度为 H,宽度为 W。图像的水

平镜像变换是将图像左半部分和右半部分以图像垂直中轴线为中心进行镜像对换,用矩阵形式表示如下

$$\begin{pmatrix} x_1 \\ y_1 \\ 1 \end{pmatrix} = \begin{pmatrix} -1 & 0 & W \\ 0 & 1 & 0 \\ 0 & 0 & 1 \end{pmatrix} \begin{pmatrix} x_0 \\ y_0 \\ 1 \end{pmatrix}$$

图像垂直镜像变换是将图像上半部分和下半部分以图像水平中轴线为中心进行镜像对称,用矩阵形式表示如下

$$\begin{pmatrix} x_1 \\ y_1 \\ 1 \end{pmatrix} = \begin{pmatrix} 1 & 0 & 0 \\ 0 & -1 & H \\ 0 & 0 & 1 \end{pmatrix} \begin{pmatrix} x_0 \\ y_0 \\ 1 \end{pmatrix}$$

图像对角镜像变换是将图像作水平镜像后再作垂直镜像变换的结果,用矩阵形式表示如下

$$\begin{pmatrix} x_1 \\ y_1 \\ 1 \end{pmatrix} = \begin{pmatrix} -1 & 0 & W \\ 0 & -1 & H \\ 0 & 0 & 1 \end{pmatrix} \begin{pmatrix} x_0 \\ y_0 \\ 1 \end{pmatrix}$$

6.3.5　MATLAB 实例——几何变换用于对图像修正

例6-7　图像平移变换。

```
A = imread('lena.jpg');
figure;
subplot(121);
imshow(A);
title('原始图像');
A = double(A);
A_move = zeros(size(A));
H = size(A);
A_x = 50;
A_y = 50;
I_movesult(A_x+1:H(1),A_y+1:H(2),1:H(3)) = A(1:H(1)-A_x,1:H(2)-A_y,1:H(3));
subplot(122);
imshow(uint8(I_movesult));
title('图像平移结果');
```

运行程序,输出结果如图6-9所示。

MATLAB 图像处理工具箱中,进行图像旋转的函数是 imrotate,其调用方法如下

```
B = imrotate(A,angle)
B = imrotate(A,angle,method)
B = imrotate(A,angle,method,bbox)
```

其中,A 为要旋转的图像,angle 表示将 A 绕图像的中心点旋转的角度,正数表示逆时针旋

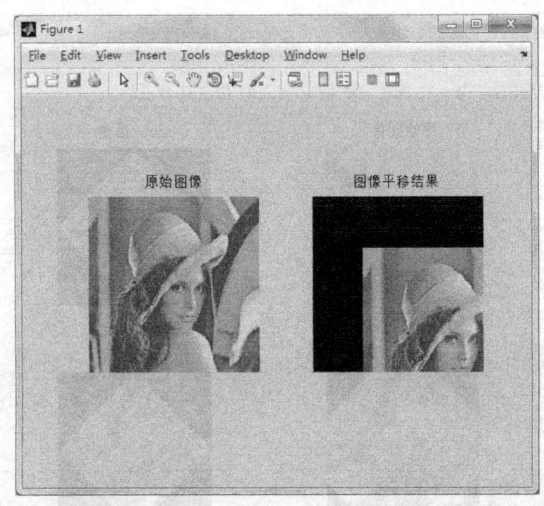

图 6-9 图像平移变换显示效果

转,负数表示顺时针旋转。B 为返回旋转后的图像矩阵。method 参数可以改变插值算法,可以为 nearest、bilinear 和 bicubic 三个值,缺省值为 nearest。bbox 参数用于指定输出图像属性:'crop'通过对旋转后的图像 B 进行裁剪,保持旋转后输出图像 B 的尺寸和输入图像 A 的尺寸一样。'loose'使输出图像足够大,以保证源图像旋转后超出图像尺寸范围的像素值没有丢失。

例 6-8 图像旋转变换

```
I = imread('lena. jpg');
J1 = imrotate(I, -45,'bicubic');%使用 bicubic 插值顺时针旋转 45°
J2 = imrotate(I,45,'bilinear','crop');%使用 crop 方式显示旋转后图像
J3 = imrotate(I,45,'bilinear','loose');%使用 loose 方式显示旋转后图像
figure;
subplot(221);
imshow(I);
title('原始图像');
subplot(222);
imshow(J1);
title('bicubic 插值');
subplot(223);
imshow(J2);
title('crop 方式');
subplot(224);
imshow(J3);
title('loose 方式');
```

运行程序,输出结果如图 6-10 所示。

在 MATLAB 中,进行图像缩放的函数是 imresize,其调用方法如下

```
B = imresize(A,scale)
B = imresize(A, [numrows numcols])
```

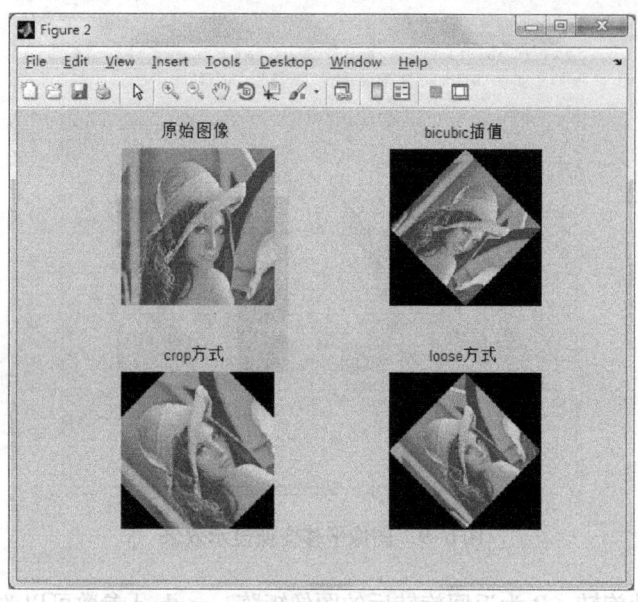

图 6-10 图像旋转变换显示效果

其中，A 是要缩放的图像，scale 是进行缩放的倍数，如果 scale 大于 1，则进行放大操作，如果 scale 小于 1，则进行缩小操作。[numrows numcols] 用于指定缩放后图像的行列数。

　　　　B = imresize(A,scale,method)
　　　　B = imresize(A,[numrows numcols],method)

method 参数用于指定在改变图像尺寸时所使用的算法，可以为以下几种：
'nearest'：缺省值，即改变图像尺寸时采用最近邻插值算法。
'bilinear'：采用双线性插值算法。
'bicubic'：采用双立方插值算法。

例 6-9 图像缩放变换

```
I = imread('lena.jpg');
J = imresize(I,0.2);      % 图像缩小为 0.2
J2 = imresize(J,15,'nearest');    % 图像放大,最近邻插值法
J3 = imresize(J,15,'bilinear');   % 图像放大,双线性插值法
J4 = imresize(J,15,'bicubic');    % 图像放大,双立方插值法
subplot(2,2,1);
imshow(I);
title('原始图像');
subplot(2,2,2);
imshow(J2);
title('最近邻插值法');
subplot(2,2,3);
imshow(J3);
title('双线性插值法');
```

```
subplot(2,2,4);
imshow(J4);
title('双立方插值法');
```

运行程序,输出结果如图 6-11 所示。

图 6-11 图像缩放变换显示效果

例 6-10 图像镜像变换。

```
I = imread('lena.jpg');
figure;
subplot(221);
imshow(I);
title('原始图像');
I = double(I);
h = size(I);
I_fliplr(1:h(1),1:h(2),1:h(3)) = I(1:h(1),h(2):-1:1,1:h(3));  %水平镜像变换
I1 = uint8(I_fliplr);
subplot(222);
imshow(I1);
title('图像水平镜像');
I_flipud(1:h(1),1:h(2),1:h(3)) = I(h(1):-1:1,1:h(2),1:h(3));  %垂直镜像变换
I2 = uint8(I_flipud);
subplot(223);
imshow(I2);
title('图像垂直镜像');
I_fliplr_flipud(1:h(1),1:h(2),1:h(3)) = I(h(1):-1:1,h(2):-1:1,1:h(3));  %对角镜像变换
```

```
I3 = uint8(I_fliplr_flipud);
subplot(224);
imshow(I3);
title('图像水平镜像');
```

运行程序，输出结果如图 6-12 所示。

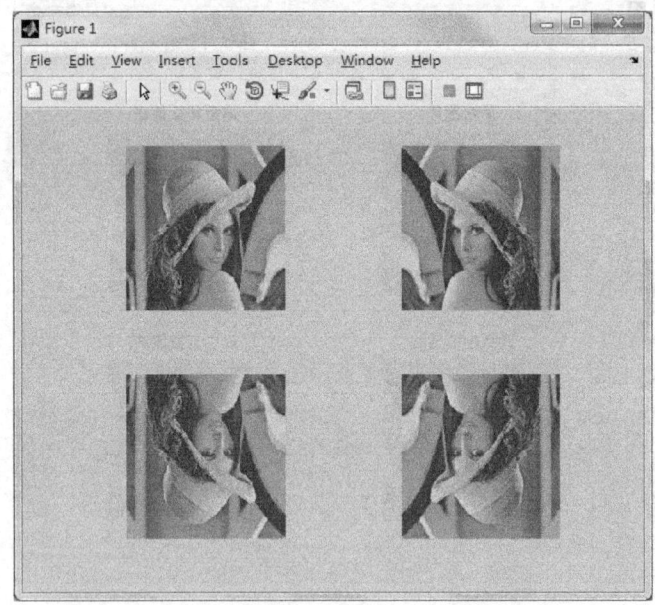

图 6-12　图像镜像变换显示效果

在 MATLAB 中，图像裁剪的函数为 imcrop，其调用方法如下

```
I0 = imcrop
I0 = imcrop(I)
I0 = imcrop(I,rect)
```

其中，第一种调用方式是交互式操作，即首先显示一幅图像，然后执行命令，用鼠标在图像上选中感兴趣的区域，存储在矩阵 I0 中。I 为要裁剪的图像，rect 规定了裁剪后的图像区域。

例 6-11　图像裁剪变换

```
I = imread('lena.jpg');
I2 = imcrop(I,[75 68 130 112]);   % 裁剪的矩阵,rect = [75 68 130 112]
subplot(1,2,1);
imshow(I);
title('原始图像');
subplot(1,2,2);
imshow(I2);
title('裁剪后的图像');
```

运行程序，输出结果如图 6-13 所示。

图 6-13 图像裁剪变换显示效果

6.4 邻域处理

邻域处理是指在图像处理时，输入要处理像素的某邻域内各个像素值，输出要处理像素的更新值。邻域处理是图像处理时经常使用的操作方法，一般使用算子模板逐行或逐列在图像上滑动，滑动的时候对模板经过区域进行运算，把计算的结果作为区域中心像素的新值。邻域操作包括滑动邻域操作和分离邻域操作两种类型。在进行滑动邻域操作时，输入图像将以像素为单位进行处理，对于输入图形的每一个像素，指定的操作将决定输出图像相应的像素值。分离邻域操作是基于像素邻域的数值进行的，输入图像一次处理一个邻域，即图像被划分为矩阵邻域，分离邻域操作将分别对每一个邻域进行操作，求取相应输出邻域的像素值。

6.4.1 滑动邻域处理

滑动邻域处理每次在一个像素上进行。输出图像的每个像素值都是输入图像在这个像素的邻域内进行指定的运算得到的像素值。邻域是一个矩形块，在图像矩阵中从一个像素移到另一个像素的时候，邻域块向同一个方向滑动。

邻域块中心像素是输入图像中要处理的像素。如果邻域的行列数都为奇数，则中心像素位于邻域的中心。如果邻域的行数和列数有一个不为奇数，则中心像素为邻域中心偏左或偏上的像素。对于 m×n 的邻域来说，中心像素的计算方法为 floor(([m,n]+1)/2)。

在 MATLAB 中进行滑动邻域处理的过程如下：

1）选择像素。
2）确定该像素的滑动邻域。
3）调用适当的函数对滑动邻域中的元素进行计算。
4）查找输出图像与输入图像对应处的像素，将该像素的数值设置为上一步中得到的返回值。

5) 对输入图像的每一个像素点,重复前面的操作。

MATLAB 提供了几种用于滑动邻域处理的函数,下面分别给予介绍。

1. nlfilter 函数

在 MATLAB 中,函数 nlfilter 是基本邻域处理函数,其调用的方式如下

   B = nlfilter(A,[m,n],fun)

其中,A 是要处理的图像,[m,n]规定了邻域块的大小,fun 是指定的函数。

例6-12　nlfilter 函数示例

```
A = imread('cameraman.tif');
fun = @(x) median(x(:));
B = nlfilter(A,[3 3],fun);
subplot(1,2,1);
imshow(A);
title('原始图像');
subplot(1,2,2);
imshow(B);
title('邻域操作效果');
```

运行程序,输出结果如图6-14所示。

图6-14　滑动邻域操作显示效果

2. colfilt 函数

在 MATLAB 图像处理工具箱中,进行快速邻域操作的函数是 colfilt,其调用方式如下

   B = colfilt(A,[m n],block_type,fun)

其中,A 是要进行邻域处理的图像矩阵。[m n]表示大小为 m 行 n 列的邻域。block_type 表

示指定块的移动方式,当为'distinct',图像块不重叠;当为'sliding',图像块滑动。fun 表示引用了一个函数进行处理,函数返回值的大小必须和原图像大小相同。

例 6-13 colfilt 函数示例

```
I = imread('tire.tif');
I1 = uint8(colfilt(I,[5 5],'sliding',@ mean));%用列处理进行滑动邻域操作
f = @(x) ones(64,1) * mean(x);%进行分块处理操作的函数
I2 = imread('cameraman.tif');
I3 = colfilt(double(I2),[8 8],'distinct',f);%用列处理来进行分离块操作
figure
%依次显示四幅图像
subplot(221); imshow(I);
title('原始 tire 图像');
subplot(222); imshow(I1);
title('图像滑动邻域操作');
subplot(223); imshow(I2);
title('原始 cameraman 图像')
subplot(224); imshow(I3,[]);
title('图像分离快操作');
```

运行程序,输出结果如图 6-15 所示。

图 6-15 快速邻域操作显示效果

6.4.2 分离邻域处理

分离邻域处理是将图像的数据矩阵划分为同样大小的矩阵区域的操作,同时由于图像划分为图像块后可以转化为矩阵或者向量运算,因此可以大大加快图像处理的速度。

在 MATLAB 中,进行图像分离块操作的函数是 blkproc,其调用方式如下

```
B = blkproc(A,[m,n],fun)
B = blkproc(A,[m,n],[morder norder],fun)
```

其中，A 是要处理的图像，[m,n]是要处理的分离块大小，[morder norder]是重叠的区域大小，fun 是要进行操作的函数，blkproc 函数返回一个矩阵。

例 6-14 blkproc 函数示例

```
I = imread('tire.tif');%读取图像
f = @(x) uint8(round(mean2(x) * ...
    ones(size(x))));%该函数先求取矩阵 x 均值,然后乘以全 1 矩阵,再取整
I2 = blkproc(I,[8 8],f);%分离块操作,设返回像素为该块的平均值
figure %依次显示两幅图像
subplot(121);
imshow(I);
title('原始图像');
subplot(122);
imshow(I2);
title('分离块操作');
```

运行程序，输出结果如图 6-16 所示。

图 6-16 分离邻域处理显示效果

6.5 习题

1. 常用的代数运算有哪几种？分析它们的作用。
2. 编写一个程序实现以下功能：将一幅灰度图像与该图像平移少许位置后得到的图像相减后再相乘，显示和比较两种运算对图像的不同影响。

3. 对图像进行连续的三种几何运算，顺序分别是平移、旋转和缩放，试编写其 MATLAB 程序。

4. 设有 4×4 图像 $f(x,y)$，其灰度图像矩阵

$$f = \begin{pmatrix} 59 & 60 & 58 & 57 \\ 61 & 59 & 59 & 57 \\ 62 & 59 & 60 & 58 \\ 59 & 61 & 60 & 56 \end{pmatrix}$$

将图像绕 $f(x,y)$ 的左下角，即灰度值为 59 的像素点逆时针旋转 $45°$，试求旋转后的图像矩阵。

5. 滑动邻域处理中的中心元素如何选取？

第 7 章 图像灰度变换

通常经输入系统获取的图像信息中含有各种各样的噪声与畸变。例如室外光照度不够均匀会造成图像灰度过于集中；由 CCD（摄像头）获得的图像经过 A – D 转换、线路传送都会产生噪声污染等。这些不可避免地影响系统图像的清晰程度，降低了图像质量。轻者表现为图像不干净，难以看清细节；重者表现为图像模糊不清，连概貌也看不出来。因此，在对图像进行分析之前，必须对图像质量进行改善。一般情况下改善的方法有两类：图像增强和图像复原。图像增强的目的就是设法改善图像的视觉效果，提高图像的可读性，将图像中使人感兴趣的特征有选择地突出，便于人与计算机的分析和处理。例如突出目标物的轮廓，去除各类噪声，将黑白图像转变为伪彩色图像等处理。图像增强不考虑图像质量下降的原因，只将图像中感兴趣的特征有选择地突出，而衰减不需要的特征，在图像增强和像质改善过程中总是以对某一部分信息的强调和另一部分信息的损失为代价。图像复原技术与增强技术不同，它需要了解图像质量下降的原因，首先要建立"降质模型"，再利用该模型，恢复原始图像。

目前在图像增强和像质改善方面主要有灰度变换、图像锐化、噪声去除、色彩变换等方法。本章主要介绍图像的灰度变换方法。

7.1 灰度变换的基本方法

图像的灰度变换（gray – scale transformation，GST）处理是图像增强处理技术中一种非常基础、直接的空间域图像处理方法，也是图像数字化软件和图像显示软件的一个重要组成部分。灰度变换是指根据某种目标条件按一定变换关系逐点改变原图像中每一个像素灰度值的方法。目的是为了改善画质，使图像的显示效果更加清晰。灰度变换有时又被称为图像的对比度增强或对比度拉伸。例如为了显示出图像的细节部分或提高图像的清晰度，需要将图像整个范围的灰度级或其中某一段 (a, b) 灰度级扩展或压缩到 (a', b')，这些都要求采用灰度变换方法。

从图像输入装置得到的图像数据，以浓淡表示，各个像素与某一灰度值相对应。设原图像像素的灰度值 $D = f(x,y)$，处理后图像像素的灰度值 $D' = g(x,y)$，则灰度增强可表示为

$$g(x,y) = T[f(x,y)]$$

或

$$D' = T[D]$$

要求 D 和 D' 都在图像的灰度范围之内。函数 $T[D]$ 称为灰度变换函数，它描述了输入灰度值和输出灰度值之间的转换关系。一旦灰度变换函数确定，则确定了一个具体的灰度增强方法。图像中每一点的运算就被完全确定下来。灰度变换函数不同，即使是同一图像也会得到不同的结果。选择灰度变换函数应该根据图像的性质和处理的目的来决定。选择的标准是经过灰度变换后，像素的动态范围增加，图像的对比度扩展，使图像变得更加清晰、细腻，容易识别。

灰度变换主要针对独立的像素点进行处理，通过改变原始图像数据所占据的灰度范围而使图像在视觉上得到良好的改观，没有利用像素点之间的相互空间关系。因此，灰度变换处理方法也叫做点运算法。点运算（point operation）是一种既简单又重要的技术，一幅输入图像经过点运算后将产生一幅新的输出图像，由输入像素点的灰度值决定相应的输出像素点的灰度值。点运算与局部运算的差别在于：后者每个输出像素的灰度值由对应输入像素的一个领域内几个像素的灰度值决定。因此，点运算不可能改变图像内的空间关系。

点运算可以按照预定的方式改变一幅图像的灰度直方图。除了灰度级的改变是根据某种特定的灰度变换函数进行之外，点运算可以看做是"从像素到像素"的复制操作。

根据 $g(x,y) = T[f(x,y)]$ 可以将灰度变换分为线性变换和非线性变换。

1. 灰度的线性变换

若 $g(x,y) = T[f(x,y)]$ 是一个线性或分段线性的单值函数，例如：

$$g(x,y) = T[f(x,y)] = af(x,y) + b$$

则由它确定的灰度变换称为灰度线性变换，简称线性变换。

某图像的灰度范围相当窄，灰度值 D 仅在较小区间内，灰度直方图集中于一部分，则看到的图像模糊，好像没有灰度级，造成目标图像灰度值与背景灰度值相接近，人眼无法分辨检出。若利用灰度变换函数进行线性变换，使图像的直方图分布于整个灰度部分，就可以增强图像的对比度。

从前述可知，只有当两个相邻像素的灰度值（亮度值）相差到一定程度时，人的视觉才能分辨。若灰度值 D 仅在较小区间内变化时，则人眼可分辨的亮度差的总级数亦很少。而对其进行 $D' = T[D]$ 的变换后，则可使 D' 有较大的变化范围，视觉上对变换后图像能够分辨的亮度差的总级数增加，造成目标图像与背景间亮度差异的加大，使原先无法被人眼检出的目标图像亦能检出，且变换后图像清晰度亦大大提高。

同时应当注意，因其像素灰度值 D 在区间内仅取了 k 个不同值，经变换后，其灰度值 D' 在放大的区间内亦只能取 k 个不同值，只是反差加大。若连续图像 $f(x,y)$ 中待检测目标与背景灰度值之差很小，各自的量化值进入同一灰度级内，则在 $f(x,y)$ 中该目标实际上已经消失，这时用灰度增强则无法突出目标图像。

2. 灰度的非线性变换

某图像的像素集中于中间灰度部分，而其他部分的像素数很少。可以压缩像素数少的部分，扩展像素数集中的部分。如果只想很仔细地解析图像的某一部分，例如图像的高灰度部分时，只要进行增加高灰度部分的灰度级数的变换，压缩其他部分，就能得到增强高灰度部分的图像。这种变化又称为图像的局部增强。本章中所介绍的非零元素取一法、固定阈值法、双固定阈值法都属于非线性灰度变换。

具体应用中采用何种非线性灰度变换，需要根据变换的要求而定。

7.2 二值化和阈值处理

一幅图像包括目标物体、背景还有噪声，怎样从多值的数字图像中只取出目标物体，最常用的方法就是设定某一阈值 T，用 T 将图像的数据分成两大部分：大于 T 的像素群和小于 T 的像素群。这是研究灰度变换最基本的方法，称为图像的二值化（binarization）。二值化

处理就是把图像 $f(x,y)$ 分成目标物体和背景两个领域。

二值化是数字图像处理中一项最基本的变换方法，通过非零取一、固定阈值、双固定阈值等不同的阈值化变换方法，使一幅灰度图变成了黑白二值图像，将我们所需的目标部分从复杂的图像背景中脱离出来，以利于我们以后的研究。

阈值处理的操作过程是先由用户指定或通过算法生成一个阈值，如果图像中某像素的灰度值小于该阈值，则将该像素的灰度值设置为 0 或 255，否则灰度值设置为 255 或 0。

阈值化的变换函数表达式如下

$$f(x,y) = \begin{cases} 0, & x < T \\ 255, & x > T \end{cases} \tag{7-1}$$

其中，T 为指定的阈值。阈值 T 就像个门槛，比它大就是白，比它小就是黑。该变换函数是阶跃函数，只需给出阈值点 T 即可。经过阈值处理后的图像变成了一幅黑白二值图，阈值选择是灰度图二值化的重要步骤，下面就介绍常用的三种方法。

7.2.1 非零元素取一法

非零元素取一法是最简单的二值化算法。对于灰度图像 f，若某像素灰度值为零，则其灰度值不变，仍为零；对于灰度值不为零的像素，将其像素值全部变为 255。如图 7-1 所示，非零元素取一法的阈值 $T=1$。

非零元素取一法的变换函数表达式如下

$$f(x) = \begin{cases} 0, & x < 1 \\ 255, & x \geq 1 \end{cases} \tag{7-2}$$

例 7-1 非零元素取一法

```
clear
close all
I = imread('lena.bmp');
subplot(131);
imshow(I)
title('灰度图像');
subplot(132);
imhist(I)
title('图像直方图');
J = find(I < 1);
I(J) = 0;
J = find(I > = 1);
I(J) = 255;
subplot(133);
imshow(I)
title('图像二值化(阈值为1)');
```

图 7-1 非零元素取一法

运行程序，输出结果如图 7-2 所示。从图中可以看出，像素大多分布在阈值大于 1 的范围，所以大多数像素设为 255，导致图像显示效果不好。

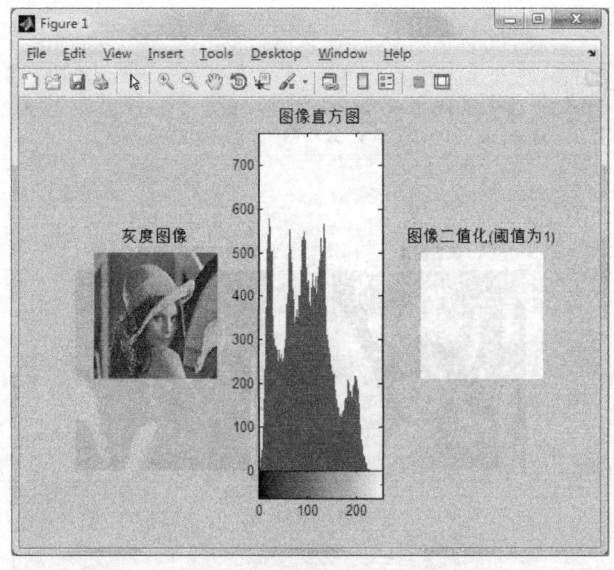

图 7-2 非零元素取一法

7.2.2 固定阈值法

在某种意义上非零取一法也可以理解成为一种特殊的固定阈值法，因为它的阈值默认为 1。固定阈值法就是为灰度图像 f 设定一个阈值 T，把灰度值小于给定阈值 T 的像素置为 0，大于阈值 T 的像素置为 255，从而对灰度图像实现二值化变换，如图 7-3 所示。

固定阈值法的变换函数表达式如下

$$f(x) = \begin{cases} 0, & x < T \\ 255, & x \geq T \end{cases} \quad (7-3)$$

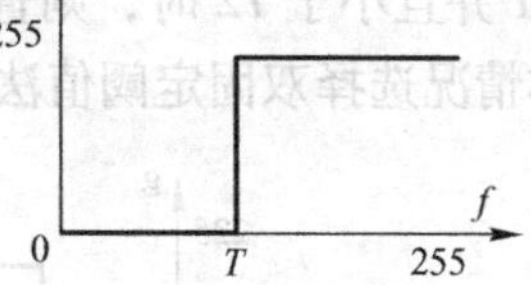

其中，T 为指定的阈值。

例 7-2 固定阈值法

```
clear
close all
I = imread('lena.bmp');
subplot(121);
imshow(I)
title('灰度图像');
J = find(I < 150);
I(J) = 0;
J = find(I > = 150);
I(J) = 255;
subplot(122);
imshow(I)
title('图像二值化(阈值为150)');
```

图 7-3 固定阈值法

运行程序，输出结果如图 7-4 所示。从图中可以看出，阈值为 150 的图像显示效果比阈值为 1 的情况好。

图 7-4 固定阈值法

7.2.3 双固定阈值法

相对于前面的非零取一法和固定阈值法,双固定阈值法预先设置了两个阈值 T1 和 T2,T1 < T2,当对图像进行处理时,如果某个像素的灰度值小于 T1 则置 0(或者 255);如果大于 T1 并且小于 T2 时,则置 255(或者置 0);如果大于 T2 时,则置 0(或者 255)。可根据具体情况选择双固定阈值法是用 0-255-0 型或是 255-0-255 型,如图 7-5 所示。

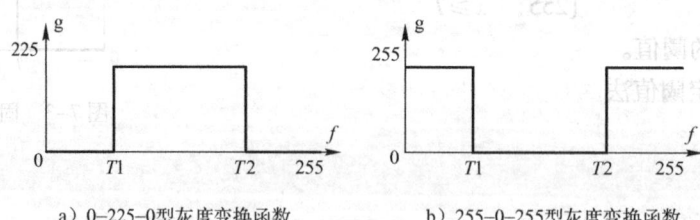

a) 0-225-0 型灰度变换函数 b) 255-0-255 型灰度变换函数

图 7-5 双固定阈值法

固定阈值法的变换函数表达式如下

$$f(x) = \begin{cases} 0, & x \leq T1 \\ 255, & T1 < x < T2 \\ 0, & x > T2 \end{cases} \quad (7-4)$$

其中,T1、T2 为指定的阈值。

例 7-3 双固定阈值法

```
clear
close all
I = imread('lena.bmp');
```

```
subplot(121);
imshow(I)
title('灰度图像');
J = find(I<150|I>220);
I(J) = 0;
J = find(I> = 150&I< = 220);
I(J) = 255;
subplot(122);
imshow(I)
title('图像二值化');
```

运行程序，输出结果如图7-6所示。

图7-6 双固定阈值法

7.3 灰度级变换

灰度级变换就是指对图像上各个像素点的灰度值 x 按某个函数 T 变换到 y。灰度变换是空间域图像增强方法之一，也是图像增强技术中最简单的一类，其目的在于改善图像的视觉效果，提高图像内物体成分的清晰度，而对图像各个像素进行的调整操作。

变换函数主要分为线性方法和非线性方法。其中线性函数主要包括正比、反比和分段函数，非线性函数主要包括幂函数和对数函数。下面将一一介绍。

7.3.1 灰度线性变换

前面所涉及的图像二值化变换都是简单的非线性变换，它在增强图像可读性的同时是以丢弃原有图像数据为代价的。灰度的线性变换就是将图像中所有像素的灰度值按照线性灰度变换函数进行变换。

在曝光不足或过度的情况下,图像灰度可能会局限在一个很小的范围内。这时在显示器上看到的将是一个模糊不清、似乎没有灰度层次的图像。用一个线性单值函数,对图像内的每一个像素做线性扩展,将有效地改善图像视觉效果。

令原图像 $f(x,y)$ 的灰度范围为 $[z_1, z_2]$,线性变换后图像 $g(x,y)$ 的范围为 $[z_{1g}, z_{2g}]$,如图 7-7 所示。$g(x,y)$ 与 $f(x,y)$ 之间存在以下关系

$$g(x,y) = z_{1g} + \frac{z_{2g} - z_{1g}}{z_2 - z_1}(f(x,y) - z_1) \quad (7-5)$$

由于 $|z_{2g} - z_{1g}|$ 总是大于 $|z_2 - z_1|$,所以对离散图像来说,尽管变换前后像素个数相同,但不同像素之间的灰度差变大,对比度变大,图像质量必然优于变换前。对于连续图像,如果背景与目标物的灰度之差很小,在 $[a, b]$ 区间内量化可能进入同一灰度级内而不能分辨。

由此可见,对输入图像灰度作线性扩张或压缩,映射函数为一个直线方程,该线性灰度变换函数是一个一维线性函数。

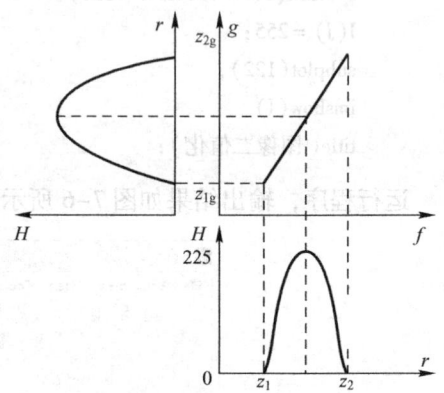

图 7-7 灰度的线性变换

灰度变换方程为

$$g(x,y) = T[f(x,y)] = af(x,y) + b \quad (7-6)$$

式中,参数 a 为线性函数的斜率,b 为线性函数在 Y 轴的截距,$f(x,y)$ 表示输入图像的灰度,$g(x,y)$ 表示输出图像的灰度。

当 $a > 1$ 时,输出图像的对比度将增大。

当 $a < 1$ 时,输出图像的对比度将减小。

当 $a = 1$ 且 b 不等于 0 时,使所有图像的灰度值上移或下移,其效果是使整个图像更暗或更亮。

当 $a = 1$,$b = 0$ 时,输出图像和输入图像相同。

当 $a = -1$,$b = 255$ 时,输出图像的灰度正好反转。

当 $a < 0$ 且 $b > 0$ 时,暗区域将变亮,亮区域将变暗,点运算完成了图像求补运算。

7.3.2 分段线性变换

分段线性变换和灰度线性变换有点类似,都用到了灰度的线性变换。但不同之处在于分段线性变换不是完全的线性变换,而是分段进行线性变换。将图像灰度区间分成两段或多段,分别作线性变换称之为分段线性变换。图 7-8 是分 3 段做线性变换的示意图。分段线性变换的优点是可以根据用户的需要,拉伸特征物体的灰度细节,相对抑制不感兴趣的灰度级。图 7-8 中的 $(0, x_1)$、(x_1, x_2)、$(x_2, 255)$ 等变换区间边界能通过键盘随时做交换式输入,因此分段线性变换是非常灵活的。

分段线性变换函数表达式为

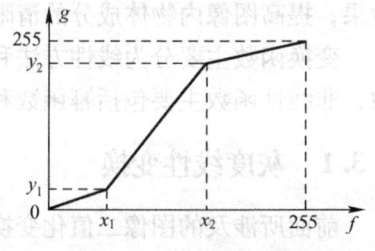

图 7-8 分段线性变换

$$f(x) = \begin{cases} \dfrac{y_1}{x_1}x, & x \leqslant x_1 \\ \dfrac{y_2-y_1}{x_2-x_1}(x-x_1)+y_1, & x_1 \leqslant x \leqslant x_2 \\ \dfrac{255-y_2}{255-x_2}(x-x_2)+y_2, & x > x_2 \end{cases} \quad (7-7)$$

式中 (x_1, y_1)、(x_2, y_2) 为图中两个转折点坐标。

分段线性变换函数的运算结果是将原图在 x_1 和 x_2 之间的灰度拉伸到 y_1 和 y_2 之间。通过有选择地拉伸某段灰度区间，能够更加灵活地控制图像灰度直方图的分布，以改善输出图像质量。如果一幅图像灰度集中在较暗的区域而导致图像偏暗，可以用灰度拉伸功能来拉伸（斜率>1）物体灰度区间以改善图像质量；同样如果图像灰度集中在较亮的区域而导致图像偏亮，也可以用灰度拉伸功能来压缩（斜率<1）物体灰度区间以改善图像质量。

7.3.3 窗口灰度变换处理

如图 7-9 所示，当图像中大部分像素的灰度级在 $[L, U]$ 范围内，少部分像素分布在小于 L 和大于 U 的区间内时，可用两端"截取式"的变换使小于灰度级 L 和大于等于灰度级 U 的像素变换为 0 和 255。尽管将会造成一小部分信息丢失，不过有时为了某种应用，做这种"牺牲"是值得的。例如利用遥感在气象资料中分析降水概率时，在预处理中去掉非气象信息，既可减少运算量，又可提高分析精度。这种变换叫灰度的窗口变换，是一种常见的点运算。它的操作和阈值变换类似，从实现方法上可以看做是灰度折线变换的特例。它限定了一个窗口范围，该窗口中的灰度值保持不变，小于该窗口下限的灰度值直接设置为 0，大于该窗口上限的灰度值直接设置为 255。窗口灰度变换处理结合了双固定阈值法，与其不同之处在于窗口内的灰度值保持不变。

灰度窗口变换的变换函数表达式如下

$$f(x) = \begin{cases} 0, & x < L \\ x, & L \leqslant x \leqslant U \\ 255, & x > U \end{cases} \quad (7-8)$$

式中，L 为窗口的下限，U 为窗口的上限。

灰度窗口变换应用非常广泛。例如：一幅图像的灰度直方图如图 7-10 所示，图像的背景是浅色，图像上的物体是深色，则直方图上的第一个峰值表示物体，第二个峰值表示背景。

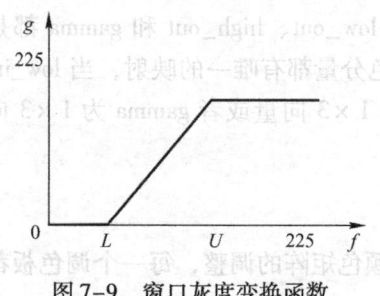

图 7-9 窗口灰度变换函数

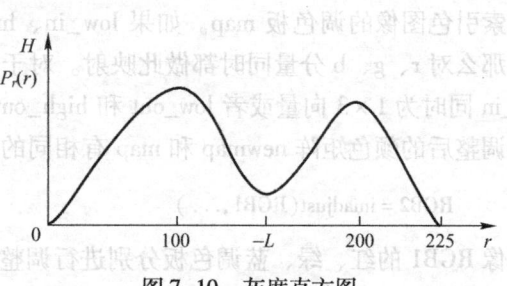

图 7-10 灰度直方图

设双峰之间的谷底在 T 处,当该图像进行窗口变换时,窗口上限取值为 T,下限为 0,变换后的结果将有效地消除图像的背景。

7.3.4 对数灰度变换

在某些情况下,例如显示图像的傅里叶谱时,其动态范围远远超过显示设备的显示能力,此时仅有图像上最亮部分可在显示设备上显示,而频谱中的低值将看不见。在这种情况下,所有显示的图像相对于原始图像存在着失真。要消除这种因动态范围太大而引起的失真,最常用的是借助对数形式对动态范围进行调整,其数学表达式如下

$$t = \text{Clog}(1 + |s|)$$

其中 C 为尺度比例常数。C 的取值可以结合原始图像的动态范围以及显示设备的显示能力来定。例如傅里叶谱的范围在 $[0,R] = [0, 1.6 \times 10^6]$,为了在一个 8 位显示设备上进行显示,并充分利用显示设备的动态范围,那么 C 为 $256/\log(1 + 1.6 \times 10^6)$。

7.3.5 MATLAB 实例——灰度级变换用于图像增强

在 MATLAB 图像处理工具箱中,用于上述灰度级变换的函数是 imadjust,其调用格式如下

$$J = \text{imadjust}(I)$$

将灰度图像 I 中的亮度值映射到 J 中的新值,这增加了输出图像 J 的对比度值。此用法相当于 imadjust(I,stretchlim(I))。

$$J = \text{imadjust}(I, [\text{low\_in; high\_in}], [\text{low\_out; high\_out}])$$

将图像 I 中的亮度值映射到 J 中的新值,即将 low_in 至 high_in 之间的值映射到 low_out 至 high_out 之间的值。low_in 以下与 high_in 以上的值被剪切掉了,也就是说,low_in 以下的值映射到 low_out,high_in 以上的值映射到 high_out。它们都可以使用空的矩阵 [ ],默认值是 [0 1]。

$$J = \text{imadjust}(I, [\text{low\_in; high\_in}], [\text{low\_out; high\_out}], \text{gamma})$$

将图像 I 中的亮度值映射到 J 中的新值,其中 gamma 指定描述值 I 和值 J 关系的曲线形状。如果 gamma 小于 1,此映射偏重更高数值(明亮)输出,如果 gamma 大于 1,此映射偏重更低数值(灰暗)输出,如果省略此参数,默认为线性映射。

$$\text{newmap} = \text{imadjust}(\text{map}, [\text{low\_in; high\_in}], [\text{low\_out; high\_out}], \text{gamma})$$

调整索引色图像的调色板 map。如果 low_in、high_in、low_out、high_out 和 gamma 都是标量,那么对 r、g、b 分量同时都做此映射。对于每个颜色分量都有唯一的映射,当 low_in 和 high_in 同时为 1×3 向量或者 low_out 和 high_out 同时为 1×3 向量或者 gamma 为 1×3 向量时。调整后的颜色矩阵 newmap 和 map 有相同的大小。

$$\text{RGB2} = \text{imadjust}(\text{RGB1}, \ldots)$$

对图像 RGB1 的红、绿、蓝调色板分别进行调整。随着颜色矩阵的调整,每一个调色板都有唯一的映射值。

例 7-4　图像求反。

　　I = imread('cameraman. tif');
　　subplot(121);
　　imshow(I);
　　title('原始图像');
　　I = double(I);
　　I = 256 - 1 - I;
　　I = uint8(I);
　　subplot(122);
　　imshow(I);
　　title('图像求反');

运行程序，输出结果如图 7-11 所示，这种方法是最简单的灰度变换，适用于增强嵌入图像暗色区域的白色或灰色细节。

图 7-11　图像求反

例 7-5　imadjust 函数用于灰度变换。

　　clear all;
　　I = imread('pout. tif');　　%读入原始图像
　　J = imadjust(I);　　%把 I 的范围拉伸到[0,1]
　　K = imadjust(I,[0.3 0.7],[]);　%局部拉伸,把[0.3,0.7]内的灰度拉伸为[0,1]
　　subplot(1,3,1);
　　imshow(I);
　　xlabel('原始图像');
　　subplot(1,3,2);
　　imshow(J);
　　xlabel('全局拉伸');

```
subplot(1,3,3);
imshow(K);
xlabel('分段拉伸');
```

运行程序,输出结果如图 7-12 所示。从结果图像中可以看出,原始图像模糊不清,视觉效果很差,经过变换后图像视觉效果明显好了很多,图像清晰了许多。利用局部拉伸对于图像中的高亮区和黑暗区具有保护细节的明显作用,可以避免图像失真。

图 7-12 imadjust 函数用于灰度变换

例 7-6 gamma 校正

```
[X,map] = imread('forest.tif');
I = ind2gray(X,map);%索引图像转化为灰度图像
J = imadjust(I,[0 1],[0 1],0.5);%gamma 校正
figure,
subplot(121);
imshow(I);
title('原始图像');
subplot(122);
imshow(J);
title('图像校正');
```

运行程序,输出结果如图 7-13 所示。其中左边为原始图像,右边为 gamma 校正后的图像。

例 7-7 使用对数变换将 lena 图像的灰度范围由 [0, 512] 压缩到 [0, 256]。

```
I = imread('lena.bmp');
subplot(121);
imshow(I);
```

```
title('原始图像');
I = double(I);
I2 = 42 * log(1 + I);
I2 = uint8(I2);
subplot(122);
imshow(I2);
title('灰度对数变换');
```

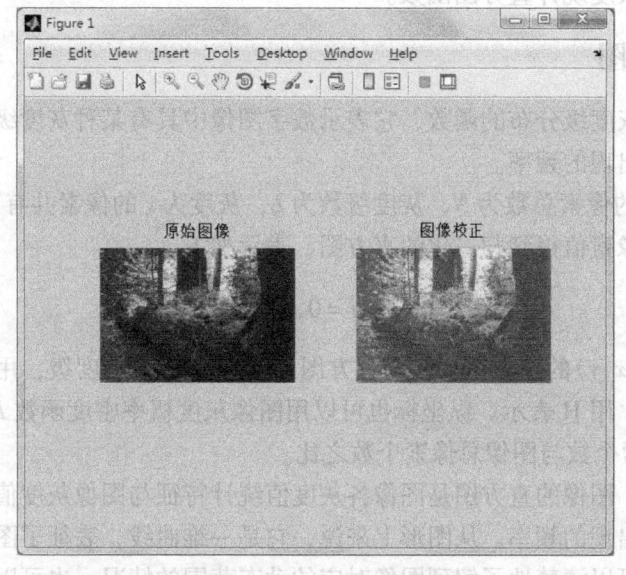

图7-13 gamma校正

运行程序，输出结果如图7-14所示。

图7-14 对数变换

7.4 直方图变换

图像的直方图包含了丰富的图像信息,描述了图像的灰度级内容,反映了图像的灰度分布情况。因此,它是图像处理中一种十分重要的图像分析工具,具有简单适用的特点。它主要用在图像分割、图像灰度变换等处理过程中。通过对图像的灰度值进行统计,可以得到一个一维离散的图像灰度统计直方图函数。

7.4.1 灰度直方图

灰度直方图是灰度级分布的函数,它表示数字图像中具有某种灰度级的像素的个数,反映图像中每种灰度出现的频率。

设图像$f(x,y)$的像素总数为N,灰度级数为L,灰度为r的像素共有N_r个,用图像像素总数除每一个灰度像素值得到归一化的直方图,表示如下

$$P_r(r) = \frac{N_r}{N}, r = 0, 1, 2, \cdots, L-1 \tag{7-9}$$

式中,$P_r(r)$称为$f(x,y)$的直方图。灰度直方图的横坐标表示灰度级,用 r 表示;纵坐标是灰度值像素的个数,用 H 表示。纵坐标也可以用图像灰度概率密度函数$P_r(r)$表示,它等于具有 r 灰度级的像素个数与图像总像素个数之比。

从数学上来说,图像的直方图是图像各灰度值统计特征与图像灰度值的函数,它反映了图像中每种灰度值出现的频率。从图形上来说,它是一维曲线,表征了图像的最基本的统计特征。通过直方图可以清楚地了解到图像对应的动态范围的情况,也可以了解到图像灰度的主要集中范围。

数字图像的直方图具有以下特性:

1)灰度直方图表征了图像的一维信息。直方图是一幅图像中各像素灰度出现的次数(或频率)的统计结果,它只反映该图像中不同灰度值出现的次数(或频率),而未反映某一灰度值像素所在的位置。也就是说,它只包含了该图像中某一灰度值的像素出现的概率,而丢失了其所在位置的信息。

2)灰度直方图与图像之间的关系是一对多的关系。任何一幅图像都可以唯一确定出一幅与其对应的直方图,但不同的图像可能有相同的直方图。因此,通常图像的灰度直方图用于对图像进行定性分析。

灰度直方图描述了一幅图像的概貌,是研究图像灰度分布的手段,是数字图像处理中一个非常有用的工具。直方图的作用主要表现为以下两个方面:

1)用来判断一幅图像是否合理地利用全部被允许的灰度级范围。例如灰度直方图中曲线连续平滑,则表示被摄景物灰度分布均匀,层次比较丰富。

2)通过对图像灰度密度修改,有选择地突出所需要的图像特征,以满足人们的要求。例如直方图可以作为图像分割阈值的选择依据。

7.4.2 直方图均衡化

直方图均衡化就是对图像中像素个数多的灰度级进行展宽,而对像素个数少的灰度级进行

缩减，从而达到清晰图像的目的。通过点运算使输入图像转换为在每一灰度级上都有相同像素点的数目，即输出图像的直方图是平的。这有利于在进行图像分割前将图像转化成统一格式。

直方图是用来表达一幅图像灰度级分布情况的统计图表。由式（7-9）可知，直方图的横坐标为灰度 r，纵坐标是灰度值为 r_i 的像素个数或出现这个灰度值的概率 $P_r(r)$，且满足

$$\sum_{i=0}^{k-1} P_r(r_i) = 1 \tag{7-10}$$

式中，k 为一幅图像对应的灰度级数。

图像灰度的直方图是反映一幅图像中的灰度级与出现这种灰度的概率之间统计关系的图形。设变量 r 代表图像中像素的灰度级，如果对它做归一化处理，$r=0$ 代表黑，$r=1$ 代表白，从 $r=0$ 到 $r=1$ 之间数值的变化，反映了像素由黑至白的灰度变化。对于一幅给定的图像，每一像素取得 $[0,1]$ 区间内的灰度级是随机的，即可以认为它是一个随机变量。

因此对于数字图像来说，灰度级看成是离散的，归一化后的 r 的取值范围为
$$0 \leq r \leq 1, \quad k=0,1,2\cdots,L-1$$

这里 L 为灰度级的数目。

如前所述，一幅给定图像的灰度级分布在 $[0,1]$ 区间内的任意一个 r 值，可以产生一个 s 值，即满足变换关系

$$s = T(r) \tag{7-11}$$

式中，$T(r)$ 为变换函数，s 表示对应的增强处理后图像中样点的灰度级。

这里要求变换函数满足下列条件：

1) 在 $0 \leq r \leq 1$ 区间内，$T(r)$ 单值单调增加。
2) 对应于 $0 \leq r \leq 1$，有关系式 $0 \leq T(r) \leq 1$。

其中，条件 1 保证灰度级从黑到白的次序，条件 2 确保映射后的像素灰度值在允许范围内。反变换关系为

$$r = T^{-1}(s) \tag{7-12}$$

显然，若 T 满足条件 1 和 2，则 $T^{-1}(s)$ 也满足条件 1 和 2。

由概率论理论可知，如果已知随机变量 r 的概率密度为 $P_r(r)$，而随机变量 s 是 r 的函数。对于直方图均衡化后的连续图像，变换函数 $T(r)$ 与原图像概率密度函数 $P_r(r)$ 之间的关系为

$$s = T(r) = \int_0^{r1} P_r(r) \mathrm{d}r \tag{7-13}$$

假定随机变量 s 的分布函数用 $P_s(s)$ 表示，$T^{-1}(s)$ 是单调增长函数，则 s 的概率密度 $P_s(s)$ 可以由 $P_r(r)$ 求出，即

$$P_s(s) = \left[P(r) \frac{\mathrm{d}r}{\mathrm{d}s} \right]_{r=T^{-1}(s)} \tag{7-14}$$

因为归一化假定 $P_s(s) = 1$，故有
$$\mathrm{d}s = P_r(r) \mathrm{d}r \text{ 或 } \mathrm{d}s = \mathrm{d}T_r(r) = P_r(r) \mathrm{d}r \tag{7-15}$$

取积分

$$s = T(r) = \int P_r(r) \mathrm{d}r \tag{7-16}$$

对于离散图像，第 i 个灰度级 r_i 出现的频数用 n_i 表示，该灰度级像素对应的概率值 $P_r(r)$ 为

$$P_r(r_i) = \frac{n_i}{N}$$

式中，N 是帧内像素总数，r_i 满足归一化条件。因此离散图像的变换函数表达式为

$$S_i = T(r_i) = \sum_{i=0}^{k-1} P_r(r) = \sum_{i=0}^{k-1} \frac{n_i}{N} \tag{7-17}$$

式中，k 为灰度级数。

7.4.3 MATLAB 实例——调节图像对比度

MATLAB 图像处理工具箱使用 imhist 函数显示一幅图像的直方图，常用的调用方法如下

  imhist(I,n)

其中，I 为输入图像矩阵，n 为指定灰度级，默认为 256。

例 7-8 图像直方图显示。

```
I = imread('pout.tif');
subplot(121);
imshow(I);
title('原始图像');
subplot(122);
imhist(I);
title('图像直方图');
```

运行程序，输出结果如图 7-15 所示。其中图 7-15 左图是原始图像，右图为其直方图。从图中看出像素主要集中在[70,160]之间，图像对比度不强，因此可以通过 7.3 节的灰度变换将灰度变换到[0,255]，提高图像对比度。

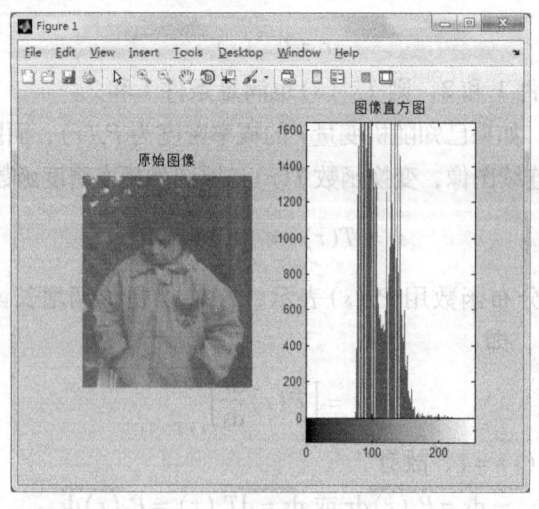

图 7-15 图像直方图

MATLAB 图像处理工具箱使用 histeq 函数进行直方图均衡化，常见的调用方法如下

  J = histeq(I,hgram)，将原始图像 I 的直方图变成用户指定向量 hgram。hgram 各元素的值域为[0,1]。

  J = histeq(I,n)，指定直方图均衡后的灰度级数 n，默认值为 64。

例 7-9 图像直方图均衡化。

```
I = imread('tire. tif');
J = histeq(I);
subplot(221);
imshow(I);
title('原始图像');
subplot(222);
imshow(J);
title('图像均衡化');
subplot(223);
imhist(I);
title('图像直方图');
subplot(224);
imhist(J);
title('图像直方图');
```

运行程序，输出结果如图 7-16 所示。图中右下图的直方图比左下图的更为平均，对比度提高。

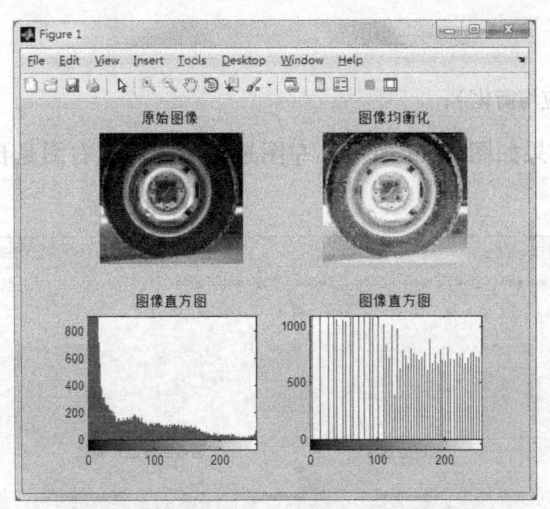

图 7-16 直方图均衡化

在某些应用中，只需要对图像的某个部分进行均衡化，为此，MATLAB 图像处理工具箱采用 adapthisteq( ) 函数代替 histeq( ) 函数，实现对图像进行对比度自适应直方图均衡化。其调用方法如下

```
J = adapthisteq(I)
J = adapthisteq(I,PARAM1,VAL1,PARAM2,VAL2...)
```

其中 PARAM1 和 PARAM2 为参数名，VAL1 和 VAL2 为参数值。参数说明如下：

'NumTiles'为两个整数元素的一维数组，形式为[M,N]，M、N 分别表示行和列分块个数，默认值为[8,8]。

'ClipLimit'为[0,1]上的实值标量，表示增强对比度的限定值，值越大，对比度也越大，

157

默认值为 0.01。

'NBins'为正整数，表示直方图的灰度阶，默认值为 256。

'Range'对原始图像的灰度进行限定，默认值为[0,255]。

'Distribution'为预匹配的直方图分布模型（有三种形式，'uniform'为默认值，表示均匀分布；'rayleigh'为梨形瑞利分布；'exponential'为指数分布）。

例 7-10 对图像进行自适应直方图均衡化。

```
[X MAP] = imread('shadow.tif');
RGB = ind2rgb(X,MAP);
cform2lab = makecform('srgb2lab');
LAB = applycform(RGB, cform2lab);
L = LAB(:,:,1)/100; %将数值限制到[0,1]
LAB(:,:,1) = adapthisteq(L,'NumTiles',[8 8],'ClipLimit',0.005)*100;
cform2srgb = makecform('lab2srgb');
J = applycform(LAB, cform2srgb);
subplot(121);
imshow(RGB);
title('原始图像');
subplot(122);
imshow(J);
title('图像自适应均衡化');
```

运行程序，输出结果如图 7-17 所示，左图是原始图像，右图是自适应直方图均衡化处理后的图像。

图 7-17 自适应直方图均衡化前后效果图

7.5 习题

1. 简述灰度变换的基本方法。
2. 简述图像的二值化处理方法。
3. 简述点运算与局部运算的差别。
4. 令原图像 f(x,y) 的灰度范围为 [50,80]，线性变换后图像 g(x,y) 的范围为 [20,180]，写出 g(x,y) 与 f(x,y) 之间存在的变换公式。
5. 简述灰度统计直方图在数字图像处理中的应用。
6. 编写程序实现灰度直方图的统计及显示。
7. 简述实现 8 位位图的反色变换方法，并编程实现。

第 8 章 图像的平滑和锐化

实际获取的图像在形成、传输、接收和处理的过程中，不可避免地存在着外部干扰和内部干扰，如光电转换过程中敏感元件灵敏度的不均匀性、数字化过程的量化噪声、传输过程中的误差及人为因素等，均会存在着一定程度的噪声干扰。噪声降低了图像质量，使图像模糊、特征淹没，给图像分析带来困难。因此，去除噪声、突出图像的某些信息以增强对图像的辨识能力是图像处理中的一项重要内容。图像的平滑和锐化是图像增强处理的主要方法，也是目前在图像增强和像质改善方面主要的手段之一。本章将分别介绍图像平滑和锐化方法。

图像平滑和锐化技术分为两大类：一类是空间域方法，即在图像平面中对图像的像素灰度值直接进行运算处理的方法；另一类是频率域方法，是指在图像的频率域中对图像进行某种处理，这种方法往往以傅里叶变换为基础，即先通过傅里叶变换把图像从空间域变换到频率域，然后用频率域方法对图像进行处理，处理完后再利用傅里叶反变换把图像变回空间域。

8.1 图像噪声

由于成像传感器噪声、相片颗粒噪声和图像在传输过程中的通道传输误差等，会使图像上出现一些随机的、离散的和孤立的像素点，即图像噪声。图像噪声在视觉上通常与它们相邻的像素明显不同，表现形式为黑区域上的白点或白区域上的黑点，影响了图像的视觉效果和有关处理工作，因此需要对图像中的噪声进行消除。

8.1.1 图像噪声分类和特点

对于数字图像处理而言，噪声是指图像中的非本源信息。因此，噪声会影响人的感官对所接收的信源信息的准确理解。在理论上，只能通过概率统计的方法来认识和研究噪声信号。从严格意义上分析，图像噪声可认为是多维随机信号，可以采用概率分布函数、概率密度函数，以及均值、方差、相关函数等描述噪声特征。

1. 图像噪声的产生

目前多数数字图像系统中，输入光图像都是通过扫描方式将多维图像变成一维电信号，再对其进行存储、处理和传输等，最后形成多维图像信号。在这一系列复杂过程中，图像数字化设备、电气系统和外界影响将使得图像噪声的产生不可避免。例如，处理高放大倍数遥感图片的 X 射线图像系统中的噪声等已成为不可或缺的技术。

2. 图像噪声分类

图像噪声是多种多样的，其性质也千差万别，所以了解噪声的分类很有必要。

（1）按产生原因分类

1) 外部噪声，即指系统外部的干扰以电磁波形式或经电源进入系统内部而引起的噪声。

如电气设备，天体放电现象等引起的噪声。

2）内部噪声，一般有四个源头：①由光和电的基本性质所引起的噪声。如电流的产生是由电子或空穴粒子的集合，定向运动所形成。因这些粒子运动的随机性而形成的散粒噪声；导体中自由电子的无规则热运动所形成的热噪声；根据光的粒子性，图像是由光量子所传输，而光量子密度随时间和空间变化所形成的光量子噪声等。②电器的机械运动产生的噪声。如各种接头因抖动引起电流变化所产生的噪声；磁头、磁带等抖动或一起抖动所产生的噪声等。③器材材料本身引起的噪声。如正片和负片的表面颗粒性和磁带磁盘表面缺陷所产生的噪声。随着材料科学的发展，这些噪声有望不断减少，但在目前来讲，还是不可避免的。④系统内部设备电路所引起的噪声。如电源引入的交流噪声；偏转系统和箝位电路所引起的噪声等。

这种分类方法有助于理解噪声产生的源头及对噪声位置定位，但对于降噪算法只能起到原理上的帮助。

（2）按噪声频谱分类

频谱均匀分布的噪声称为白噪声；频谱与频率成反比的称为$1/f$噪声；而与频率平方成正比的称为三角噪声等。

（3）按噪声与信号的关系分类

1）加性噪声：加性噪声和图像信号强度是不相关的，如运算放大器，又如图像在传输过程中引进的"信道噪声"和电视摄像机扫描图像的噪声，这类带有噪声的图像g可看成为理想无噪声图像f与噪声n之和。

2）乘性噪声：乘性噪声和图像信号是相关的，往往随图像信号的变化而变化，如飞点扫描图像中的噪声、电视扫描光栅、胶片颗粒产生的噪声等，由于载送每一个像素信息的载体的变化而产生的噪声受信号本身调制。在某些情况下，如信号变化很小，噪声变化也不大。

为了分析处理方便，常常将乘性噪声近似认为是加性噪声，而且总是假定信号和噪声是互相统计独立。

需要指出的是，噪声分类方法不是绝对的，按不同的性质有不同的分类方法。例如，从统计特性看，图像噪声可分为平稳噪声和非平稳噪声两种，其中统计特性不随时间变化的噪声称为平稳噪声，统计特性随时间变化的噪声称为非平稳噪声。根据噪声与信号之间的关系，可分为加性噪声和乘性噪声。理论上，加性随机噪声分析方法成熟，且处理比较方便；而乘性随机噪声处理方法目前还没有成熟的理论，并且处理起来非常复杂。一般条件下，现实生活中所遇到的绝大多数图像噪声均可以认为是加性噪声。

3. 图像噪声特点

如图8-1所示是两幅含有噪声的图像。一般情况下，图像中的噪声有以下三个特点。

（1）叠加性

在图像的串联传输系统中，各个串联部件引起的噪声一般具有叠加效应，使信噪比下降。

（2）分布和大小不规则

由于噪声在图像中是随机出现的，所以其分布和幅值也是随机的。

（3）噪声与图像之间具有相关性

通常情况下，摄像机的信号和噪声相关，明亮部分处理技术中存在的量化噪声与图像相

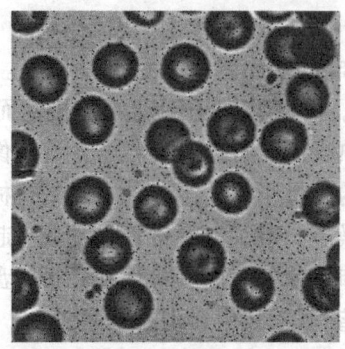 

图 8-1 含有噪声的图像

位相关。例如,图像内容接近平坦时,量化噪声呈现伪轮廓,但此时图像信号中的随机噪声会因为颤噪效应而使量化噪声变得不明显。

改善被噪声污染的图像质量有两种方法,一是不考虑图像噪声的原因,只对图像中某些部分加以处理或突出有用的图像特征信息,改善后的图像并不一定与原图像信息完全一致。这一类改善图像特征的方法就是图像增强技术,主要目的是要提高图像的可辨识性。另一类方法是针对图像产生噪声的具体原因,采取技术方法补偿噪声影响,使改善后的图像尽可能地接近原始图像。这类方法称为图像恢复或图像复原技术。

8.1.2 图像噪声模型

图像处理中经常使用的基本模型如下

$$y = Hx + z \tag{8-1}$$

其中 y 为含有噪声 z 的图像,H 已知或未知,或者只有部分统计信息。图像处理的基本任务是恢复正确的图像 x。在图像处理中,不可避免地都要克服噪声的影响。数字图像的噪声主要来自数字图像的获取和传输过程。图像的噪声有很多种,常见的噪声有高斯噪声、瑞利噪声、伽马噪声、指数分布噪声、均匀分布噪声和椒盐噪声。

(1) 高斯噪声

由于高斯噪声在数学上空间和频域中的易处理性,这种噪声(也称为正态噪声)模型经常被用于实践中。事实上,这种易处理性非常显著,使高斯模型经常用于临界情况下。

高斯噪声的概率密度函数由下式给出

$$p(z) = \frac{1}{\sqrt{2\pi}\sigma} \exp[-(z-u)^2/2\sigma^2] \tag{8-2}$$

其中,μ 为 z 的平均值,σ 为 z 的标准差,σ^2 称为 z 的方差。采用这个模型需要注意,虽然理论上噪声 z 取值范围无限制,但在工程上可以把噪声的范围理解为 $[\mu-3\sigma, \mu+3\sigma]$。在区间 $[\mu-\sigma, \mu+\sigma]$ 范围内,其值的分布面积大约是 70%;在区间 $[\mu-2\sigma, \mu+2\sigma]$ 范围内,其值的分布面积大约是 95%。此外,这些噪声应该是互相独立的,如图 8-2 所示。

(2) 瑞利噪声

瑞利噪声的概率密度函数由下式给出

$$p(z) = \begin{cases} \frac{2}{b}(z-a)\exp[-(z-a)^2/b] & z \geq a \\ 0 & z < a \end{cases} \tag{8-3}$$

图 8-2 含高斯噪声的图像

概率密度的均值和方差由下式给出

$$\begin{cases} \mu = a + \sqrt{\pi b/4} \\ \sigma^2 = b(4-\pi)/4 \end{cases} \quad (8-4)$$

(3) 伽马（爱尔兰）噪声

伽马噪声的概率密度函数由下式给出

$$p(z) = \begin{cases} \dfrac{a^b z^{b-1}}{(b-1)!} e^{-az} & z \geq 0 \\ 0 & z < 0 \end{cases} \quad (8-5)$$

其中，$a > 0$，b 为正整数。其概率密度的均值和方差由下式给出

$$\begin{cases} \mu = \dfrac{b}{a} \\ \sigma^2 = \dfrac{b}{a^2} \end{cases} \quad (8-6)$$

尽管式（8-6）经常被用来表示伽马密度，但严格地说，只有当分母为伽马函数 $\Gamma(b)$ 时才是正确的。当分母如表达式所示时，该密度近似称为爱尔兰密度。

(4) 指数分布噪声

指数噪声的概率密度函数由下式给出

$$p(z) = \begin{cases} az^{-az} & z \geq 0 \\ 0 & z < 0 \end{cases} \quad (8-7)$$

其中，$a > 0$。概率密度函数的均值和方差由下式给出

$$\begin{cases} \mu = \dfrac{1}{a} \\ \sigma^2 = \dfrac{1}{a^2} \end{cases} \quad (8-8)$$

(5) 均匀噪声分布

均匀噪声分布的概率密度函数由下式给出

$$p(z) = \begin{cases} \dfrac{1}{b-a} & a \leq z \leq b \\ 0 & \text{其他} \end{cases} \quad (8-9)$$

概率密度函数的均值和方差由下式给出

$$\begin{cases} \mu = \dfrac{a+b}{2} \\ \sigma^2 = \dfrac{(b-a)^2}{12} \end{cases} \quad (8-10)$$

(6) 椒盐噪声

椒盐噪声描述的是图像双极型噪声。只有个别像素上有噪声，但是这些噪声的效应不同于以往的简单加性噪声。椒盐噪声的概率密度函数由下式给出

$$p(z) = \begin{cases} P_a(z=a) \\ P_b(z=b) \\ 0 \text{ (其他)} \end{cases} \quad (8-11)$$

如果 $b > a$，灰度值 b 在图像中将显示为一个亮点，相反，a 的值将显示为一个暗点。若 P_a 或 P_b 为零，则脉冲噪声称为单极脉冲。如果 P_a 和 P_b 均不可能为零，尤其是它们近似相等时，脉冲噪声值将类似于随机分布在图像上的胡椒和盐粉微粒。由于这个原因，双极脉冲噪声也称为椒盐噪声。同时，它们有时也称为散粒和尖峰噪声。

噪声脉冲可以是正的，也可以是负的。标定通常是图像数字化过程的一部分，因为脉冲干扰通常与图像信号的强度相比较大。因此，在一幅图像中，脉冲噪声总是数字化为最大值（纯黑或纯白）。这样，通常假设 a、b 是饱和值，从某种意义上看，在数字化图像中，它们等于所允许的最大值和最小值。由于这一结果，负脉冲以一个黑点（胡椒点）出现在图像中。由于相同的原因，正脉冲以白点（盐点）出现在图像中。对于一个 8 位图像，这意味着 $a = 0$（黑），$b = 255$（白）。图 8-3 是一幅带有椒盐噪声的图像。

图 8-3 含椒盐噪声的图像

MATLAB 图像处理工具箱使用 imnoise 函数在图像中加入噪声，这个函数在第 6 章第 1 节中介绍过，读者可以参考前面介绍的具体用法。

8.2 邻域平均法

在空间域法中，使图像平滑常用的方法是采用均值滤波或中值滤波。对于均值滤波采用一个有奇数点的滑动窗口在图像上滑动，窗口中心点所对应像素的灰度值用窗口内所有像素的平均值代替，在取均值过程中，如果窗口规定了各个像素点所占的权重，也就是各个像素点的系数，则称为加权均值滤波。对于中值滤波，窗口中心点所对应像素的灰度值用窗口内所有像素的中间值代替。实现均值或中值滤波时，为了简化编程工作，可以定义一个 N×N 的模板数组。另外，在用窗口扫描图像过程中，对于图像四个边缘的像素点，可以不处理，也可以用灰度值为"0"的像素点扩展图像的边缘。

由于噪声源众多（如光栅扫描、底片颗粒、机械元件、信道传输等），噪声种类复杂（如加性噪声、乘性噪声、量化噪声等），所以相应的平滑方法也多种多样。在空间域平滑滤波有很多种算法，其中最常见的有：线性平滑、非线性平滑、自适应平滑。平滑滤波器的作用是对图像的高频分量进行削弱或消除，增强图像的低频分量。

平滑滤波器的设计比较简单，使模板各系数取不同的值，就可得到不同的平滑滤波器。邻域平均滤波法和中值滤波法是常用的平滑滤波方法，其中邻域平均滤波法是线性运算，而中值滤波法是非线性运算。

邻域平均法也称为局部平滑法，是一种直接在空间域上进行平滑处理的技术。它具有易于实现，显示效果好的优点。

邻域平均法的基本思想是：由于图像噪声的灰度值与它们相邻像素的灰度值明显不同，那么就可以以这样的样点为中心取一个邻域，用邻域内其他样点的灰度平均值来代替要处理的样点的灰度，其结果对亮度突变的点产生了"平滑"的效果。

假设图 8-4 是在某一图像中取的一个邻域，其中 $f(x,y)$ 点认为是噪声点，那么就以 $f(x,y)$ 点为中心取了这样一个邻域，在处理后图像中 $f(x,y)$ 点的灰度值为

$$f(x,y) = \frac{1}{8}[f(x-1,y-1) + f(x-1,y) + f(x-1,y+1) + f(x,y-1)$$
$$+ f(x,y+1) + f(x+1,y-1) + f(x+1,y) + f(x+1,y+1)] \quad (8-12)$$

$f(x-1,y-1)$	$f(x-1,y)$	$f(x-1,y+1)$
$f(x,y-1)$	$f(x,y)$	$f(x,y+1)$
$f(x+1,y-1)$	$f(x+1,y)$	$f(x+1,y+1)$

图 8-4 以 $f(x,y)$ 为中心的一个邻域图

邻域中所取的邻近像素点越多，平滑的效果越好，但会使轮廓线变得模糊。由于轮廓线往往是图像中含有重要的信息部分，所以在平滑中要解决的主要矛盾是如何既能消除噪声，

又能保持轮廓线尽可能不模糊。

本节介绍的基于邻域的平滑方法有：3×3 均值滤波；$N \times N$ 均值滤波器；超限邻域平均法；选择式掩模平滑。下面将一一介绍。

8.2.1 3×3 均值滤波

均值滤波采用一个有奇数点的滑动窗口在图像上滑动，窗口中心点所对应像素的灰度值用窗口内所有像素的平均值代替，在取均值过程中，如果窗口规定了各个像素点所占的权重，也就是各个像素点的系数，则称为加权均值滤波。在图像空间，假定有一幅 $N \times N$ 个像素含有噪声的原始图像 $f(x,y)$，用邻域内各个像素的平均值去代替图像中的每一个像素点值的操作。经过平滑处理后得到一幅图像 $g(x,y)$。

$g(x,y)$ 由下式决定

$$g(x,y) = \frac{1}{M} \sum_{i,j \in S} f(i,j), \quad x,y = 0,1,2\cdots,N-1 \tag{8-13}$$

式中，S 表示以 (i,j) 点为中心的邻域点的集合，M 为 S 中像素点的总数。对于邻域可以有不同的选取方式，邻域一般为 4 邻域或 8 邻域，如图 8-5 所示。为了保持平滑处理后的图像的平均值不变，模板内各元素之和为 1。有时，为了突出原点 (i,j) 本身的重要性，以便尽量抑制图像中的模糊效应，在模板中心和较近的元素，可以赋予大的加权值（如模板 3）。

$$\frac{1}{5}\begin{pmatrix} 0 & 1 & 0 \\ 0 & 1 & 1 \\ 0 & 1 & 0 \end{pmatrix} \quad \frac{1}{8}\begin{pmatrix} 1 & 1 & 1 \\ 1 & 0 & 1 \\ 1 & 1 & 1 \end{pmatrix} \quad \frac{1}{16}\begin{pmatrix} 1 & 2 & 1 \\ 1 & 4 & 2 \\ 1 & 2 & 1 \end{pmatrix}$$

模板1　　　　　模板2　　　　　模板3

图 8-5　邻域模板

可见，3×3 均值滤波处理是以图像模糊为代价来换取去噪能力的增强，且面积（即模板大小）越大，噪声减少越显著。如果 $f(x,y)$ 是噪声点，其邻近像素灰度与之相差很大，一旦用简单邻域平均法，即邻近像素的平均值来置换它，就能明显地抑制噪声点，使邻域灰度接近均匀，起到平滑灰度的作用。因此，邻域平均法具有显著地清除噪声的效果，邻域平均法是一种很有效的平滑技术。

8.2.2 $N \times N$ 均值滤波

当灰度图像 f 中以像素 $f(x,y)$ 为中心的 $N \times N$ 邻域窗口（$N=3$，5，7…）内平均灰度值为 a 时，像素 $f(x,y) = a$，N 由用户给定。N 值越大，去噪能力越好，但是以图像的模糊为代价。前面的 3×3 均值滤波是一种特殊的 $N \times N$ 均值滤波。

8.2.3 超限邻域平均法

邻域平均法虽然简单，但它使边缘处的灰度趋向均匀，造成了边缘模糊。为了减少模糊效应，需要寻找改进的途径，力求找到解决清除噪声和边缘模糊这对矛盾的最佳统一。超限邻域平均法根据图像总体特性或者局部特性规定了一个非负阈值 T，如果某个像素的灰度与其邻近像素平均值的差大于阈值，才进行噪声处理，否则保留这些点的像素灰度值。其数学表达式如下：

$$g(x,y) = \begin{cases} \bar{f}(x,y), & |f(x,y) - \bar{f}(x,y)| > T \\ f(x,y), & 其他 \end{cases} \quad (8-14)$$

式中，$\bar{f}(x,y)$ 表示邻域像素平均值。这种算法对抑制椒盐噪声比较有效，同时也能较好地保护仅有微小灰度差的图像细节。

8.2.4 选择式掩模平滑

噪声消除法和邻域平均法在消除噪声的同时，都不可避免地带来平均化的缺陷，导致尖锐变化的边缘变得模糊。考虑到图像中目标物体和背景一般都具有不同的统计特性，即不同的均值和方差，为保留一定的边缘信息，可采用自适应的局部平滑滤波。这样可以得到较好的图像细节。自适应平滑法是以尽量不模糊边缘轮廓为目的，采用9种形状的屏蔽窗口，分别计算各窗口内的灰度值方差，并采用方差最小的屏蔽窗口进行平均化的方法，较常用的算法是选择式掩模平滑法。

选择式掩模平滑法取 5×5 窗口，如图 8-6 所示。在窗口内以中心像素 $f(i,j)$ 为基准点，制作 4 个五边形、4 个六边形、1 个边长为 3 的正方形共 9 种形状的屏蔽窗口，分别计算每个窗口内的平均值及方差，由于含有尖锐边沿的区域，方差必定较平缓区域为大，因此采用方差最小的屏蔽窗口进行平均化，这种方法在完成滤波操作的同时，又不破坏区域边界的细节。这种采用 9 种形状的屏蔽窗口，分别计算各窗口内的灰度值方差，并采用方差最小的屏蔽窗口进行平均化方法，也称为自适应平滑方法。

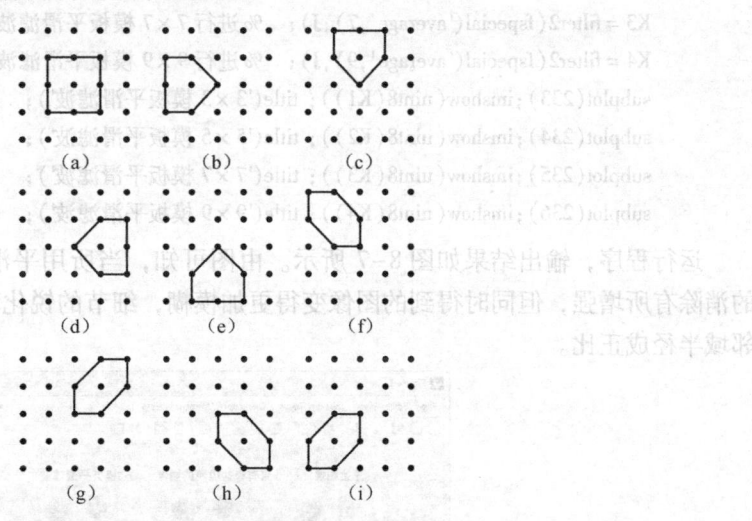

图 8-6　5×5 窗口选择式掩模平滑法

计算各掩模的均值 (a_i) 及方差 (k_i)。

$$a_i = \frac{\sum_{m=1}^{m=Q} f(i,j)}{Q}, \quad k_i = \sum_{m=1}^{m=Q} (f^2(i,j) - a_i^2) \quad (8-15)$$

式中，$m = 1, 2, 3, \cdots, Q$，Q 为各掩模对应的像素个数。

在此基础上，对 k_i 排序，最小方差 k_{imin} 所对应掩模的灰度级均值 a_i 作为 $f(i,j)$ 的平滑输出 $G(i,j)$（凡含有尖锐边沿的区域，方差必定较平缓区域为大）。

用同样的方法作用于每一个像素（即窗口是 5×5，边缘两行两列如不作延伸，将处理不到），就可以完成全帧图像的平滑。

8.2.5 MATLAB 实例——邻域平均用于图像去噪

MATLAB 图像处理工具箱采用 filter2 函数实现图像的邻域处理，其调用方法如下

Y = filter2(B,X)

Y = filter2(B,X,'shape')

Y 的大小由参数 shape 确定，shape 取值如下。

full：返回二维互相关的全部结果，size(Y) > size(X)。

same：返回二维互相关结果的中间部分，size(Y) = size(X)。

valid：返回二维互相关未使用边缘补 0 的部分，size(Y) < size(X)。

例 8-1 用邻域平均法平滑图像。

```
clear all;
I = imread('eight.tif');
J = imnoise(I,'salt & pepper',0.02);%添加椒盐噪声
subplot(231);imshow(I); title('原始图像');
subplot(232);imshow(J); title('带有椒盐噪声的图像');
K1 = filter2(fspecial('average',3),J);   %进行 3×3 模板平滑滤波
K2 = filter2(fspecial('average',5),J);   %进行 5×5 模板平滑滤波
K3 = filter2(fspecial('average',7),J);   %进行 7×7 模板平滑滤波
K4 = filter2(fspecial('average',9),J);   %进行 9×9 模板平滑滤波
subplot(233);imshow(uint8(K1)); title('3×3 模板平滑滤波');
subplot(234);imshow(uint8(K2)); title('5×5 模板平滑滤波');
subplot(235);imshow(uint8(K3)); title('7×7 模板平滑滤波');
subplot(236);imshow(uint8(K4)); title('9×9 模板平滑滤波');
```

运行程序，输出结果如图 8-7 所示。由图可知，当所用平滑模板尺寸增大时，对噪声的消除有所增强，但同时得到的图像变得更加模糊，细节的锐化程度逐步减弱，模糊程度与邻域半径成正比。

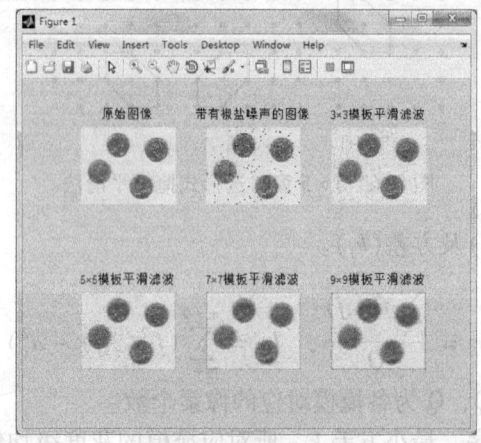

图 8-7 平滑滤波结果

在上面的 MATLAB 程序中，滤波操作使用了 fspecial 函数创建指定的滤波器模板，其常用调用方法为

  h = fspecial(type)
  h = fspecial(type,para)

其中 type 指定算子的类型，para 指定相应的参数，具体见表 8-1 所示。

表 8-1　fspecial 函数滤波器类型

类　型	参　数	说　明
average	hsize	均值滤波器，如果邻域为方阵，则 hsize 为标量，否则由两个元素向量 hsize 指定邻域的行列数
disk	radius	有（radius*2=1）个边的圆形均值滤波器
gaussian	hsize, sigma	标准偏差为 sigma，大小为 hsize 的高斯低通滤波器
laplacian	alpha	系数由 alpha（0.1~1.0）决定的二维拉普拉斯滤波
log	hsize, sigma	标准偏差为 sigma，大小为 hsize 的高斯滤波旋转对称拉普拉斯算子
motion	len, theta	按角度 theta，移动 len 像素的运动滤波器
prewitt	无	近似计算垂直梯度的水平边缘强调算子
unsharp	alpha	根据 alpha 决定的拉氏算子创建的模板
sobel	无	近似计算垂直梯度光滑效应的水平边缘强调算子

例 8-2　创建滤波模板。

```
I = imread('cameraman.tif');
subplot(2,2,1);imshow(I);
title('原始图像');
H = fspecial('motion',20,45);
MotionBlur = imfilter(I,H,'replicate');
subplot(2,2,2);imshow(MotionBlur);
title('运动模糊图像');
H = fspecial('disk',10);
blurred = imfilter(I,H,'replicate');
subplot(2,2,3);imshow(blurred);
title('模糊图像');
H = fspecial('unsharp');
sharpened = imfilter(I,H,'replicate');
subplot(2,2,4);imshow(sharpened);
title('锐化图像');
```

运行程序，输出结果如图 8-8 所示。
MATLAB 图像处理工具箱使用 wiener2 函数进行掩模平滑，其调用方法如下

  J = wiener2(I,[m n])

其中 I 表示待滤波图像矩阵，[m n]表示滤波器窗口大小，J 表示滤波后图像矩阵。

例 8-3　掩模平滑法对图像进行锐化。

```
RGB = imread('saturn.png');
```

```
I = rgb2gray(RGB);
J = imnoise(I,'gaussian',0,0.005);
K = wiener2(J,[5 5]);
subplot(1,2,1);
imshow(J)
title('原始图像');
subplot(1,2,2);
imshow(K)
title('掩模平滑图像);
```

图 8-8　滤波模板

运行程序，输出结果如图 8-9 所示。程序首先读取一幅图像，然后转换成灰度图像，在图像中加入高斯白噪声，最后进行滤波处理。经过滤波，降低了噪声强度，但不能去除噪声。

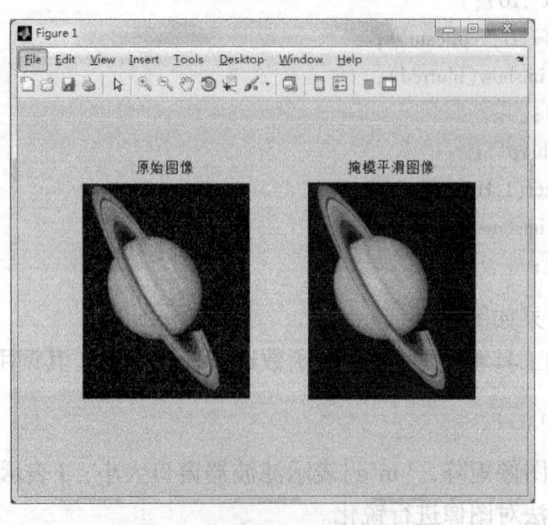

图 8-9　掩模平滑前后的图像

8.3 中值滤波

尽管邻域平均滤波法可以起到平滑图像的作用,但在消除噪声的同时,会使图像中的一些细节变得模糊。而中值滤波法在消除噪声的同时还能保持图像中的细节部分,防止图像的边缘部分模糊。与邻域平均法不同,中值滤波是一种非线性滤波,它将邻域内所有像素点值按从小到大的顺序排序,取中间值作为中心像素点的输出值。如果目的只要把干扰去除,而不是刻意让图像模糊,则采用中值滤波,在一定的条件下,可以克服数字图像细节模糊的问题。在实际运算过程中并不需要图像的统计特性,这也带来不少方便。但是对一些细节多,特别是点、线、尖顶细节多的图像不宜采用中值滤波方法。

中值滤波的原理是取一个有奇数个点的滑动窗口,对窗口内像素的灰度值进行排序,取中间值作为原窗口中心点处像素的灰度值。具体操作步骤如下:
1) 将窗口在图中漫游,并将窗口中心与图像中心某个像素的位置重合。
2) 读取窗口下各对应像素的灰度值。
3) 将这些灰度值从小到大排成一列。
4) 找出排在中间的一个值。
5) 将这个中间值赋给对应窗口中心位置的像素。

8.3.1 一维中值滤波

设有一个一维序列 $f_1, f_2, f_3, \cdots, f_n$,取窗口长度为 m (m 为奇数),从输入序列中相继抽出 m 个数 $f_{i-v}, \cdots, f_{i-1}, f_i, f_{i+1}, \cdots, f_{i+v}$,其中 f_i 为窗口的中心值,$v = (m-1)/2$,再将这 m 个点的值按其数值大小排列,取其序号为中心点的那个值作为中值滤波器的输出 g_i,用数学公式表示为

$$g_i = med\{f_{i-v}, \cdots, f_{i-1}, f_i, f_{i+1}, \cdots, f_{i+v}\}, 其中, i \in N, v = (m-1)/2 \tag{8-16}$$

假设窗口内有 5 点,其值依次为 [1,4,6,0,7],重新排序后(从小到大)为 [0,1,4,6,7],则 $med[1,4,6,0,7] = 4$。此例若用平滑滤波,窗口也是取 4,则平滑滤波输出为

$$(1+4+6+0+7)/5 = 3.6$$

如果灰度值为 200 的像素是椒盐噪声(表现为黑图像上的白点,白图像上的黑点),则经过中值滤波器后将被滤除;若是有用信号,那么中值滤波处理将会造成信号的损失。

图像边缘的灰度常常是阶跃变化或斜坡变化的,中值滤波能够很好地保持而没有模糊作用;对于呈现三角变化的边缘,中值滤波有较轻微的模糊作用;对于一般的孤立噪声,中值滤波有很好的抑制作用。

8.3.2 二维中值滤波

设输入图像为 f_{ij},输出图像为 g_{ij},则二维中值滤波器的运算式为

$$g_{ij} = medA\{f_{ij}\} \tag{8-17}$$

式中,A 为窗口;$f\{i,j\}$ 为图像的二维数据序列。

例 8-4 图 8-10 左图为原始图像数据,试采用 3×3 模板对该图像进行中值滤波。根据中值滤波的原理,采用 3×3 模板对图 8-10 左图进行滤波(边缘像素点除外),可以对图像

进行平滑处理。以第 3 行第 3 列的像素为例，滤波以后该像素点的灰度值为

$$g_i = med \begin{pmatrix} 2 & 2 & 3 \\ 7 & 6 & 8 \\ 7 & 6 & 8 \end{pmatrix} = 6$$

以同样的方法，可以得出除边缘点外的其他像素点的滤波值，中值滤波结果如图 8-10 右图所示。

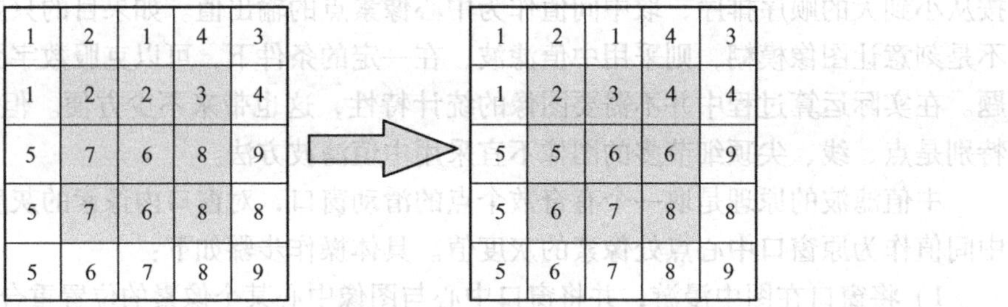

图 8-10 中值滤波过程

中值滤波器的主要优点是运算简单、速度快、易于实现，它既能保护图像的细节信息（如边缘和锐角），又能滤除图像中的噪声，尤其是对随机噪声和脉冲噪声（椒盐噪声）更为有效。但是对一些细节多，特别是点、线、尖顶细节多的图像不宜采用中值滤波器进行平滑处理。二维中值滤波的窗口形状和尺寸对滤波效果影响较大，不同的图像内容和不同的应用要求，往往采用不同的窗口形状和尺寸。

8.3.3 中值滤波器类型

常见的二维中值滤波窗口形状有线状、方形、圆形、十字形及圆环形等，其中心点一般位于被处理点上，窗口尺寸一般先用 3×3，然后再取 5×5 逐步增大，直到其滤波效果满意为止。一般来说，对于有缓变的较长轮廓线物体的图像，采用方形或者圆形窗口为宜，对于含有尖顶角物体的图像，适用十字形窗口，而窗口的大小则以不超过图像中最小有效物体的尺寸为宜。使用二维中值滤波最值得注意的问题就是，要保持图像中有效的细线状物体，如果含有点、线、尖角细节较多的图像，不宜采用中值滤波。下面介绍常用的中值滤波器。

1. $N \times N$ 中值滤波器

取灰度图像 f 中以像素 $f(i,j)$ 为中心的 $N \times N$ 滑动窗口（$N=3, 5, 7\cdots$），对窗口内像素的灰度值进行排序，取结果的中间值 a 作为原窗口中心点处像素的灰度值。即

$$f(i,j) = a \tag{8-18}$$

2. 十字形中值滤波器

如图 8-11 所示，取灰度图像 f 中以像素 $f(i,j)$ 为中心的十字形滑动窗口（十字形的纵向和横向的长度为 N，$N=3, 5, 7\cdots$），对该十字形窗口内像素的灰度值进行排序，取中间值 a 作为原窗口中心点处像素的灰度值。即

$$f(i,j) = a \tag{8-19}$$

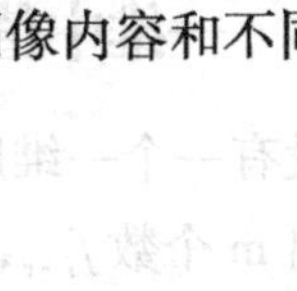

图 8-11 5×5 十字形中值滤波器

3. $N \times N$ 最大值滤波器

取灰度图像 f 中以像素 $f(i,j)$ 为中心的 $N \times N$ 滑动窗口（$N = 3,5,7\cdots$）内的最大值 a，作为原窗口中心点处像素的灰度值。即

$$f(i,j) = a \tag{8-20}$$

8.3.4 MATLAB 实例——中值滤波用于图像去噪

在 MATLAB 图像处理工具箱中，实现中值滤波的函数是 medfilt2，其常用的调用方法如下

  B = medfilt2(A,[m,n])

其中，A 是输入图像，[m,n] 是邻域窗口的大小，默认值为 [3,3]，B 为滤波后图像。

例 8-5 用 3×3 模板的滤波窗口进行中值滤波

```
clear all;
I = imread('rice.png');                      % 读入图像
subplot(2,3,1);
imshow(I);                                   % 显示原始图像
title('原始图像');                            % 设置图像标题
J = imnoise(I,'salt & pepper',0.01);         % 加均值为0,方差为0.01 的椒盐噪声
subplot(2,3,2);
imshow(J);                                   % 显示处理后的图像
title('椒盐噪声图像');                        % 设置图像标题
text(-60,740,'3×3 滤波窗口的中值滤波');       % 添加说明文字
K = medfilt2(J);
subplot(2,3,3);
imshow(K,[]);                                % 显示处理后的图像
title('中值滤波图像');                        % 设置图像标题
I2 = imread('rice.png');                     % 读入图像
subplot(2,3,4);
imshow(I2);                                  % 显示原始图像
title('原始图像');                            % 设置图像标题
J2 = imnoise(I2,'gaussian',0.01);            % 加均值为0,方差为0.01 的高斯噪声
subplot(2,3,5);
imshow(J2);                                  % 显示处理后的图像
title('高斯噪声图像');                        % 设置图像标题
K2 = medfilt2(J2);                           % 图像滤波处理
subplot(2,3,6);
imshow(K2,[]);                               % 显示处理后的图像
title('中值滤波图像');                        % 设置图像标题
```

运行程序，输出结果如图 8-12 所示。从图中可以看出中值滤波器对椒盐噪声的去噪效果比较好，但是对高斯噪声的去噪效果不好。

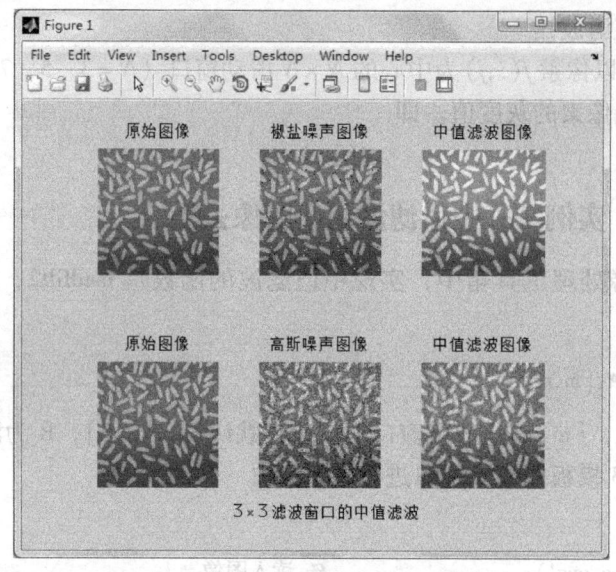

图 8-12　3×3 模板滤波窗口中值滤波

例 8-6　滤波窗口的尺寸对去噪滤波效果有直接影响，用 7×7 的滤波窗口进行中值滤波。

```
I = imread('rice.png');                      % 读入图像
subplot(2,3,1);
imshow(I);                                   % 显示原始图像
title('原始图像');                            % 设置图像标题
J = imnoise(I,'salt & pepper',0.01);         % 加均值为0,方差为0.01的椒盐噪声
subplot(2,3,2);
imshow(J);                                   % 显示处理后的图像
title('椒盐噪声图像');                        % 设置图像标题
text(-60,740,'7×7滤波窗口的中值滤波');       % 添加说明文字
K = medfilt2(J,[7,7]);                       % 7×7 的滤波窗口
subplot(2,3,3);
imshow(K,[]);                                % 显示处理后的图像
title('中值滤波图像');                        % 设置图像标题
I2 = imread('rice.png');                     % 读入图像
subplot(2,3,4);
imshow(I2);                                  % 显示原始图像
title('原始图像');                            % 设置图像标题
J2 = imnoise(I2,'gaussian',0.01);            % 加均值为0,方差为0.01的高斯噪声
subplot(2,3,5);
imshow(J2);                                  % 显示处理后的图像
title('高斯噪声图像');                        % 设置图像标题
K2 = medfilt2(J2,[7,7]);                     % 7×7 的滤波窗口
subplot(2,3,6);
```

```
imshow(K2,[]);          % 显示处理后的图像
title('中值滤波图像);    % 设置图像标题
```

运行程序,输出结果如图 8-13 所示。

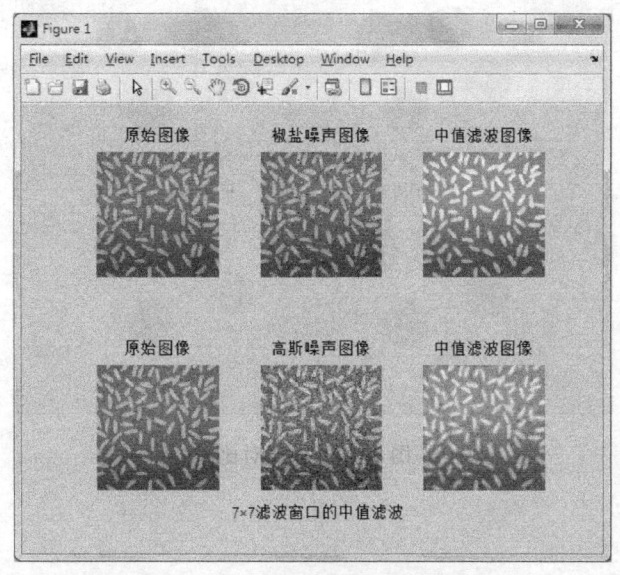

图 8-13　7×7 模板滤波窗口中值滤波

比较图 8-12 和图 8-13,可以发现,对于椒盐噪声,中值滤波效果很好。对于高斯噪声,选用 7×7 窗口比 3×3 窗口的效果好,但图像更加模糊。

例 8-7　中值滤波和均值滤波的对比。

```
I = imread('eight.tif');%读取图像
J = imnoise(I,'salt & pepper',0.02);%加入椒盐噪声
K = filter2(fspecial('average',3),J)/255;%使用均值滤波器进行滤波
L = medfilt2(J,[3 3]);%中值滤波
subplot(221);
imshow(I);
title('原始图像)%显示原图像
subplot(222);
imshow(J);
title('椒盐噪声图像)%显示有椒盐噪声的图像
subplot(223);
imshow(K);
title('均值滤波的图像)%显示均值滤波的图像
subplot(224);
imshow(L);
title('中值滤波的图像)%显示中值滤波的图像
```

运行程序,输出结果如图 8-14 所示。从图中看出,中值滤波的效果比均值滤波的效果好。

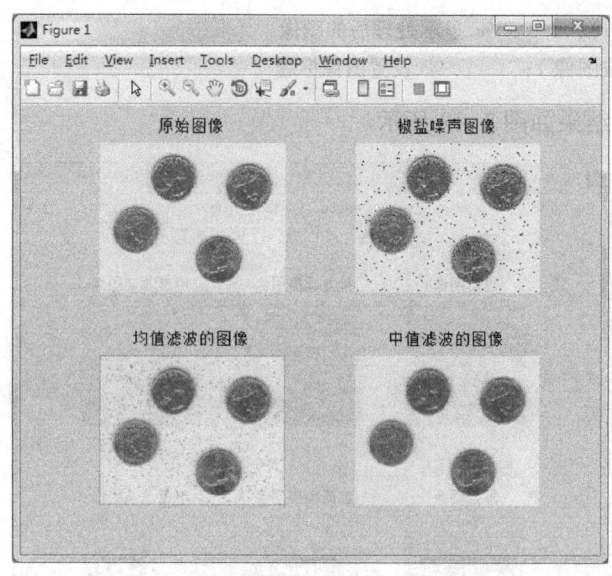

图 8-14　滤波对比

8.4　图像锐化

　　图像的平滑处理会使图像的边缘纹理信息受到损失，图像变得比较模糊。如果需要突出图像的边缘纹理信息，则可以通过锐化滤波器实现。利用计算机进行图像锐化处理有两个目的：一是与柔化处理相反，锐化处理增强图像边缘，使模糊的图像变得更加清晰，颜色变得鲜明突出，图像的质量有所改善，产生更适合人观察和识别的图像。二是消除或减弱图像的低频分量从而增强图像中物体的边缘轮廓信息，使得除边缘以外的像素点的灰度值趋向于零，以便提取目标物体的边界、对图像进行分割、目标区域识别、区域形状提取等，为图像理解和分析奠定基础。

　　常用的图像锐化方法有梯度法、拉普拉斯算子法和定向滤波等。

　　图像锐化是以对图像的微分运算或差分运算为基础的。微分运算是求像素点灰度值的变化率，而图像内不同物体边缘处的像素点的灰度值往往变化比较明显，因此微分运算或差分运算可以起到增强边缘信息的作用。

8.4.1　梯度法

　　梯度对应的是一阶导数，梯度算子是图像处理中最常用的一阶微分算法，而它实际上是一种非线性锐化滤波器。函数在某点的梯度是一个向量，它的方向与取得最大方向导数的方向一致，而它的模为方向导数的最大值。从这个定义出发，在二维图像中，设 $f(x,y)$ 为连续图像函数，其在点 (x,y) 处的梯度是一个矢量，并定义为

$$G[f(x,y)] = \begin{pmatrix} \dfrac{\partial f}{\partial x} \\ \dfrac{\partial f}{\partial y} \end{pmatrix} \tag{8-21}$$

式中，$\frac{\partial f}{\partial x}$，$\frac{\partial f}{\partial y}$ 分别表示 $f(x,y)$ 沿 x 方向和 y 方向的灰度变化率。该梯度矢量在点 (x,y) 处的梯度幅度和方向角（即梯度矢量的幅角）分别为

$$G(x,y) = \sqrt{\left(\frac{\partial f}{\partial x}\right)^2 + \left(\frac{\partial f}{\partial y}\right)^2} \tag{8-22}$$

$$\theta(x,y) = \arctan\left(\frac{\partial f}{\partial y} \Big/ \frac{\partial f}{\partial x}\right) \tag{8-23}$$

可见，在点 (x,y) 处沿方向角 $\theta(x,y)$ 的梯度方向上，$G[f(x,y)]$ 具有最大变化率，且其值等于 $G(x,y)$。梯度是一个矢量，而梯度幅度是一个正的标量。在下面用差分表示的梯度运算中，把梯度幅度简称为梯度。

对于数字图像 $f(i,j)$，用差分来近似代替导数，则在点 (i,j) 处沿 x 方向和 y 方向的一阶差分可表示为

$$\Delta_x f(i,j) = f(i+1,j) - f(i,j)$$
$$\Delta_y f(i,j) = f(i,j+1) - f(i,j) \tag{8-24}$$

表示为此时就可以将式（8-22）表示为

$$G(i,j) = \sqrt{[f(i+1,j) - f(i,j)]^2 + [f(i,j+1) - f(i,j)]^2} \tag{8-25}$$

为了减少运算量和便于在计算机上实现，通常进一步将式（8-25）简化为绝对差形式，即将梯度定义为

$$G(i,j) = |f(i+1,j) - f(i,j)| + |f(i,j+1) - f(i,j)| \tag{8-26}$$

式（8-26）的求梯度方法也称为水平垂直差分法。

另一种求梯度的方法是交叉差分法，其简化的绝对差形式可表示为

$$G(i,j) = |f(i+1,j+1) - f(i,j)| + |f(i+1,j) - f(i,j+1)| \tag{8-27}$$

式（8-27）称为罗伯特梯度（Roberts Gradient），也称为罗伯特差分法。

求梯度的水平垂直差分方法和罗伯特差分方法可用图 8-15 来说明。

由图 8-15、式（8-26）和式（8-27）可知，对于 $N \times N$ 的图像来说，图像的最右一列（第 N 列）和最下一行（第 N 行）的各像素的梯度值无法求得，一般用前一列和前一行的梯度近似表示。

分析式（8-26）和式（8-27）可知，两种梯度值都反映了图像中相邻像素灰度值的变化情况。在那些灰度值变化大的区域，其相邻像素的灰度值之差也大，因而其梯度值也大；而灰度值变化较平缓的区域，其相邻像素的灰度值之差也

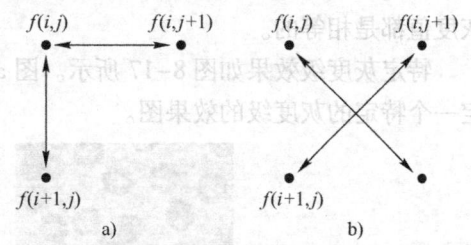

图 8-15 两种梯度差分
a) 水平差分 b) 罗伯特差分

小，因而其梯度值也小；那些灰度值相同的区域，其相邻像素的灰度值之差为零，因而其梯度值为零。所以，经过梯度运算后，灰度急剧变化的边缘就进一步凸现出来了。

利用梯度（即水平垂直梯度）和罗伯特梯度进行图像锐化时，除了可依据式（8-26）和式（8-27）进行梯度计算外，另一个问题就是如何形成（描述）梯度运算的结果图像，可以有以下的几种方法。

1）直接取计算的梯度值为图像锐化的结果输出，即

$$g(i,j) = G(i,j) \tag{8-28}$$

这种方法的优点是与定义一致，容易理解；其缺点是由于在灰度变化比较平缓的区域梯度值比较小，在灰度值相同的区域梯度值为零。因此，锐化结果图像除了有剧烈变化的边缘轮廓部分外，其余部分都比较暗或是一片黑，这在有些应用中是不太合适的。

2) 给边缘规定一个门限，即

$$g(i,j) = \begin{cases} G(i,j) & G(i,j) \geq T \\ f(i,j) & G(i,j) < T \end{cases} \tag{8-29}$$

其中，T 是一个非负的门限值。显然，适当地选取门限 T 的值，既可以使明显的边缘和轮廓得到增强，又可以保留原图像中灰度变化平缓和灰度没有变化的部分。

门限判断效果如图 8-16 所示。图 a 为原图像，图 b 为按式（8-29）进行的辅以门限判断的效果图。

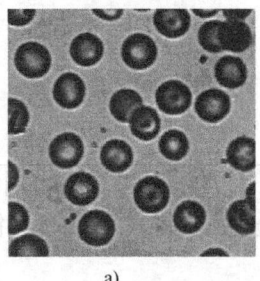 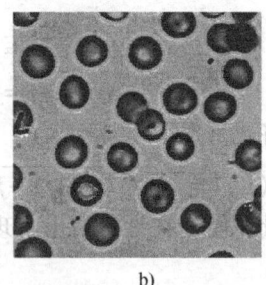

a)　　　　　　　　　b)

图 8-16　辅以门限判断的效果图
a) 原理　b) 辅以门限判断的效果图

3) 给边缘规定一个特定的灰度级，即

$$g(i,j) = \begin{cases} L_G & G(i,j) \geq T \\ f(i,j) & G(i,j) < T \end{cases} \tag{8-30}$$

其中，L_G 是指定的边缘灰度值。在这种方法的锐化结果图像中，大于或等于门限值的边缘灰度值都是相等的。

特定灰度级效果如图 8-17 所示。图 a 为原图像，图 b 为按式（8-30）进行的给边缘规定一个特定的灰度级的效果图。

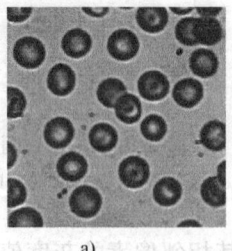 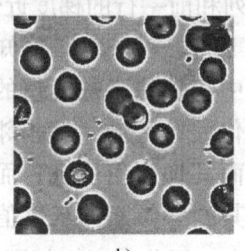

a)　　　　　　　　　b)

图 8-17　给边缘规定一个特定灰度级的效果图
a) 原理　b) 给边缘规定一个特定的灰度级

4) 给背景规定一个特定的灰度级，即

$$g(i,j) = \begin{cases} G(i,j) & G(i,j) \geq T \\ L_B & G(i,j) < T \end{cases} \tag{8-31}$$

其中，L_B是指定的背景灰度值。在这种方法的锐化结果图像中，背景采用相同的灰度值，以便突出边缘及其灰度值的变化。这种处理的原理和上述介绍的给边缘规定一个特定的灰度级的原理相同，只不过这种处理将图像的背景灰度值归一化了，因此在这里不再重复。

5）给边缘和背景分别规定一个特定的灰度级，即用二值图像来表示。

对于阶跃边缘，在边缘点对其一阶导数取极限值。由此，我们对数字图像$f(i,j)$的每个像素取它的梯度值$G(i,j)$，适当取门限 T 作如下判断：若$G(i,j) \geq T$，则点(i,j)为阶跃状边缘点，$G(i,j)$称为梯度算子的边缘图像。

$$g(i,j) = \begin{cases} L_C & G(i,j) \geq T \\ L_B & G(i,j) < T \end{cases} \tag{8-32}$$

在这种方法的锐化结果图像中，感兴趣的仅仅是边缘的位置。梯度是向量，各向同性。由式（8-23）可知，梯度方向对应于$f(i,j)$最大变化率方向上。

梯度的变化幅度和邻近像素的灰度级呈一定比例关系，在灰度陡变区域，梯度值大；在灰度相似的区域，梯度小；在灰度级为常数区域，梯度为零。这样处理可以使图像锐化的结果更加清晰，突出图像中核心的部分，去除不重要的部分。

8.4.2 拉普拉斯算子法

拉普拉斯算子是常用的边缘增强算子之一，它也是采用偏导数运算，与梯度法不同之处是拉普拉斯算子采用的是二阶偏导数，其定义为

$$\nabla^2 f = \frac{\partial^2 f}{\partial x^2} + \frac{\partial^2 f}{\partial y^2} \tag{8-33}$$

对于数字图像，在某个像素点(x,y)处的拉普拉斯算子可采用如下差分形式近似

$$\nabla^2 f(x,y) = f(i,j+1) + f(i,j-1) + f(i+1,j) + f(i-1,j) - 4f(i,j) \tag{8-34}$$

通过罗伯特梯度算子和拉普拉斯算子等典型锐化算法可以看出，平滑模板与锐化模板的不同之处在于，平滑模板各系数的符号均为正，因此平滑具有积分或求和的性质，而锐化模板各系数的符号则有正有负，而且模板系数的和正好为 0，即锐化滤波算法具有微分或差分的性质。数字图像处理中，可以根据应用的需要以及平滑模板与锐化模板的性质，自行设计出满足各种应用需求的模板算子。

8.4.3 定向滤波

定向滤波是一种定向锐化模板，它是一种对特定方向的物体形迹（如山脉与河流的走向等）的增强手段。图 8-18 分别为水平方向、对角方向和垂直方向的定向滤波模板算子。

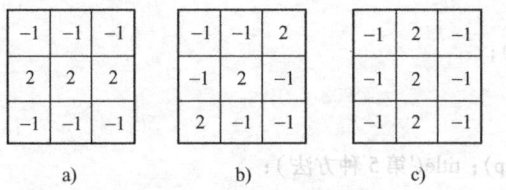

图 8-18 常用定向滤波模板算子
a）水平方向 b）对角方向 c）垂直方向

所谓方向模板是指一个各模板系数的大小与符号表现出一定规律性和方向性,并对某些方向的灰度值变化敏感的矩阵,体现在模板卷积的结果上就是在特定方向上取得较大的结果(数值)。

8.4.4　MATLAB实例——图像锐化用于增强图像边缘

例8-8　梯度法图像锐化。

```
clear all;
[I,map] = imread('lena. bmp');
subplot(231);
imshow(I,map);title('原始图像');
I = double(I);
[IX,IY] = gradient(I);
GM = sqrt(IX. * IX + IY. * IY);
meth1 = GM;
subplot(232);
imshow(meth1,map);
title('第1种方法');
meth2 = I;
J = find(GM > 10);
meth2(J) = GM(J);
subplot(233);
imshow(meth2,map); title('第2种方法');
meth3 = I;
J = find(GM > 10);
meth3(J) = 255;
subplot(234);
imshow(meth3,map); title('第3种方法');
meth4 = I;
J = find(GM < 10);
meth4(J) = 255;
subplot(235);
imshow(meth4,map); title('第4种方法');
meth5 = I;
J = find(GM > 10);
meth5(J) = 255;
Q = find(GM < 10);
OUTS(Q) = 0;
subplot(236);
imshow(meth5,map); title('第5种方法');
```

运行程序,输出结果如图8-19所示。

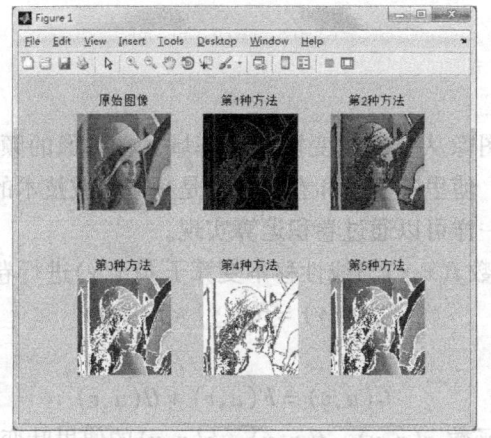

图 8-19 梯度法图像锐化

例 8-9 利用拉普拉斯算子对图像进行锐化。

```
I = imread('lena.jpg');
h1 = [0, -1, 0; -1, 5, -1; 0, -1, 0];
h2 = [-1, -1, -1; -1, 9, -1; -1, -1, -1];
BW1 = imfilter(I, h1);
BW2 = imfilter(I, h2);
subplot(131);
imshow(I);
title('原始图像');
subplot(132);
imshow(BW1);
title('四邻域');
subplot(133);
imshow(BW2);
title('八邻域');
```

运行程序,输出结果如图 8-20 所示。

图 8-20 拉普拉斯算子图像锐化

8.5 频域滤波

频域增强方法是将图像从空间域变换到频率域,在图像的频域空间对图像进行滤波处理。根据信号分析理论,傅里叶变换和卷积理论是频域滤波技术的基础,因此,在频率域空间的滤波与空间域滤波一样可以通过卷积运算实现。

假定 $g(x,y)$ 表示函数 $f(x,y)$ 与线性移不变算子 $h(x,y)$ 进行卷积运算的结果,即

$$g(x,y) = f(x,y) * h(x,y) \tag{8-35}$$

因此可得

$$G(u,v) = F(u,v) * H(u,v) \tag{8-36}$$

其中,G、F、H 分别是函数 $g(x,y)$、$f(x,y)$、$h(x,y)$ 的傅里叶变换,$H(u,v)$ 称为滤波器函数,也可以称为传递函数。在图像增强中,由于待处理的图像函数 $f(x,y)$ 是已知的,因此 $F(u,v)$ 可由图像的傅里叶变换得到。

实际应用中,首先需要确定 $H(u,v)$,然后就可以求得 $G(u,v)$,再对 $G(u,v)$ 进行傅里叶逆变换,即可得到增强的图像 $g(x,y)$。$g(x,y)$ 可以突出 $f(x,y)$ 的某一方面的特征信息。若通过 $H(u,v)$ 增强 $F(u,v)$ 的高频信息,如增强图像的边缘信息等,则为高通滤波;如果增强 $F(u,v)$ 的低频信息,如对图像进行平滑操作等,则为低通滤波。频域滤波方法的系统框图如图 8-21 所示,其滤波处理过程可以分为以下三个步骤

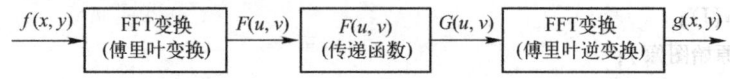

图 8-21 频域滤波系统框图

1)对原始图像 $f(x,y)$ 进行傅里叶变换得到 $F(u,v)$。
2)将 $F(u,v)$ 与滤波器函数 $H(u,v)$ 进行乘积运算得到 $G(u,v)$。
3)对 $G(u,v)$ 进行傅里叶逆变换,即可求出增强图像 $g(x,y)$。

8.5.1 低通滤波

在分析图像信号的频率特性时,对于一幅图像,直流分量表示了图像的平均灰度,大面积的背景区域和缓慢变化部分则代表图像的低频分量,而它的边缘、细节、跳跃部分以及颗粒噪声都代表图像的高频分量。因此,在频域中对图像采用滤波器函数衰减高频信息而使低频信息畅通无阻的过程称为低通滤波。通过滤波可除去高频分量,消除噪声,起到平滑图像去噪声的作用。但同时也可能滤除某些边界对应的频率分量,而使图像边界变得模糊。

图像从空间域变换到频率域后,其低频分量对应图像中灰度值变化比较缓慢的区域,而高频分量则表示了图像中物体的边缘和随机噪声信息。低通滤波器的功能是通过滤波器函数抑制高频分量,保留低频分量。因此,低通滤波与空间域中的平滑滤波器一样可以消除图像中的随机噪声,削弱边缘效应,起到平滑图像的作用。

常用的低通滤波器包括理想低通滤波器、巴特沃斯低通滤波器、指数低通滤波器和梯形低通滤波器等多种类型。本章只讨论径向对称的零相移滤波器函数。下面介绍几种常用的低

通滤波器形式。

1. 理想低通滤波器

二维的理想低通滤波器的传递函数如下

$$H(u,v) = \begin{cases} 1, & D(u,v) \leq D_0 \\ 0, & D(u,v) > D_0 \end{cases} \tag{8-37}$$

式中，D_0是一个非负整数，即理想低通滤波器的截止频率，$D(u,v)$是从点(u,v)到频域原点的距离，即

$$D(u,v) = \sqrt{u^2 + v^2} \tag{8-38}$$

因此，$H(u,v)$、u、v组成了理想低通滤波器的三维图形。剖面图如图8-22b所示，将其剖面图绕纵轴旋转360°就可得到整个滤波器的传递函数，图8-22a为理想低通滤波器的三维透视图。可见，理想低通滤波器的作用是使小于D_0的频率，即以D_0为半径的圆内的所有频率成分可以无衰减通过，而大于D_0的频率则被完全截止不能通过。

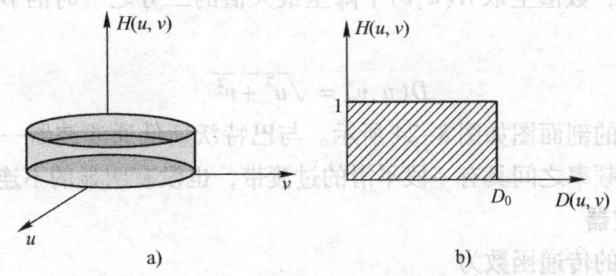

图8-22 理想低通滤波器的三维特性图和剖面图

理论上给出的滤波器函数（包括高通滤波）形式都是以坐标原点径向对称的，而对于一个数字图像所对应的$N \times N$频域矩阵，坐标原点是该矩形的中心，因而滤波器理想特性一般如图8-22所示。理想低通滤波器的数学定义形式非常简洁，其平滑作用的物理意义非常明显，但在图像处理过程中会产生比较严重的模糊与振铃现象。因为根据傅里叶变换性质，若$H(u,v)$为理想的矩形特性，其逆变换$h(u,v)$的特性会产生无限的振铃现象，$h(u,v)$与$f(x,y)$卷积运算后将给目标图像$g(x,y)$造成模糊与振铃现象。而且D_0越小，这种现象越明显。

此外，在截止频率D_0处垂直截止的理想低通滤波器只能通过计算机模拟实现，无法采用电子器件实现。

2. 巴特沃斯低通滤波器

物理上可以实现的一种低通滤波器是巴特沃斯（Butterworth）低通滤波器，其传递函数为

$$H(u,v) = \frac{1}{1 + \left(\frac{D(u,v)}{D_0}\right)^{2n}} \tag{8-39}$$

式中，D_0为截止频率，n为滤波器的阶次。和理想低通滤波器一样，巴特沃斯低通滤波器的特性曲线同样为三维图形，其剖面示意图如图8-23所示。

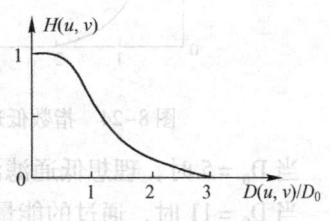

图8-23 巴特沃斯低通滤波器

一般情况下，当 $H(u,v)$ 下降至最大值的二分之一时 $D(u,v)$ 为截止频率 D_0。实际应用中，有时也取 $H(u,v)$ 下降至最大值的 0.707 倍时的 $D(u,v)$ 作为截止频率 D_0，这时传递函数为

$$H(u,v) = \frac{1}{1 + (\sqrt{2} - 1)\left(\frac{D(u,v)}{D_0}\right)^{2n}} \tag{8-40}$$

巴特沃斯低通滤波器又称为最大平坦滤波器，其通带与阻带之间的过渡比较平坦。因此，巴特沃斯低通滤波器的特点是在通过频率与截止频率之间没有明显的不连续性，不会出现"振铃"现象，其效果好于理想低通滤波器。

3. 指数低通滤波器

指数低通滤波器的传递函数为

$$H(u,v) = e^{-\left(\frac{D(u,v)}{D_0}\right)^n} \tag{8-41}$$

式中，D_0 为截止频率，数值上取 $H(u,v)$ 下降至最大值的二分之一时的 $D(u,v)$，$D(u,v)$ 由下式决定

$$D(u,v) = \sqrt{u^2 + v^2}$$

指数低通滤波器的剖面图如图 8-24 所示。与巴特沃斯低通滤波器一样，指数低通滤波器从通过频率到截止频率之间具有一段平滑的过渡带，也没有明显的不连续性。

4. 梯形低通滤波器

梯形低通滤波器的传递函数为

$$H(u,v) = \begin{cases} 1 & D(u,v) < D_0 \\ \dfrac{D(u,v) - D_1}{D_0 - D_1} & D_0 \leq D(u,v) \leq D_1 \\ 0 & D(u,v) > D_1 \end{cases} \tag{8-42}$$

梯形低通滤波器的剖面图如图 8-25 所示，从图中可以看出，在 D_0 的尾部含有一部分高频分量，因而图像的清晰度比理想低通滤波器有所改善，振铃效应有所减弱。根据离散傅里叶变换的性质和频谱分布特点，二维离散傅里叶变换的频谱主要集中在低频处。因此，在设计和应用低通滤波器时，一定要注意二维离散傅里叶变换的频谱特点，即图像能量集中在频谱图的频谱中心位置，当选取截止频率到原点的距离，即：

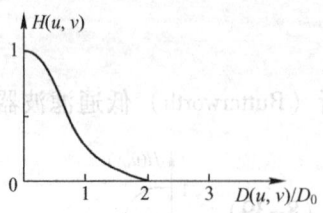

图 8-24　指数低通滤波器

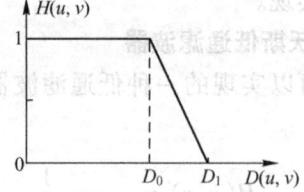

图 8-25　梯形低通滤波器

当 $D_0 = 5$ 时，理想低通滤波器可以保存能量的 90%。

当 $D_0 = 11$ 时，通过的能量迅速增加，低通滤波器能保存能量的 95%。

当 $D_0 = 22$ 时，则可以保存总能量的 98%。

当 $D_0 = 45$ 时,则可以保存总能量的 99%。

因此,合理地选取 D_0 是应用低通滤波器平滑图像的关键。

8.5.2 高通滤波

图像中物体的边缘及其他灰度变化较快的区域与图像的高频信息有关,因此利用高通滤波器可以对图像的边缘信息进行增强,起到锐化图像的作用。高通滤波器包括理想高通滤波器、巴特沃斯高通滤波器、指数高通滤波器和梯形高通滤波器等多种类型。与低通滤波器相同,本章只讨论径向对称的零相移滤波器函数。

1. 理想高通滤波器

二维理想高通滤波器的传递函数如下

$$H(u,v) = \begin{cases} 1, D(u,v) \leq D_0 \\ 0, D(u,v) > D_0 \end{cases} \tag{8-43}$$

式中,D_0 是一个非负整数,即理想高通滤波器的截止频率,$D(u,v)$ 是从点 (u,v) 到频域原点的距离,即

$$D(u,v) = \sqrt{u^2 + v^2}$$

图 8-26 中给出了理想高通滤波器滤波特性的剖面图。其作用与理想低通滤波器相反,它将小于 D_0 的频率(半径为 D_0 的圆内)的所有频率完全截止,而大于 D_0 的频率(圆外的频率)则可以全部无衰减通过。理想高通滤波器也不能通过电子器件实现。

2. 巴特沃斯高通滤波器

巴特沃斯高通滤波器的传递函数如下

$$H(u,v) = \frac{1}{1 + \left(\dfrac{D_0}{D(u,v)}\right)^{2n}} \tag{8-44}$$

式中,D_0 为滤波器的截止频率,n 为滤波器的阶次。巴特沃斯高通滤波器滤波性能的剖面图如图 8-27 所示。截止频率 D_0 的取值方法与巴特沃斯低通滤波器相似,该滤波器在通过频率与截止频率之间也没有明显的不连续性,图像增强后振铃现象不明显。

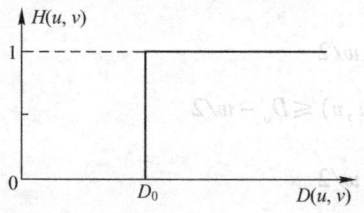

图 8-26 理想高通滤波器的剖面图

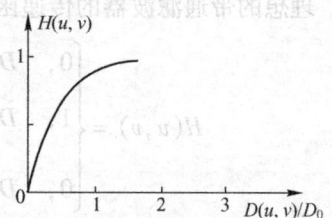

图 8-27 巴特沃斯高通滤波器

与巴特沃斯低通滤波器类似,一般情况下,取 $H(u,v)$ 下降至最大值的二分之一时的 $D(u,v)$ 为截止频率 D_0。实际应用中,有时也取 $H(u,v)$ 下降至最大值的 0.702 倍时的 $D(u,v)$ 作为截止频率 D_0。这时其传递函数形式如下

$$H(u,v) = \frac{1}{1 + (\sqrt{2}-1)\left(\dfrac{D_0}{D(u,v)}\right)^{2n}} \tag{8-45}$$

3. 指数高通滤波器

指数高通滤波器的传递函数如下

$$H(u,v) = e^{-\left(\frac{D_0}{D(u,v)}\right)^n} \tag{8-46}$$

其中，截止频率 D_0 的取值与指数低通滤波器相似，其特性曲线剖面如图 8-28 所示。

4. 梯形高通滤波器

梯形高通滤波器的传递函数形式如下

$$H(u,v) = \begin{cases} 0, & D(u,v) < D_0 \\ \dfrac{D(u,v) - D_1}{D_0 - D_1}, & D_0 \leqslant D(u,v) \leqslant D_1 \\ 1, & D(u,v) > D \end{cases} \tag{8-47}$$

梯形高通滤波器滤波性能剖面示意图如图 8-29 所示。

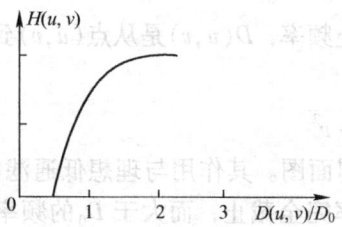

图 8-28　指数高通滤波器

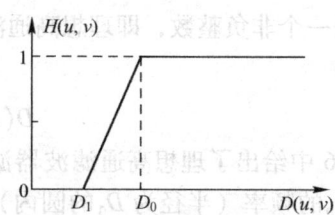

图 8-29　梯形高通滤波器

8.5.3　带通带阻滤波

图像处理中，有时需要增强的信息或抑制的信息既不是图像中的高频成分也不是低频成分，而是在一个有限的频带范围内。这时，无论是低通滤波器还是高通滤波器都不能完全满足使用需求，而需要采用带通或带阻滤波器。

1. 带通滤波器

所谓带通滤波器是指允许一定频率范围内的信号通过而阻止其他频率范围内的信号通过的滤波器。理想的带通滤波器的传递函数形式如下

$$H(u,v) = \begin{cases} 0, & D(u,v) < D_0 - w/2 \\ 1, & D_1 - w/2 \leqslant D(u,v) \leqslant D_0 - w/2 \\ 0, & D(u,v) < D_1 + w/2 \end{cases} \tag{8-48}$$

式中，w 为通带宽度，D_0 为通带中心频率，$D(u,v)$ 表示从点 (u,v) 到频带中心 (u_0,v_0) 的距离，其计算公式如下

$$D(u,v) = \sqrt{(u-u_0)^2 + (v-v_0)^2} \tag{8-49}$$

理想带通滤波器的特性剖面图如图 8-30 所示。

2. 带阻滤波器

带阻滤波器的功能是对一定频率范围内的信号进行完全衰减，而容许其他频率范围内的信号通过。理想的带阻滤波器的传递函数形式如下

$$H(u,v) = \begin{cases} 1, & D(u,v) < w_1 \\ 0, & w_1 \leq D(u,v) \leq w_2 \\ 1, & D(u,v) < w_2 \end{cases} \quad (8-50)$$

式中，w 为通带宽度，D_0 为通带中心频率，$D(u,v)$ 表示从点 (u,v) 到频带中心 (u_0,v_0) 的距离，其计算公式同式 (8-49)。

理想带阻滤波器的特性剖面图如图 8-31 所示。

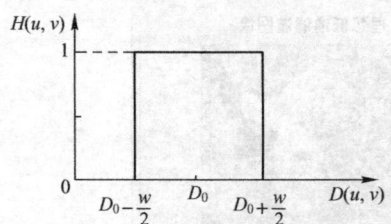

图 8-30 理想带通滤波器剖面图

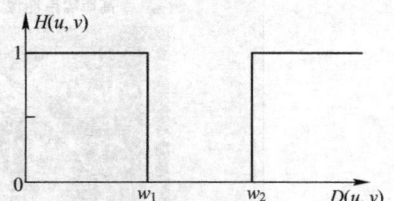

图 8-31 理想带阻滤波器剖面图

8.5.4 MATLAB 实例——频域滤波消除图像失真

例 8-10 使用理想低通滤波器进行图像平滑。

```
K = imread('lena. bmp');
I = imnoise(K,'gaussian',0.01);    %原图中加入高斯噪声
subplot(121);
imshow(I);
title('高斯噪声图像');
s = fftshift(fft2(I));
[a,b] = size(s);
a0 = round(a/2);
b0 = round(b/2);
d = 40;
for i = 1:a
    for j = 1:b
        distance = sqrt((i - a0)^2 + (j - b0)^2);
        if distance < = d
            h = 1;
        else
            h = 0;
        end;
        s(i,j) = h * s(i,j);
    end;
end;
s = uint8(real(ifft2(ifftshift(s))));
```

subplot(122),
imshow(s);
title('理想低通滤波图像');

运行程序,输出结果如图 8-32 所示。

图 8-32 理想低通滤波

例 8-11 使用巴特沃斯低通滤波器进行图像平滑。

```
clear all;
% 实现巴特沃斯低通滤波器
I = imread('lena. bmp');
J = imnoise(I,'salt & pepper',0.02);    % 给原图像加入椒盐噪声
figure;
subplot(121);
imshow(J);
title('椒盐噪声图像');
J = double(J);
% 采用傅里叶变换
f = fft2(J);
% 数据矩阵平衡
g = fftshift(f);
[m,n] = size(f);
N = 3;
d0 = 20;
n1 = floor(m/2);
n2 = floor(n/2);
for i = 1:m
    for j = 1:n
        d = sqrt((i - n1)^2 + (j - n2)^2);
        h = 1/(1 + (d/d0)^(2 * N));
```

```
            g(i,j) = h * g(i,j);
        end
    end
g = ifftshift(g);
g = uint8(real(ifft2(g)));
subplot(122);
imshow(g);
title('巴特沃斯低通滤波图像');
```

运行程序，输出结果如图 8-33 所示。

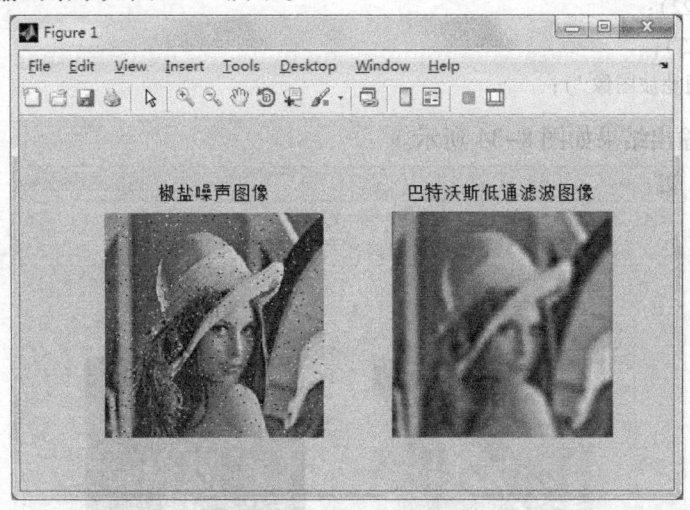

图 8-33　巴特沃斯低通滤波

例 8-12　使用巴特沃斯高通滤波对图像进行图像锐化。

```
[I,map] = imread('lena.bmp');
I1 = imnoise(I,'gaussian',0.01);    %原图中加入高斯噪声
subplot(121);
imshow(I1);
title('高斯噪声图像');
f = double(I1);
g = fft2(f);
g = fftshift(g);
[N1,N2] = size(g);
n = 2;
d0 = 5;
n1 = fix(N1/2);
n2 = fix(N2/2);
for i = 1:N1
    for j = 1:N2
        d = sqrt((i-n1)^2 + (j-n2)^2);
        if d == 0
            h = 0;
```

```
            else
                h = 1/(1 + (d0/d)^(2*n));
            end
            result(i,j) = h*g(i,j);
        end
    end
    result = ifftshift(result);
    X2 = ifft2(result);
    X3 = uint8(real(X2));
    subplot(122);
    imshow(X3);
    title('高通滤波图像');
```

运行程序，输出结果如图 8-34 所示。

图 8-34　巴特沃斯高通滤波

例 8-13　分别使用指数高通滤波和梯形高通滤波进行图像锐化。

```
    clear all;
    % 频域高通滤波法对图像进行增强
    [I,map] = imread('lena.bmp');
    noisy = imnoise(I,'gaussian',0.01);  %原图中加入高斯噪声
    [M N] = size(I);
    F = fft2(noisy);
    fftshift(F);
    Dcut = 100;
    D0 = 250;
    D1 = 150;
    for u = 1:M
        for v = 1:N
            D(u,v) = sqrt(u^2 + v^2);
```

```
%指数高通滤波器传递函数
EXPOTH(u,v) = exp(log(1/sqrt(2)) * (Dcut/D(u,v))^2);
        %梯形高通滤波器传递函数
if D(u,v) < D1
           THFH(u,v) = 0;
       elseif D(u,v) < = D0
               THPFH(u,v) = (D(u,v) - D1)/(D0 - D1);
       else
               THPFH(u,v) = 1;
       end
   end
end
EXPOTG = EXPOTH. * F;
EXPOTfiltered = ifft2(EXPOTG);
THPFG = THPFH. * F;
THPFfiltered = ifft2(THPFG);
subplot(1,3,1);
imshow(noisy);
title('高斯噪声图像')   %显示加入高斯噪声的图像
subplot(1,3,2);
imshow(EXPOTfiltered);
title('指数高通滤波图像') %显示经过指数高通滤波器后的图像
subplot(1,3,3);
imshow(THPFfiltered);
title('梯形高通滤波图像') %显示经过梯形高通滤波器后的图像
```

运行程序，输出结果如图 8-35 所示。

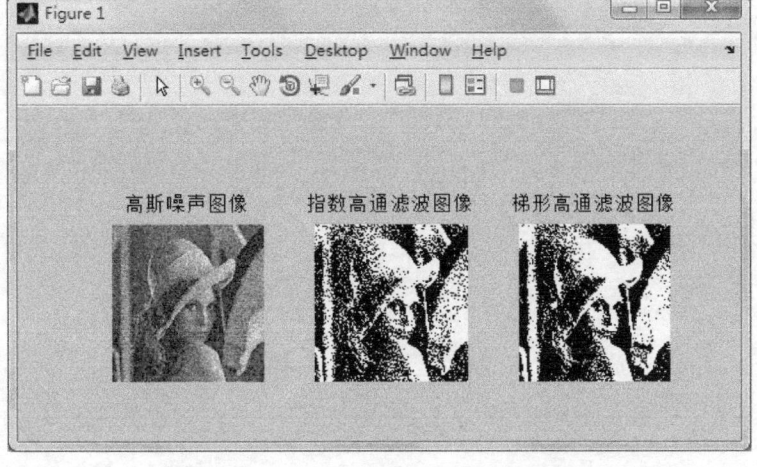

图 8-35　指数高通滤波和梯形高通滤波

8.6 习题

1. 解释下列术语：
1）空间域图像平滑。　　　2）频率域图像滤波。
3）图像锐化。　　　　　　4）图像噪声。
5）邻域平均。　　　　　　6）中值滤波。
7）高通滤波。　　　　　　8）低通滤波。
9）带阻滤波。
2. 通常情况下，图像噪声按其产生的原因可以分为几种类型？图像噪声具有哪些特点？
3. 什么是邻域平均滤波法？它具有哪些主要特点？
4. 试分别简述平滑滤波和低通滤波的作用，两者有哪些相同之处？
5. 什么是锐化滤波？常用的锐化滤波方法主要有哪几种？
6. 试简述频域滤波的原理及主要步骤。
7. 在数字图像处理中，低通滤波和高通滤波各有何作用？
8. 图像平滑的主要用途是什么？该操作会对图像质量带来什么负面影响？
9. 图像锐化的主要用途是什么？该操作会对图像质量带来什么负面影响？
10. 中值滤波的主要用途是什么？与低通滤波相比，它有哪些优越性？

第9章 图像分割

在对图像的研究和应用中,人们往往对图像中的某些部分感兴趣,这些部分一般称为目标,目标通常占据一定区域,并且在灰度、轮廓、颜色和纹理等特性上与周围图像有差别。为了辨识和分析目标,需要将有关区域分离提取出来,并形成数字特征。相对于整幅图像,这些特征更容易被快速处理。

图像分割是图像识别和图像理解的基本前提步骤,是指将一幅图像分解成若干互补交叠的、有意义的、具有相同性质的区域。图像分割应具有以下特征:

1) 分割的区域对某种特性而言具有相似性,内部是连通的且没有小孔。
2) 相邻区域有明显差异。
3) 区域边界是明确的。

从集合的角度分析,令集合 R 代表整个图像区域,图像分割可以看作将 R 分解成 N 个区域 R_i, $i=1, 2, \cdots, N$, 满足:

1) $\bigcup_{i=1}^{N} R_i = R$, $R_i \cap R_j = \Psi$, $\forall i, j, i \neq j$
2) $\forall i, j = 1, 2, \cdots, N$, $P(R_i) = \text{True}$
3) $\forall i, j, i \neq j, P(R_i \cup R_j) = \text{False}$

条件1)表明分割区域要覆盖整个图像且各区域互不重叠,条件2)表明每一个区域都具有相同的性质,条件3)表明相邻的两个区域性质相异,不能合并为一个区域。

在实际的图像处理中,目前还没有一种方法可以很好地兼顾所有特征,主要原因是图像在获取和传输过程中引入的各种噪声和光照不均匀等因素。因此图像分割是数字图像处理中的经典难题。图像分割算法有上千种,这些算法的实现方式各不相同,然而大都基于图像在像素级的两个性质:不连续性和相似性。

现有的图像分割方法主要分以下几类:基于阈值的分割方法、基于边界的分割方法和基于区域的分割方法等。以下几节将分别介绍典型的图像分割方法。

9.1 阈值分割

在图像分割的众多方法中,阈值分割法是一种最基本和应用最广泛的分割技术,其实质就是利用图像灰度直方图信息得到图像分割的阈值。阈值分割法一般对图像灰度特征的分布有一定的要求。常用的灰度特征描述为:假设图像由具有单峰灰度分布的目标和背景组成的,在目标或背景内部的相邻像素间的灰度值是高度相关的,但在目标和背景交界处两边的像素在灰度值上有很大的差别。如果图像满足这些条件,则灰度直方图基本上可以看作是由分别对应目标和背景的两个单峰直方图混合而成的。此时如果这两个分布大小接近、均值相距足够远且均方差也足够小,则直方图是双峰的。对这类图像通常采用阈值分割法求解。这种技术计算量较小,实现起来比较简单,而且性能也相对稳定。要从复杂的图像中分辨出目标并将其高质量地提取出来，阈值的选取是图像阈值分割技术的关键。如果阈值选取偏低，则过多的背景会被误认为是目标点；如果阈值选取过高，则出现相反的状况。阈值一般可写成如下形式

$$T = T(x, y, f(x,y), p(x,y)) \tag{9-1}$$

式中，$f(x,y)$ 是在像素点 (x,y) 处的灰度值；$p(x,y)$ 是该点邻域的某种局部性质。

从另一角度说，T 可以是 (x,y)、$f(x,y)$ 和 $p(x,y)$ 的函数。根据式（9-1）可以将阈值分割法分为三类：

1) 仅根据 $f(x,y)$ 来选择阈值，阈值和像素的性质有关，即全局阈值。
2) 根据 $f(x,y)$ 和 $p(x,y)$ 来选择阈值，阈值和区域性质有关，即局部阈值。
3) 根据 (x,y)、$f(x,y)$ 和 $p(x,y)$ 来选择阈值，阈值和坐标有关，即动态阈值。

阈值分解的方法很多，但都可以归纳到以上三种方法中，下面具体介绍阈值分解的方法。

9.1.1 人工选择法

阈值分割法的关键是如何合理地选择阈值。人工选择法是通过人眼的观察，应用人对图像的认识，在分析图像直方图的基础上，人工选出合适的阈值。也可以在人工选择阈值后，根据分割效果，不断交互操作，从而得到最佳的阈值。

9.1.2 自动阈值法

人工法可以选出满意的阈值，前提是需要操作者正确的主观判断和充分的经验知识，但实际工作中，缺乏客观的依据，在无人介入的情况下自动选取阈值是大部分实际应用的基本要求。自动阈值法通常使用灰度直方图来分析图像中灰度值的分布，并结合特定的应用领域知识选择出最合适的阈值。

1. 迭代法

迭代法的原理是：开始时选择一个阈值作为初始估计值，然后按照某种策略通过迭代不断地改变这一估计值，直到满足给定的准则为止。其具体步骤如下：

1) 在一幅灰度范围为 $[0, L-1]$ 的图像中，选择图像灰度的中值作为初始阈值 T_i，其中图像中对应灰度级 i 的像素数为 n_i。
2) 利用阈值 T 把图像分割成两个区域：R_1 和 R_2，用下式计算区域 R_1 和 R_2 的平均灰度值 μ_1 和 μ_2。

$$\mu_1 = \frac{\sum_{i=0}^{T_1} i n_i}{\sum_{i=0}^{T_1} n_i}, \quad \mu_2 = \frac{\sum_{i=T_1}^{L-1} i n_i}{\sum_{i=T_1}^{L-1} n_i} \tag{9-2}$$

3) 将 μ_1 和 μ_2 代入下式计算出新的阈值 T_{i+1}。

$$T_{i+1} = \frac{1}{2}(\mu_1 + \mu_2) \tag{9-3}$$

4) 重复步骤 2) 和 3)，直到 T_{i+1} 和 T_i 的差小于某个给定值为止。

例 9-1 迭代法阈值选择

下面为实现迭代式阈值选择的 MATLAB 程序。

```
clear all;
I = imread('rice.png');
ZMAX = max(max(I));
ZMIN = min(min(I));
TK = (ZMAX + ZMIN)/2;
BCal = 1;
iSize = size(I); % 图像的大小
while (BCal)
    % 定义目标和背景数
    iForeground = 0;
    iBackground = 0;
    % 定义目标和背景灰度总和
    ForegroundSum = 0;
    BackgroundSum = 0;
    for i = 1:iSize(1)
        for j = 1:iSize(2)
            tmp = I(i,j);
            if(tmp >= TK)
                % 目标灰度值
                iForeground = iForeground + 1;
                ForegroundSum = ForegroundSum + double(tmp);
            else
                iBackground = iBackground + 1;
                BackgroundSum = BackgroundSum + double(tmp);
            end
        end
    end
    % 计算目标和背景的平均值
    ZO = ForegroundSum/iForeground;
    ZB = BackgroundSum/iBackground;
    TKTmp = uint8((ZO + ZB)/2);
    if(TKTmp == TK)
        BCal = 0;
    else
        TK = TKTmp;
    end
    % 当阈值不再变化的时候,说明迭代结束
end
disp(strcat('迭代后的阈值:',num2str(TK)));
newI = im2bw(I,double(TK)/255);
subplot(1,2,1);imshow(I);
xlabel('(a)原始图像');
subplot(1,2,2);imshow(newI);
```

xlabel('(b)迭代法分割效果图');

运行效果如图9-1所示，迭代法能区分出图像的目标和背景的主要区域所在，但在图像的细微处还没有很好的区分度。对某些特定图像，微小数据的变化却会引起分割效果的巨大改变。

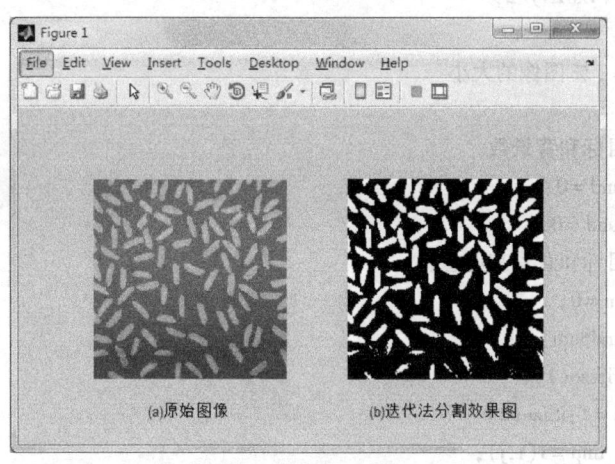

图9-1 迭代法选择阈值

2. Otsu 法

Otsu法是一种使类间方差最大的阈值确定方法，该方法具有简单、处理速度快的特点，是一种常用的阈值选择方法。其基本原理是：把图像中的像素按灰度值用阈值 T 分成两类 C_1 和 C_2，C_1 由灰度值在 $[0,T]$ 之间的像素组成，C_2 由灰度值在 $[T+1,L-1]$ 之间的像素组成，按下式计算两类之间的类间方差

$$\sigma(t)^2 = \omega_1(t)\omega_2(t)[\mu_1(t) - \mu_2(t)]^2 \tag{9-4}$$

式中，$\omega_1(t)$ 为 C_1 中包含的像素数，$\omega_2(t)$ 为 C_2 中包含的像素数，$\mu_1(t)$ 为 C_1 中所有像素的平均灰度值，$\mu_2(t)$ 为 C_2 中所有像素的平均灰度值。让 T 在 $[0,L-1]$ 范围依次取值，使 σ^2 最大的 T 值即为 Otsu 法的最佳阈值。

例9-2 Otsu 法阈值选择

下面为实现 Otsu 法阈值选择的 MATLAB 程序。

```
I = imread('coins.png');
subplot(121);
imshow(I);
title('原始图像');
level = graythresh(I);
BW = im2bw(I,level);
subplot(122);
imshow(BW);
title('Otsu方法二值化图像');
```

运行效果如图9-2所示，Otsu法选择阈值较准，对各种情况的表现都较为良好。虽然不是最佳的分割，但分割质量有一定的保障，分割效果稳定，是目前通用的分割方法。

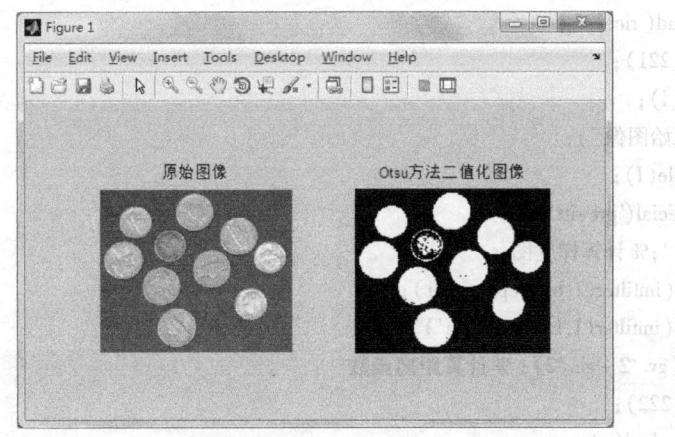

图 9-2　Otsu 法选择阈值

9.1.3　MATLAB 实例——基于分水岭算法的图像分割

分水岭算法是根据图像的拓扑结构将图像分成多个区域的图像处理分割算法。分水岭算法的基本思想主要来自测地学，其将图像看作一种拓扑结构，图像中的像素灰度值表示该位置的海拔高度，每一个灰度局部最小值及其邻域像素就构成了一个积水盆，积水盆之间的边界就称为分水岭。分水岭的概念和形成可以通过模拟浸入过程来说明。在每一个局部极小值表面，刺穿一个小孔，然后把整个模型慢慢浸入水中，随着浸入的加深，每一个局部极小值的影响域慢慢向外扩展，在两个集水盆汇合处构筑大坝，即形成分水岭。水从分水岭流下时，朝不同的积水盆地流去的可能性是相同的。在图像分割中利用这种思想在灰度图像中找出不同积水盆和分水岭，由这些对象组成的区域即为分割目标。

分水岭算法实质上是一种自适应多阈值分割算法，在梯度图上进行阈值选择的主要问题就是如何选择恰当的阈值。分水岭算法可解决这个问题。如图 9-3 所示，两个低洼地为积水盆，阴影部分为积水，水平面高度相当于阈值。随着阈值的升高，积水盆水位也跟着上升；当阈值升至 T_3 时，两个积水盆的水都升到分水岭处；如果再升高阈值，则两个积水盆的水会溢出合为一体。

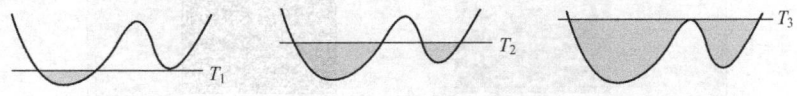

图 9-3　分水岭形成示意图

分水岭算法可以用图像工具箱中的 watershed 函数来实现，调用格式为

　　L = watershed(f)

其中，f 为输入图像，L 为输出标记矩阵，元素为整数值，第一个积水盆被标记为 1，第二个积水盆被标记为 2，依次类推。分水岭被标记为 0。

例 9-3　应用分水岭算法分割图像

　　clear;

```
I = imread('rice.png');
subplot(221);
imshow(I);
title('原始图像');
I = double(I);
hv = fspecial('prewitt');
hh = hv.';%计算梯度图
gv = abs(imfilter(I,hv,'replicate'));
gh = abs(imfilter(I,hh,'replicate'));
g = sqrt(gv.^2 + gh.^2);%计算距离函数
subplot(222);
L = watershed(g);
wr = L == 0;
imshow(wr);
title('分水岭');
I(wr) = 255;
subplot(223);
imshow(uint8(I));
title('分割结果');
rm = imregionalmin(g);%取出梯度图中局部极小值点
subplot(224);
imshow(rm);
title('局部极小值');
```

输出结果如图 9-4 所示。

图 9-4　分水岭算法示例

例 9-3 中得到的分水岭，对应于目标的边缘，出现了比较严重的过分割现象，原因是分水岭算法是以梯度图的局部最小点作为积水盆的标记点，从最后一幅图看出，梯度图中存在过多局部极小点。例 9-4 给出改进的分水岭算法。

例 9-4 应用改进分水岭算法分割图像

```
clear;
I = imread('rice.png');
subplot(221);
imshow(I);% 原始图像
xlabel('原始图像')
% 计算梯度图
I = double(I);
hv = fspecial('prewitt');
hh = hv.';
gv = abs(imfilter(I,hv,'replicate'));
gh = abs(imfilter(I,hh,'replicate'));
g = sqrt(gv.^2 + gh.^2);
% 计算距离函数
df = bwdist(I);
% 计算外部约束
L = watershed(df);
em = L == 0;
% 计算内部约束
im = imextendedmax(I,20);
subplot(222);
imshow(im);
xlabel('内部约束')
% 重构梯度图
g2 = imimposemin(g,im|em);
subplot(223);
imshow(g2);
xlabel('梯度图')
% watershed 算法分割
L2 = watershed(g2);
wr2 = L2 == 0;
subplot(224);
I(wr2) = 255;
imshow(uint8(I));
xlabel('分割结果')
```

运行程序，输出结果如图 9-5 所示。

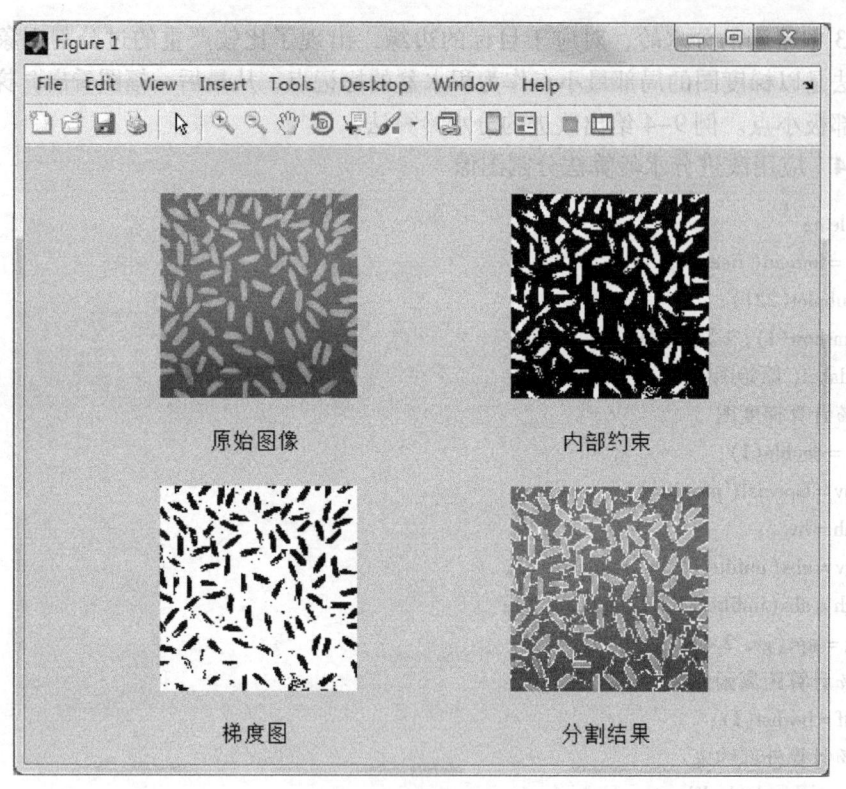

图 9-5 改进分水岭算法

9.2 边界分割

图像的边界是图像的基本特征。所谓边界（或边缘）是指两个具有不同灰度的均匀图像区域的边界，即边界反映局部的灰度变化。边界的描述包含以下几个方面。

1）边界法线方向：在某点灰度变化最剧烈的方向，与边界方向垂直。
2）边界方向：与边界法线方向垂直，是目标边界的切线方向。
3）边界强度：沿边界法线方向图像局部的变化强度的量度。

基于边界的分割是图像分割中研究得比较多的方法，通过检测和连接图像中区域边界来达到分割图像的目的。边界分割法不依赖于已处理像素的结果，适于并行化，缺点是对噪声敏感，而且当边缘像素值变化不明显时，容易产生假边界或不连续的边界。

9.2.1 边缘检测

边缘是图像灰度值不连续的结果，这种不连续性常可利用求导数的方法方便地检测到，函数导数反映图像灰度变化的显著程度，一阶导数的局部最大值和二阶导数的过零点都是图像灰度变化极大的地方。一般常用一阶导数（梯度）和二阶导数（拉普拉斯算子）来检测边缘，可以根据不同的边缘选择不同的边缘检测算子对图像进行边缘检测和有效分割。

1. 基于一阶导数的边缘检测

在一阶导数方法中，对图像中两个正交方向分别求偏导数

$$G(x,y) = \begin{pmatrix} G_x \\ G_y \end{pmatrix} = \begin{pmatrix} \frac{\partial f}{\partial x} \\ \frac{\partial f}{\partial y} \end{pmatrix} \tag{9-5}$$

然后对偏导数取不同的范数作为边缘强度，即可得到边缘图像。常用的范数有以下三种：

$$|G(x,y)| = \sqrt{G_x^2 + G_y^2}, 2\text{ 范数梯度}$$
$$|G(x,y)| = |G_x| + |G_y|, 1\text{ 范数梯度}$$
$$|G(x,y)| \approx \max(|G_x|, |G_y|), \infty\text{ 范数梯度}$$

一阶导数法常用的算子有 Roberts 算子、Sobel 算子、Prewitt 算子和 Canny 算子。

(1) Roberts 算子

Roberts 算子是一种利用局部差分算子寻找边缘的算子，两个卷积核分别为 $G_x = \begin{pmatrix} 1 & 0 \\ 0 & -1 \end{pmatrix}$ 和 $G_y = \begin{pmatrix} 0 & 1 \\ -1 & 0 \end{pmatrix}$，采用 1 范数衡量图像梯度的幅度。Roberts 算子定位精度较高，但容易丢失一部分边缘信息，同时由于没有经过图像平滑计算，不能抑制噪声，对具有陡峭的低噪声图像效果较好。

(2) Sobel 算子

Sobel 算子是先做加权平均，再微分，然后求梯度。两个卷积核分别是 $G_x = \begin{pmatrix} -1 & 0 & 1 \\ -2 & 0 & 2 \\ -1 & 0 & 1 \end{pmatrix}$ 和 $G_y = \begin{pmatrix} 1 & 2 & 1 \\ 0 & 0 & 0 \\ -1 & -2 & -1 \end{pmatrix}$，图像中的每个像素点都用这两个核做卷积，其中一个核对通常的垂直边缘响应最大而另一个对水平边缘响应最大。边缘检测算子的中心与中心像素相对应，采用 ∞ 范数衡量梯度的幅度，将两个卷积的最大值作为该像素点的输出值。

Sobel 算子很容易在空间上实现，不仅产生较好的检测效果，而且受噪声的影响较小。当使用较大邻域时，抗噪声特性会更好，但增加了计算量。

Sobel 算子利用像素点上下、左右邻点的灰度加权算法，根据在边缘点处达到极值这一现象进行边缘检测。Sobel 算子对噪声具有平滑作用，可提供较为精确的边缘方向信息，但同时也会检测出伪边缘，边缘定位精度不高。

(3) Prewitt 算子

两个卷积核分别是 $G_x = \begin{pmatrix} -1 & 0 & 1 \\ -1 & 0 & 1 \\ -1 & 0 & 1 \end{pmatrix}$ 和 $G_y = \begin{pmatrix} -1 & 1 & 1 \\ 0 & 0 & 0 \\ -1 & -1 & -1 \end{pmatrix}$，与 Sobel 算子方法一样，图像中的每个点都用这两个核进行卷积，取最大值作为输出。Prewitt 算子对图像进行差分和滤波运算，对噪声具有一定的抑制能力，但不能完全排除检测结果中出现的伪边缘，同时对于边缘定位比较准确和完整。

(4) Canny 算子

Canny 算子是应用泛函求导方法推导出高斯函数的一阶导数，即为最优边缘检测算子的最佳近似。

Canny 算子首先采用二维高斯函数

$$G(x,y) = \frac{1}{2\pi\sigma^2}\exp\left(-\frac{x^2+y^2}{2\sigma^2}\right) \tag{9-6}$$

对图像进行平滑滤波，以滤除图像中的噪声。其中 σ 为高斯滤波器参数，决定平滑程度，σ 较小则定位精度高，但信噪比低，反之则相反，所以要根据需要选择参数。

然后通过一阶微分算子来计算平滑滤波后图像各像素的梯度幅值和梯度方向。图像的任一像素点(i,j)的两个方向偏导数分别为

$$C_x(x,y) = [f(i,j+1) - f(i,j) + f(i+1,j+1) - f(i+1,j)]/2 \quad (9-7)$$

$$C_y(x,y) = [f(i,j) - f(i+1,j) + f(i+1,j+1)]/2 \quad (9-8)$$

则点(i,j)的梯度幅值和梯度方向分别表示为

$$C(i,j) = \sqrt{C_x^2(i,j) + C_y^2(i,j)} \quad (9-9)$$

$$\varphi(i,j) = \arctan \frac{C_x(i,j)}{C_y(i,j)} \quad (9-10)$$

算法采用两个阈值对图像中候选边缘点进行比较检测和连接出最终的边缘，若像素点的梯度幅值大于高的阈值，则认定该点一定为边缘点；若小于低的阈值，则认定该点一定不是边缘点。而对于梯度幅值处于两个阈值之间的像素点，则将其视为疑似边缘点，需要再进一步依据边缘的连通性对其进行判断，若该像素点的邻接像素中有边缘点，则认为该点也为边缘点，否则认为是非边缘点。

2. 基于二阶导数的边缘检测

在二阶导数方法中，图像灰度二阶导数的过零点就是对应的边缘点。

（1）拉普拉斯算子

二维函数$f(x,y)$的拉普拉斯算子是如下定义的二阶导数

$$\nabla^2 f = \frac{\partial^2 f}{\partial x^2} + \frac{\partial^2 f}{\partial y^2} = f(i,j+1) + f(i,j-1) - 4f(i,j) + f(i+1,j) + f(i-1,j) \quad (9-11)$$

表示为卷积模板

$$\nabla^2 = \begin{pmatrix} 0 & 1 & 0 \\ 1 & -4 & 1 \\ 0 & 1 & 0 \end{pmatrix}$$

由于拉普拉斯算子是一个二阶导数，它将在边缘处产生一个陡峭的零交叉。拉普拉斯算子是一个线性移不变算子，它的传递函数在频域空间的原点为零。因此，一个经过拉普拉斯滤波的图像具有零平均灰度。

如果一个无噪声图像具有陡峭的边缘，则可用拉普拉斯算子将它们找到。对经拉普拉斯算子滤波后的图像用零灰度值进行二值化会产生闭合的、连通的轮廓并消除了所有的内部点。但是由于噪声的存在，在运用拉普拉斯算子之前需要先进行低通滤波。下面的 Log 算子就是基于这一思想。

（2）Log 算子

Log 算子是将高斯算子和拉普拉斯算子结合在一起而形成的一种新的边缘检测算子，它先用高斯算子对图像进行平滑处理，然后采用拉普拉斯算子根据二阶微分过零点来检测图像边缘。由卷积的结合律可以将拉普拉斯算子和高斯脉冲响应组合成一个单一的高斯—拉普拉斯核

$$-\nabla^2 \frac{1}{2\pi\sigma^2} e^{-\frac{x^2+y^2}{2\sigma^2}} = \frac{1}{\pi\sigma^4}\left[1 - \frac{x^2+y^2}{2\sigma^2}\right] e^{-\frac{x^2+y^2}{2\sigma^2}} \quad (9-12)$$

这个算子对 x 和 y 是可分离的，因此可有效地加以实现。它与一般的带通滤波器的脉冲响应具有相同的形状，即一个负的凹谷中有一正向尖峰。参数 σ 控制该中心峰的宽度，因此也控制了平滑的程度。

3. 边缘检测算子的比较

在边缘检测中，边缘定位能力和噪声抑制能力是一对矛盾体。就各种算法而言，有的边缘定位能力较强，有的抗噪声能力较好。边缘检测算子参数的选择也直接影响到边缘定位能力和噪声抑制能力。每种算子都有其各自的优缺点。

(1) Roberts 算子

Robert 算子利用局部差分算子寻找边缘，边缘定位精度较高，但容易丢失一部分边缘，同时由于图像没经过平滑处理，因此不具备抑制噪声能力。该算子适用于具有陡峭边缘且噪声低的图像。

(2) Sobel 算子和 Prewitt 算子

Sobel 算子和 Prewitt 算子都是对图像先做加权平滑处理，然后再做微分运算，不同的是平滑部分的权值有些差异，因此对噪声具有一定的抑制能力，但不能完全排除检测结果中出现的虚假边缘。虽然这两个算子边缘定位效果不错，但检测出的边缘容易出现多像素宽度。

(3) 拉普拉斯算子

拉普拉斯算子不依赖于边缘方向的二阶微分算子，对图像中的阶跃型边缘点定位准确，该算子对噪声非常敏感，使噪声成分得到加强，这两个特性使得该算子容易丢失一部分边缘的方向信息，造成一些不连续的检测边缘，同时抗噪声能力较差。

(4) Log 算子

Log 算子克服了拉普拉斯算子抗噪声能力较差的缺点，但在抑制噪声的同时也可能将原有的比较尖锐的边缘也平滑掉了，造成这些尖锐边缘无法被检测到。

(5) Canny 算子

Canny 算子是基于最优化思想推导出的边缘检测算子，但实际效果不一定最优。该算子同样采用高斯函数对图像做平滑处理，具有较强的噪声抑制能力，但是会将一些高频边缘平滑掉，造成边缘丢失。Canny 算子采用双阈值算法检测和连接边缘，采用的多尺度检测和方向性搜索比 Log 算子好。

4. 边缘算子的 MATLAB 实现

MATLAB 图像处理工具箱利用 edge 函数来实现基于各种算子的边缘检测功能，这个函数寻找像素值剧烈变化的像素点。

edge 函数调用格式如下

$$[g,t] = edge(I,'method',parameters)$$

其中，I 是输入图像，method 是边缘检测算子，parameters 是设置的参数，输出 g 是二值图像矩阵，其值为 1 的像素构成边缘。参数 t 给出函数使用的阈值。

下面介绍不同边缘检测算子的使用方法。

(1) 使用 Roberts 算子的语法结构

BW = edge(I,'roberts')

BW = edge(I,'roberts',thresh)

BW = edge(I,'roberts',thresh,options)

其中，I 是输入图像，'roberts'表示所用的边缘检测方法是 Roberts 算子，thresh 表示阈值，低于该阈值的像素值将被忽略。options 是一个可选输入，默认情况下为 'thinning'，即边缘细化，当取值为 'nothinning'时，边缘不细化，可以对算法加速。BW 为返回的二值图像，取值为 1 的是边缘。

（2）使用 Sobel 算子的语法结构

BW = edge(I,'sobel')
BW = edge(I,'sobel',thresh)
BW = edge(I,'sobel',thresh,direction)
BW = edge(I,'sobel',thresh,direction,options)

其中，I 是输入图像，'sobel'表示所用的边缘检测方法是 Sobel 算子，thresh 表示阈值，低于该阈值的像素值将被忽略。direction 是指 Sobel 算子的检测方向，可取值 horizontal、vertical 或者 both。options 是一个可选输入，默认情况下为 'thinning'，即边缘细化，当取值为 'nothinning'，边缘不细化，可以对算法加速。BW 为返回的二值图像，取值为 1 的是边缘。

（3）使用 Prewitt 算子的语法结构

BW = edge(I,'prewitt')
BW = edge(I,'prewitt',thresh)
BW = edge(I,'prewitt',thresh,direction)

其中，I 是输入图像，'prewitt'表示所用的边缘检测方法是 Prewitt 算子，thresh 表示阈值，低于该阈值的像素值将被忽略。direction 是指 Sobel 算子的检测方向，可取值 horizontal、vertical 或者 both。BW 为返回的二值图像，取值为 1 的是边缘。

（4）使用 Canny 算子的语法结构

BW = edge(I,'canny')
BW = edge(I,'canny',thresh)
BW = edge(I,'canny',thresh,sigma)

其中，I 是输入图像，'canny'表示所用的边缘检测方法是 Canny 算子，thresh 表示阈值，若为两个元素的向量，则第一个元素为低阈值，第二个元素为高阈值；若为一个元素，则表示高阈值，低阈值为 0.5×thresh。sigma 是指高斯滤波器的标准差，缺省值为 1，滤波器的大小根据 sigma 的值选择。BW 为返回的二值图像，取值为 1 的是边缘。

（5）使用 Log 算子的语法结构

BW = edge(I,'log')
BW = edge(I,'log',thresh)
BW = edge(I,'log',thresh,sigma)

其中，I 是输入图像，'log'表示所用的边缘检测方法是 Log 算子，thresh 表示阈值，低于该阈值的像素值将被忽略。sigma 是指高斯滤波器的标准差，缺省值为 2，滤波器的大小为 ceil(sigma×3)×2+1。BW 为返回的二值图像，取值为 1 的是边缘。

例 9-5 以 Roberts 算子为例进行边缘检测。

```
I = imread('rice.png');
BW1 = edge(I,'roberts');    %以自动阈值选择法对图像进行Roberts算子边缘检测
[BW1,thresh1] = edge(I,'roberts');
%返回当前Roberts算子边缘检测的阈值
disp('Roberts算子自动选择阈值为');
disp(thresh1)
figure;
subplot(2,2,1);imshow(BW1);
title('自动阈值的Roberts算子检测);
BW2 = edge(I,'roberts',0.07);   %以阈值为0.07对图像进行Roberts算子检测
subplot(2,2,2);imshow(BW2);
title('阈值为0.07的Roberts算子检测);
BW3 = edge(I,'roberts',0.05);   %以阈值为0.05对图像进行Roberts算子检测
subplot(2,2,3);imshow(BW3);
title('阈值为0.05的Roberts算子检测);
BW4 = edge(I,'roberts',0.03);   %以阈值为0.03对图像进行Roberts算子检测
subplot(2,2,4);imshow(BW4);
title('阈值为0.03的Roberts算子检测);
```

运行程序，输出结果如图9-6所示

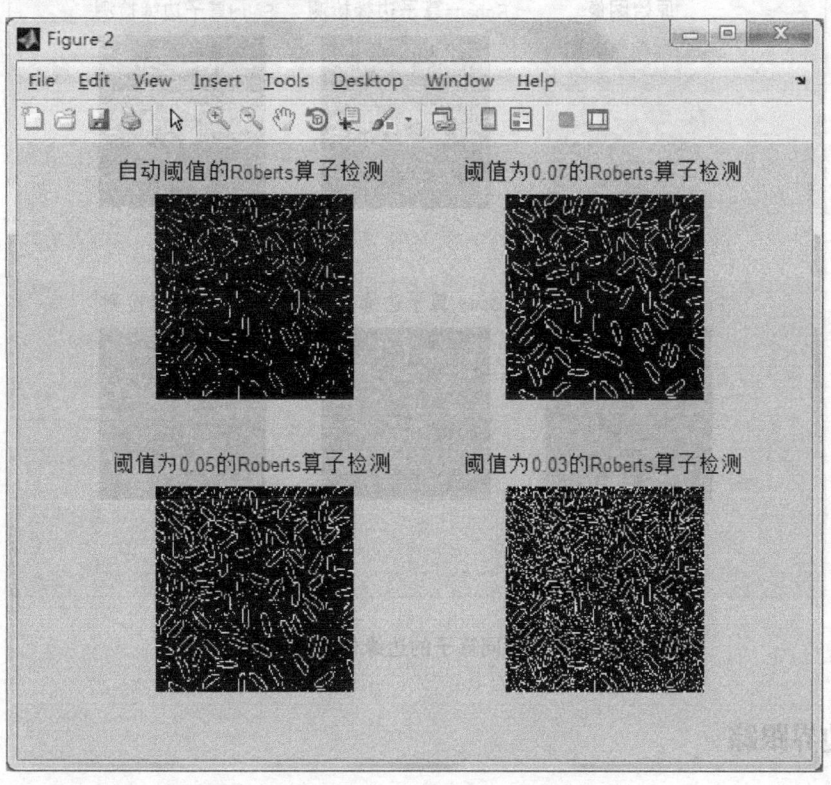

图9-6　Roberts算子边缘检测

例 9-6 比较不同算子的边缘检测效果。

```
I = imread('rice.png');
BW1 = edge(I,'roberts');
BW2 = edge(I,'sobel');
BW3 = edge(I,'prewitt');
BW4 = edge(I,'canny');
BW5 = edge(I,'log');
figure;subplot(2,3,1);imshow(I);title('原始图像');
subplot(2,3,2);imshow(BW1);title('Roberts算子边缘检测');
subplot(2,3,3);imshow(BW2);title('Sobel算子边缘检测');
subplot(2,3,4);imshow(BW3);title('Prewitt算子边缘检测');
subplot(2,3,5);imshow(BW4);title('Canny算子边缘检测');
subplot(2,3,6);imshow(BW5);title('Log算子边缘检测');
```

运行效果如图 9-7 所示。

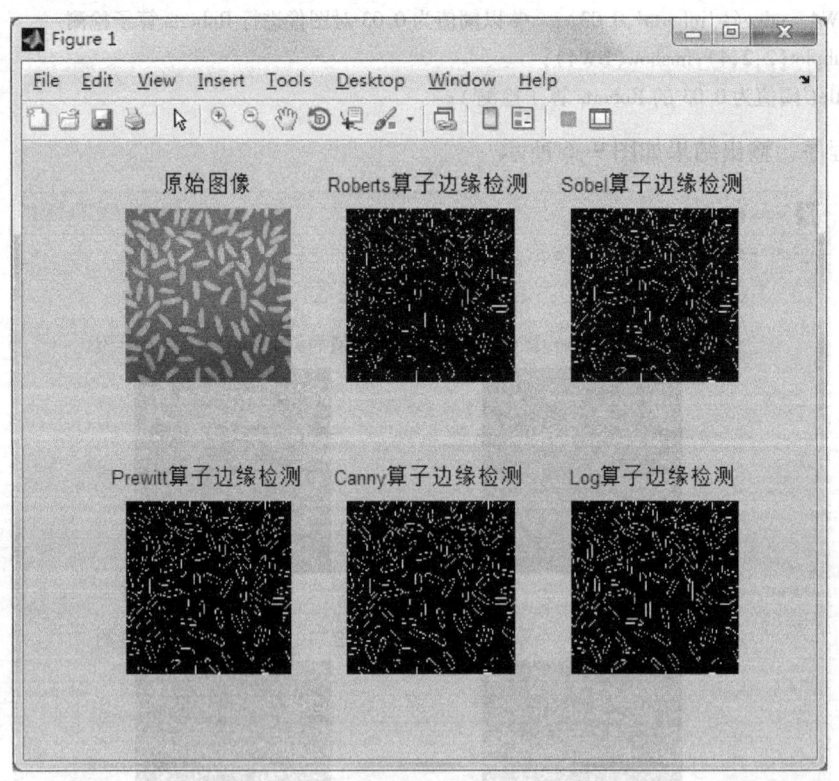

图 9-7　不同算子的边缘检测效果比较

9.2.2　边界跟踪

数字图像可用各种方法检测出边缘点，但是由于噪声、光照不均等因素的影响，获得的边缘点有可能是不连续的，必须通过边界跟踪将它们转换为有用的边界信息，以便后续处理。

边界跟踪的原理是从图像中一个边界点出发,根据某种判别准则在当前点的邻域内搜索下一个边界点,当满足准则时则被确认为是新的边界点,以此跟踪出目标边界。在搜索过程中可能出现以下几种情况:当前点是曲线的分支点或几条曲线的交点,取满足搜索准则的各邻域点中的一个作为新的边界点,其他的点则存储起来,下次搜索时调用;当搜索过程中的邻域点都不满足,则搜索结束。边界跟踪主要包括以下三个步骤。

1) 确定边界的起始搜索点。起始点的选择很关键,选择不同的起始点会导致不同的结果。

2) 确定合适的边界判别准则和搜索准则。

3) 确定搜索的终止条件。

在 MATLAB 图像处理工具箱中,边界跟踪通常用 bwtraceboundary 函数和 bwboundaries 函数来处理。

首先来看 bwtraceboundary 函数的调用形式

B = bwtraceboundary(BW,p,fstep)
B = bwtraceboundary(BW,p,fstep,conn)
B = bwtraceboundary(BW,p,fstep,conn,N,dir)

其中,BW 是读取的二值图像,0 值构成了背景,其他值为目标;参数 P 是一个指定行、列坐标的二元向量,表示图像边界上开始跟踪的那个点;fstep 表示初始查找方向,用于寻找对象中与 P 相连的下一个像素,例如字符串"N"表示 north,"NE"表示 northeast,以指定方向,除了 N、NE 外还有其他几个方向;参数 conn 刻画了跟踪边界的连续性,数值可以是 4 或 8,表示 4 连通或 8 连通;N 为图像边界的最大像素数目,缺省值为 inf;dir 表示跟踪边界的方向,顺时针方向为 clockwise,逆时针方向为 conterclockwise。B 为返回值,表示边界像素的二维坐标。

例 9-7 利用 bwtraceboundary 函数跟踪边界。

```
BW = imread('blobs.png');% 读取图像
imshow(BW,[]);% 显示图像
s = size(BW);% 获取图像尺寸
for row = 2:55:s(1)
    for col = 1:s(2)
        if BW(row,col),
            break;
        end
    end
    contour = bwtraceboundary(BW, [row, col],'W', 8, 50,...
                              'counterclockwise');% 检测是否为边界
    if( ~isempty(contour))
        hold on; plot(contour(:,2),contour(:,1),'g','LineWidth',2);% 画出边界
        hold on; plot(col, row,'gx','LineWidth',2);% 画出边界起点
    else
```

            hold on; plot(col, row,'rx','LineWidth',2);
        end
    end

运行结果如图 9-8 所示。

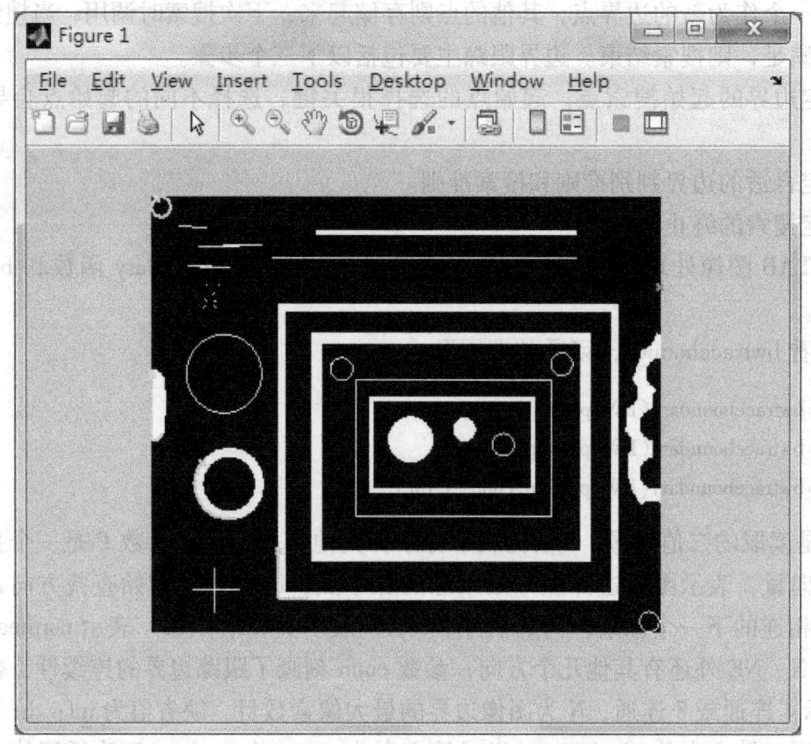

图 9-8 利用 bwtraceboundary 函数跟踪图像边界

另外一个用来进行边界跟踪的函数是 bwboundaries，它的调用形式是

    B = bwboundaries（BW）
    B = bwboundaries（BW,conn）
    B = bwboundaries（BW, conn,options）
    [B,L,N,A] = bwboundaries（BW,conn）

其中，BW、conn 和 B 的含义与 bwtraceboundary 中的含义一致；参数 options 通过设置数值为 'holes' 或 'noholes' 来决定是否需要内边界；L 是返回的标签矩阵；N 是返回的目标数；A 是返回的邻接矩阵。

例 9-8 利用 bwboundaries 函数跟踪边界。

    BW = imread('blobs.png');% 读取图像
    [B,L,N,A] = bwboundaries(BW);% 返回边界、标签矩阵、目标数
    imshow(BW); hold on;% 显示图像
    for k = 1:length(B),
      if(~sum(A(k,:)))

```
            boundary = B{k};
            plot(boundary(:,2), boundary(:,1),'r','LineWidth',2);％显示目标边界
            for l = find(A(:,k))'
                boundary = B{l};
                plot(boundary(:,2), boundary(:,1),'g','LineWidth',2);％显示内部边界
            end
        end
    end
```

程序中的目标边界用红色表示，内部边界用绿色表示，运行结果如图9-9所示。

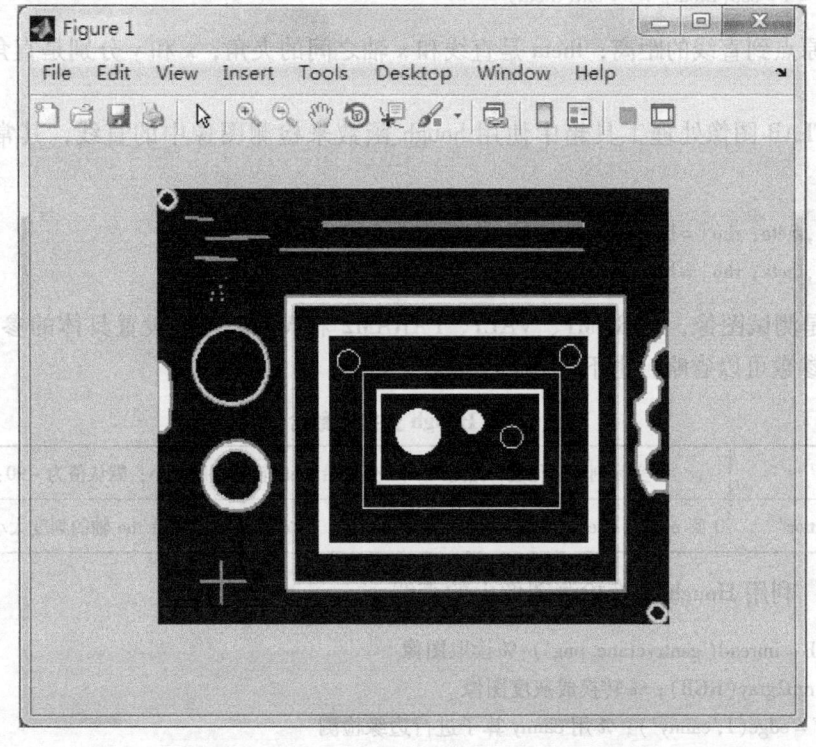

图9-9 利用bwboundaries检测内部和外部边界

9.2.3 边缘连接

在有噪声时，用各种算子得到的边界像素一般是孤立的或分段连续的。为组成区域的封闭边界以将不同区域分开，需要将边缘像素连接起来。边界像素连接的基础是它们之间有一定的相似性。用梯度算子对图像处理可得到像素两方面的信息：梯度的幅度和梯度的方向。根据边缘像素梯度在这两方面的相似性，可把它们连接起来。具体来说，如果像素(s,t)在像素(x,y)的邻域且它们的梯度幅度和梯度方向分别满足以下两个条件（其中T是幅度阈值，A是角度阈值）

$$|\nabla f(x,y) - \nabla f(s,t)| \leq T$$
$$|\varphi(x,y) - \varphi(s,t)| \leq A$$

那么就可将在(s,t)的像素与在(x,y)的像素连接起来。如对所有边缘像素都进行如此的判断

和连接，就可以得到闭合的边界。

此处边界连接可以并行地完成，即一个像素是否与它邻域中的另一个像素连通并不需要在其他判断后作出，进而推广可用于连接相距较近的间断边缘段和消除独立的短边缘段。

Hough 变换常用于将边缘像素连接起来得到边界曲线，主要优点在于受噪声和曲线间断的影响较小。在已知曲线形状的条件下，利用 Hough 变换将分散的边缘像素点连接起来实现曲线逼近。

在图像空间 X – Y 中的一点 (x,y)，经过点 – 正弦曲线对偶的 Hough 变换为

$$rho = x * cos(theta) + y * sin(theta)$$

其中 rho 是原点到直线的距离；theta 是直线和 x 轴之间的夹角；x 和 y 分别是直角坐标系的坐标。

在 MATLAB 图像处理工具箱中使用 hough 函数来检测图像中的直线，其常用调用形式为

[H,theta,rho] = hough(BW)
[H,theta,rho] = hough(BW,PARAM1,VAL1,PARAM2,VAL2)

其中，BW 是测试图像，PARAM1、VAL1、PARAM2 和 VAL2 可以设置具体的参数和取值，见表 9-1。参数可以省略，也不区分大小写。

表 9-1 Hough 变换参数含义

参数	含义
'theta'	实际刻度变化值，指定 Hough 变换沿 theta 轴的刻度大小；默认值为 -90:89。
'rhoresolution'	0 到 norm (size (BW)) 间实际刻度变化值，指定 Hough 变换沿 rho 轴的刻度大小。默认为 1。

例 9-9 利用 Hough 变换检测图像中的直线

```
RGB = imread('gantrycrane.png');% 读取图像
I = rgb2gray(RGB);% 转换成灰度图像
BW = edge(I,'canny');% 用 canny 算子进行边缘检测
[H,T,R] = hough(BW,'Theta',44:0.5:46);% Hough 变换
figure;
subplot(2,1,1);
imshow(RGB);
title('gantrycrane.png');
subplot(2,1,2);
% 显示 Hough 变换的变换矩阵
imshow(imadjust(mat2gray(H)),'XData',T,'YData',R,'InitialMagnification','fit');
title('Limited theta range Hough transform of gantrycrane.png');
xlabel('\theta'), ylabel('\rho');
axis on, axis normal;
colormap(hot);% 颜色映射表
```

运行程序，输出结果如图 9-10 所示。

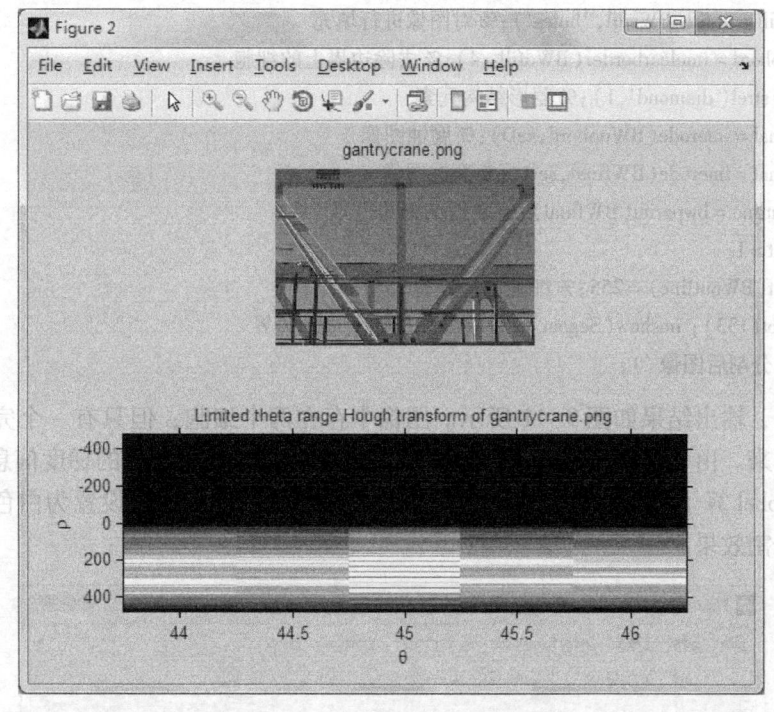

图 9-10 Hough 变换检测直线

9.2.4 MATLAB 实例——利用边界分割检测细胞

细胞检测是医学研究中最基本的步骤,而通过图像分割来检测是常用的方法。利用边界分割来检测细胞的基本步骤如下:

1) 读取图像。
2) 检测细胞边缘。
3) 显示分割后的细胞图像

例 9-10 将图像分割用于检测细胞。

```
clear
I = imread('cell.tif');% 读取图像
subplot(131),imshow(I)
title('原始图像');
[junk threshold] = edge(I,'sobel');% 边缘检测
fudgeFactor = .5;
BWs = edge(I,'sobel', threshold * fudgeFactor);% 改变参数再检测边缘
subplot(132),
imshow(BWs),% 显示二值图像
title('二值图像');
se90 = strel('line', 3, 90);% 垂直的线性结构元素
se0 = strel('line', 3, 0);% 水平的线性结构元素
BWsdil = imdilate(BWs, [se90 se0]);% 对图像进行膨胀
```

```
BWdfill = imfill(BWsdil,'holes');%对图像进行填充
BWnobord = imclearborder(BWdfill,4);%去除边界上的细胞
seD = strel('diamond',1);%菱形结构元素
BWfinal = imerode(BWnobord,seD);%腐蚀图像
BWfinal = imerode(BWfinal,seD);%腐蚀图像
BWoutline = bwperim(BWfinal);%取得细胞的边界
Segout = I;
Segout(BWoutline) = 255;%细胞边界处置255
subplot(133);imshow(Segout),%在原始图像上显示边界
title('分割后图像');
```

运行程序，输出结果如图 9-11 所示。图像中存在两个细胞，但只有一个完整细胞，需要将其分割出来。由于目标图像与背景有较大的区别，可以利用灰度的梯度信息来实现图像分割，采用 Sobel 算子来实现边缘提取。右图是在原图中目标的边缘设置为白色，突出目标轮廓，显示分割效果。

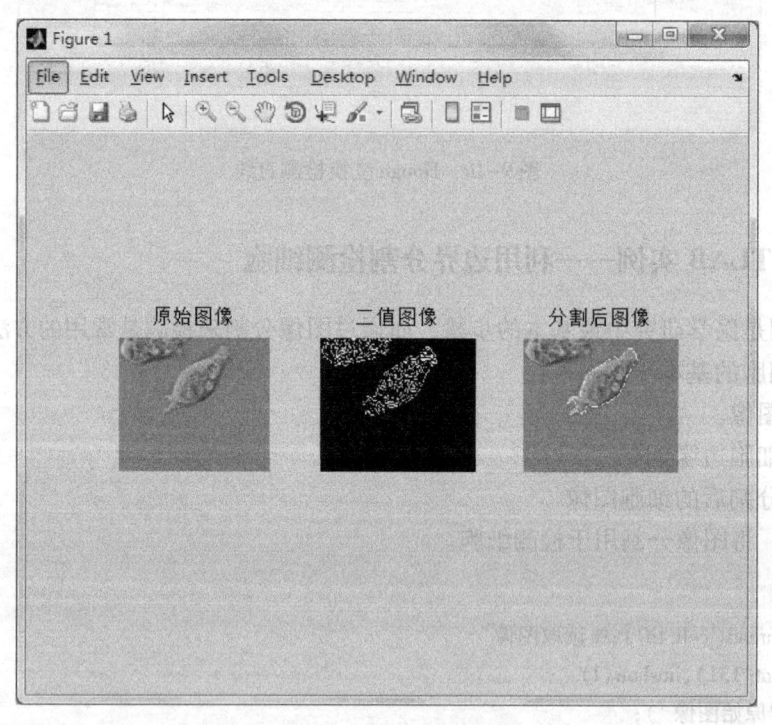

图 9-11 细胞检测

9.3 区域分割

对于特征不连续的边缘检测，利用图像的空间局部特征把图像分割成相同的互相不重叠区域的处理方法叫做区域分割。典型的区域分割方法有区域生长法、区域分裂法和区域分裂合并法等。它们的主要优点是对噪声不敏感，且分割的区域连通性好，但是常常会造成图像的过分割问题，而且分割结果很大程度上依赖于种子点的选择，分

割所得到的区域形状依赖于种子点和统计特征的选取、相似性尺度的判据，以及所选择的分割算法。

9.3.1 区域生长法

根据图像分割的定义可知，图像分割是将图像划分成一些区域，这些区域是互不相交的，同时这些区域应满足一定的特殊含义，可以理解成一些区域是目标，一些区域是背景。而区分这些区域的主要特征是该区域的灰度、颜色或几何性质，每一个区域都满足特定特征的一致性，其实质就是将具有相似特性的像素连接成区域。

区域生长法的基本思想是将具有相似性质的像素集合起来构成区域。具体实现是先对每个需要分割的区域找一个种子像素作为生长的起点，然后将种子像素周围邻域中与种子像素有相同或相似性质的像素（根据某种事先确定的生长或相似准则来判定）合并到种子像素所在的区域中。将这些新像素当作新的种子像素继续进行上面的过程，直到再没有满足条件的像素可被包括进来。这样一个区域就长成了。

区域生长法需要选择一组能正确代表所需区域的种子像素，确定在生长过程中的相似性准则，制定让生长停止的条件或准则。相似性准则可以是灰度级、彩色、纹理、梯度等特性。选取的种子像素可以是单个像素，也可以是包含若干个像素的小区域。大部分区域生长准则使用图像的局部性质。生长准则可根据不同原则制定，而使用不同的生长准则会影响区域生长的过程。区域生长法的优点是计算简单，对于较均匀的连通目标有较好的分割效果。它的缺点是需要人为确定种子点，对噪声敏感，可能导致区域内有空洞。另外，它是一种串行算法，当目标较大时，分割速度较慢，因此在设计算法时，要尽量提高效率。

区域生长法可以用图像处理工具箱的 imreconstruct 函数来实现，函数的调用格式为

```
im = imreconstruct(marker, mask);
```

其中，marker 为标记图像，mask 为模板图像，im 为输出图像。

例 9-11 应用区域生长法提取图像，将文本图片中的 W 字符从中提取出来。

```
mask = imread('text.png');
marker = false(size(mask));
marker(13,94) = true;
im = imreconstruct(marker,mask);
subplot(1,2,1);
imshow(mask);
title('原始图像');
subplot(1,2,2);
imshow(im);
title('输出图像');
```

运行程序，输出结果如图 9-12 所示。

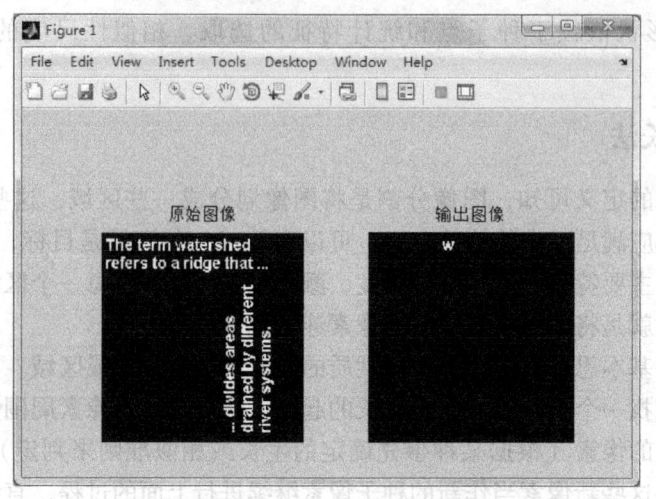

图9-12 区域生长法提取图像

9.3.2 区域分裂法

如果区域的特性差别比较大，不满足一致性准则时，则应采用区域分裂法，分裂过程是从图像的最大区域开始的，一般情况下最大区域指整幅图像。区域分裂法要注意两个问题：

1）确定分裂准则（一致性准则）。

2）确定分裂方法，即如何分裂区域，使得分裂后的子区域的特性尽可能满足一致性准则。

这些问题和具体的应用领域有关，应结合特定的领域知识和区域特性加以解决。例如在一些应用场合用灰度值的变化量作为一致性的度量，而在有些场合采用拟合函数来逼近灰度值，再用拟合函数与实际的灰度值之差作为一致性的度量。确定分裂方法比确定分裂准则更困难。因为沿图像中物体真实边界分裂的方法才是最好的方法，分裂得到的子区域特性才满足一致性准则，但物体真实边界是通过分裂后才获取的，这是相互矛盾的。最容易的区域分裂是把区域分裂成固定数量的等尺度区域，通常采用四叉树图像分裂法。用 P 表示具有相同性质的逻辑谓语，区域分裂算法如下：

1）形成初始区域。

2）对图像的每一个区域 R_i，计算 $P(R_i)$，如果 $P(R_i)$ = False，则沿着某一合适的边界分裂区域。

9.3.3 区域分裂合并法

如果只使用区域分裂法，最后的分区可能出现相邻的两个区域具有相同属性但并未合并的情况。为了解决该问题，在每次分裂后允许继续分裂或合并，合并那些都处于不可分裂状态的相邻区域。根据9.3.2节的区域分裂算法，如果 $P(R_i \cup R_j)$ = True，则将 R_i 和 R_j 合并。

根据上述思想，Horowitz 和 Pavlidis 提出了一种从树的某一层开始，按照某种区域属性的一致性测度，合并相应的相邻块，对应该进一步划分的块再进行划分的分割方法，称为分裂合并法。分裂合并法可以看作区域生长方法的逆过程，从树的根，不断分裂得到各个子图像区域,然后再把子图像区域合并,实现目标提取。典型的分割技术是以图像四叉树作为基本数据结构的分裂合并法。

四叉树分解法将原始图像逐步细分成小块,操作的目的是将具有一致性的像素分到相同小块中。通常这些小块都是方块,只有少数情况分成长方形。

MATLAB 提供 qtdecomp 函数来进行四叉树分解。函数将方形的原始图像分成四个相同大小的方块,判断每个方块是否满足一致性标准;如果满足就不再继续分裂,如果不满足就再细化成四个方块,并对细分得到的方块继续应用一致性经验。这个迭代重复的过程直到所有的方块都满足一致性标准才停止。最后,四叉树分解法的结果可能包含多种不同尺寸的方块。

qtdecomp 函数的调用形式

```
S = qtdecomp(I)
S = qtdecomp(I, threshold)
S = qtdecomp(I, threshold, mindim)
S = qtdecomp(I, threshold, [mindim maxdim])
```

其中,I 是图像灰度矩阵;threshold 为阈值,如果分解的块中最大像素值与最小像素值的差大于阈值,则继续分解图像块;mindim 和 maxdim 为子块尺寸的上下限定范围,即子块尺寸必须在此范围内;S 为返回的四叉树结构,为一稀疏矩阵。

例 9-12 矩阵四叉树分解

```
I = uint8([1 1 1 1 2 3 6 6;...
          1 1 2 1 4 5 6 8;...
          1 1 1 1 7 7 7 7;...
          1 1 1 1 6 6 5 5;...
          20 22 20 22 1 2 3 4;...
          20 22 22 20 5 4 7 8;...
          20 22 20 20 9 12 40 12;...
          20 22 20 20 13 14 15 16]);
S = qtdecomp(I,.05);% 四叉树分解,阈值为0.05
disp(full(S));
```

例子中的原始矩阵为 8×8 矩阵,首先把矩阵分为 4 个 4×4 的子块,对于左上方、左下方和右上方的子块,由于最大像素值和最小像素值的差小于阈值(由于矩阵类型是 uint8 型,所以在比较阈值时应将阈值乘以 255),则停止分解,因此在每个子块的左上方显示 4。对于第四个子块,由于差值大于阈值,继续分解,直到右下方每个子块只有一个像素为止。运行结果为

4	0	0	0	4	0	0	0
0	0	0	0	0	0	0	0
0	0	0	0	0	0	0	0
0	0	0	0	0	0	0	0
4	0	0	0	2	0	2	0
0	0	0	0	0	0	0	0
0	0	0	0	2	0	1	1
0	0	0	0	0	0	1	1

例9-13 图像四叉树分解

```
I = imread('liftingbody.png');
S = qtdecomp(I,.27);%四叉树分解,阈值设定为0.27
blocks = repmat(uint8(0),size(S));%矩阵扩充到S的大小
for dim = [512 256 128 64 32 16 8 4 2 1];
    numblocks = length(find(S == dim));
    if (numblocks > 0)
        values = repmat(uint8(1),[dim dim numblocks]);%左上角元素为1
        values(2:dim,2:dim,:) = 0;%其他元素为0
        blocks = qtsetblk(blocks,S,dim,values);
    end
end
blocks(end,1:end) = 1;
blocks(1:end,end) = 1;
subplot(121)
imshow(I);
title('原始图像');
subplot(122)
imshow(blocks,[]);
title('四叉树分解图像');%显示分解后的图像
```

程序运行结果如图9-13所示,图中左边的图像是原始图像,右边是经过四叉树分解后的图像,其中白色的线段表示子块之间的边界,面积比较小的子块表示图像中灰度变化较大的区域。

图9-13 四叉树分解

9.4 习题

1. 图像分割有什么实际意义？具体的分割方法有哪些？
2. Otsu 法的基本原理是什么？
3. 分水岭算法有什么缺陷？如何克服？
4. 指出 Canny 算子的优缺点。
5. 请详细描述区域生长法的优缺点。

第 10 章 图像形态学处理

形态学是一种用于几何结构分析和处理的理论和技术，其与集合理论、晶格理论、拓扑学和随机函数紧密相关。形态学被广泛地用于数字图像处理，同时可以用于图论、平面网格、立体目标和许多其他空间结构。形态学运算最初用于二值图像，其主要内容是设计一整套的变换、概念和算法，用于描述图像的基本特征。后来被扩展用于灰度图像。这些数学工具不同于常用的频域或空域的算法，而是分析集合状况和结构的数学方法，是建立在集合代数基础上，用集合论方法定量描述集合结构的科学。

图像形态学处理以腐蚀和膨胀两种基本运算为基础，引出其他几个常用的数学形态学运算，如开运算、闭运算、击中、细化和粗化。用这些运算及其组合可以进行图像形状和结构的分析及处理，包括图像分割、特征抽取、图像滤波、图像增强和恢复等方面的工作。

10.1 腐蚀和膨胀

膨胀和腐蚀运算是形态学图像处理的基础，本章介绍的许多算法均基于这些运算，我们将在下面的讨论中定义并说明这些算法。

10.1.1 结构元素

膨胀和腐蚀操作的核心内容是结构元素。一般来说结构元素是由元素值为 1 或 0 的矩阵组成。结构元素为 1 的区域定义了图像的邻域。结构元素的原点是结构元素参与形态学运算的参考点。

MATLAB 图像处理工具箱提供 strel 函数生成任意维数和形状的结构元素，其调用方式如下

SE = strel(shape, parameters)

根据 shape 指定的类型创建一个结构元素 SE。shape 的类型有 'arbitrary'、'pair'、'diamond'、'periodicline'、'disk'、'rectangle'、'line'、'square'、'octagon'。

SE = strel('arbitrary', NHOOD)

创建一个指定邻域的平面结构化元素。NHOOD 是一个只包含 0 和 1 的矩阵，1 的位置定义了邻域的形态学操作。NHOOD 的中心为 FLOOR{[SIZE(NHOOD) +1]/2}。

SE = strel('arbitrary', NHOOD, HEIGHT)

创建一个指定邻域的非平面结构化元素。HEIGHT 为与 NHOOD 同样大小的矩阵，其值为 NHOOD 中每个元素的高度值。

SE = strel('ball',R,H,N)

创建一个空间椭球状的结构元素，其 X - Y 平面半径为 R，高度为 H。R 必须为非负整数，H 是一个实数。N 必须为一个非负偶数，当 N > 0 时此球形结构元素由一系列空间线段结构元素来近似；当 N = 0 时不需要近似，结构化元素的成员由所有距中心原点大于 R 的元素组成，相应的高度值可由 R/H 指定的椭球中提取。如果 N 未指定，则缺省值为 8。

SE = strel('diamond',R)

创建一个指定大小 R 平面菱形的结构化元素。R 是从结构化元素原点到其点的距离，必须为非负整数。

SE = strel('disk',R,N)

创建一个指定半径 R 的平面圆盘形的结构元素。这里 R 必须是非负整数。N 须是 0、4、6、8。当 N > 0 时，球形结构元素由一组 N(或 N + 2)个周期线段结构元素来近似。当 N = 0 时，不使用近似，即结构元素的所有像素是由到中心像素距离小于或等于 R 的像素组成。N 可以被忽略，此时缺省值是 4。

MATLAB 图像处理工具箱还提供了一些专门操作结构元素 strel 的函数，见表 10-1。

表 10-1 结构元素的操作函数

函 数	说 明
getheight	获取结构元素的高度
getneighbors	获取结构元素的邻域的相对坐标位置和高度
getnhood	获取结构元素的邻域
getsequence	获取分解的结构元素序列
isflat	判断结构元素是否为平面结构元素，如果是，返回真
reflect	对结构元素进行反射
translate	对结构元素进行偏移

例 10-1 生成一个菱形的结构元素。

se = strel('diamond',3)

输出结果如下

se =

Flat STREL object containing 25 neighbors.

Decomposition: 3 STREL objects containing a total of 13 neighbors

Neighborhood:

0	0	0	1	0	0	0
0	0	1	1	1	0	0
0	1	1	1	1	1	0
1	1	1	1	1	1	1
0	1	1	1	1	1	0
0	0	1	1	1	0	0
0	0	0	1	0	0	0

10.1.2 腐蚀

腐蚀是图像形态学的两种最基本的运算之一。腐蚀在数学形态学中的作用是消除物体边界点,使边界向内部收缩,可以把小于结构元素的物体去除。这样选取不同大小的结构元素,就可以去除不同大小的物体。如两个物体间有细小的连通,通过腐蚀可将两个物体分开。

腐蚀的运算符为 Θ,腐蚀的数学表达式为

$$S = X \Theta B = \{x : B_x \subset x\}$$

其中,S 表示腐蚀后的二值图像集合;B 表示用来进行腐蚀的结构元素;X 为原图像的像素集合。公式的含义是用 B 来腐蚀 X 得到的集合 S,S 是由 B 完全包含在 X 中时 S 的当前位置的集合。

图 10-1 是腐蚀运算过程。左边是被处理的图像 x(二值图像,针对的是黑点),中间是结构元素 B,标有 origin 的点是中心点,即当前处理元素的位置。腐蚀操作是使用 B 的中心点和 X 上的点逐个对比,如果 B 的所有点都在 x 的范围内,则该点保留,否则将该点去掉;右边是腐蚀后的结果。可以看出,它仍在原来 x 的范围内,且比 x 包含的点要少,就像 x 被腐蚀掉了一层,从而达到使物体边界向内部收缩的效果。腐蚀操作填充图像的规则总结见表 10-2。

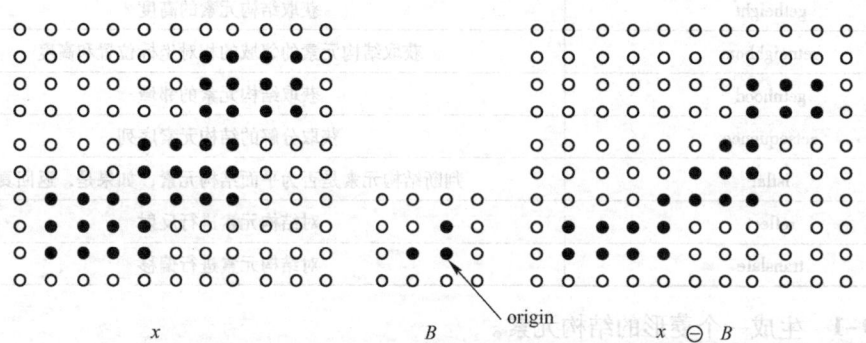

图 10-1 腐蚀运算过程示例

MATLAB 图像处理工具箱提供用于图像腐蚀的函数是 imerode,其调用方式如下

表 10-2 腐蚀填充图像规则

操作	规则
腐蚀	输出像素的值是所有输入像素值中的最小值。在二值图像中,如果邻域中有一个像素值为 0,则输出像素的值为 0
	超出图像边界的像素值定义为该数据类型允许的最大值。对于二进制图像,这些像素值设置为 1;对于灰度图像,uint8 类型的最大值为 256

```
IM2 = imerode(IM,SE)
IM2 = imerode(IM,NHOOD)
IM2 = imerode(IM,SE,PACKOPT,M)
IM2 = imerode(...,SHAPE)
```

其中，IM 是输入图像，返回输出图像 IM2。参数 SE 为由 strel 函数返回的结构元素或者结构元素对象组。NHOOD 是定义结构元素邻域 0 和 1 的矩阵，用于表示自定义形状的结构元素。PACKOPT 用来指定图像是否为腐蚀的二值图像，其中 'ispacked' 表示为二值图像，'not-packed' 表示为普通的数组。SHAPE 指定输出图像的大小，有两种选择，'same' 为默认值，表示与输入图像的大小相同，'full' 表示全腐蚀后的结果。

例 10-2 二值图像的腐蚀

```
originalBW = imread('text.png');
se = strel('line',11,90);
erodedBW = imerode(originalBW,se);
subplot(121);
imshow(originalBW);
title('原始图像')
subplot(122);
imshow(erodedBW);
title('腐蚀后的图像')
```

运行程序，输出结果如图 10-2 所示。可以看出腐蚀后的图像中字体变小，也就是说腐蚀是指使目标对象被腐蚀，从而使目标对象变小。

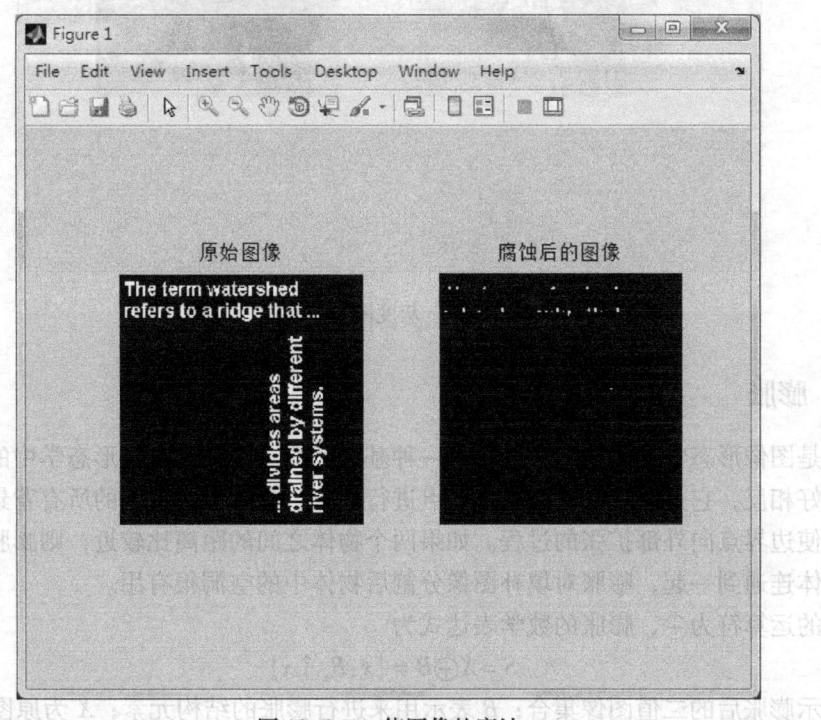

图 10-2 二值图像的腐蚀

例 10-3 灰度图像的腐蚀

```
originalI = imread('cameraman.tif');
se = strel('ball',5,5);
erodedI = imerode(originalI,se);
```

```
subplot(121);
imshow(originalI);
title('原始图像')
subplot(122);
imshow(erodedI);
title('腐蚀后的图像')
```

运行程序，输出结果如图 10-3 所示。

图 10-3　灰度图像的腐蚀

10.1.3　膨胀

膨胀是图像形态学中除腐蚀之外的另一种基本运算。膨胀在图像形态学中的作用与腐蚀的作用正好相反，它是对二值化图像边界点进行扩充，将与物体接触的所有背景点合并到该物体中，使边界点向外部扩张的过程。如果两个物体之间的距离比较近，则膨胀运算可能会把两个物体连通到一起，膨胀对填补图像分割后物体中的空洞很有用。

膨胀的运算符为⊕，膨胀的数学表达式为

$$S = X \oplus B = \{x : B_x \uparrow x\}$$

其中 S 表示膨胀后的二值图像集合；B 表示用来进行膨胀的结构元素；X 为原图像的像素集合。公式的含义是用 B 来膨胀 X 得到的集合 S，S 是由 B 映像的位移与 X 至少有一个像素相同时 B 的中心点位置的集合。

图 10-4 是膨胀运算过程。左边是被处理的二值图像 X（针对的是黑点），中间是结构元素 B。膨胀的方法是，使用 B 的中心点和 X 上的点及 X 周围的点逐个地对比，如果 B 上

有一个点落在 X 的范围内，则该点就为黑；右边是膨胀后的结果。可以看出，它包括 X 的所有范围，就像 X 膨胀了一圈似的，从而达到使物体边界向外扩张的效果。膨胀操作填充图像的规则总结见表 10-3。

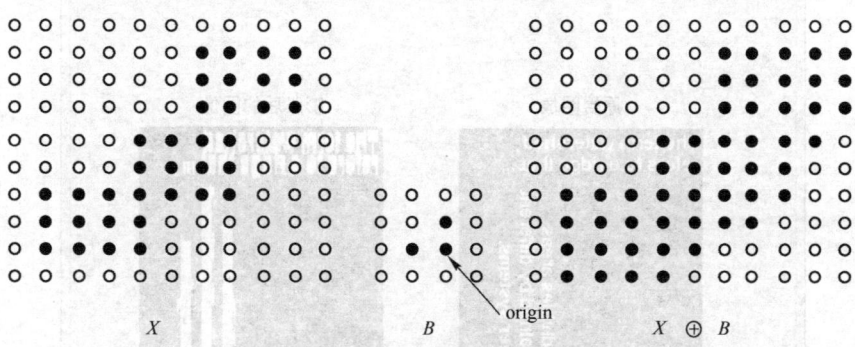

图 10-4　膨胀运算过程示例

表 10-3　膨胀填充图像规则

操　作	规　则
膨胀	输出像素的值是所有输入像素值中的最大值。在二值图像中，如果邻域中有一个像素值为 1，则输出像素的值为 1
	超出图像边界的像素值定义为该数据类型允许的最小值。对于二进制图像，这些像素值设置为 0；对于灰度图像，uint8 类型的最小值也为 0

MATLAB 图像处理工具箱提供用于图像膨胀的函数是 imdilate，其调用方式如下

　　IM2 = imdilate(IM,SE)
　　IM2 = imdilate(IM,NHOOD)
　　IM2 = imdilate(IM,SE,PACKOPT)
　　IM2 = imdilate(…,SHAPE)

其中，各个参数的含义与 imerode 函数的参数含义相同，只不过 imdilate 函数对输入图像执行的是膨胀操作，而 imerode 函数对输入图像执行的是腐蚀操作。

例 10-4　二值图像的膨胀

```
originalBW = imread('text.png');
se = strel('line',11,90);
dilatedBW = imdilate(originalBW,se);
subplot(121);
imshow(originalBW);
title('原始图像')
subplot(122);
imshow(dilatedBW);
title('膨胀后的图像')
```

运行程序，输出结果如图 10-5 所示。与例 10-2 的腐蚀操作相比，图中的垂直方向字母膨胀连接起来，而水平方向的字母没有连接起来。

图 10-5 二值图像的膨胀

例 10-5 灰度图像的膨胀

  originalI = imread('cameraman. tif');
  se = strel('ball',5,5);
  dilatedI = imdilate(originalI,se);
  subplot(121);
  imshow(originalI);
  title('原始图像')
  subplot(122);
  imshow(dilatedI);
  title('膨胀后的图像')

运行程序,输出结果如图 10-6 所示。与例 10-3 的腐蚀操作相比,人物的像素值较低,而周围的背景像素值较高,更加突出了人物。

例 10-6 灰度图像的膨胀(图像先取反后膨胀)

  original = imread('cameraman. tif');
  originalI = 256 - original;
  se = strel('ball',5,5);
  dilatedI = imdilate(originalI,se);
  dilatedII = 256 - dilatedI;
  subplot(121);
  imshow(original);
  title('原始图像')

```
subplot(122);
imshow(dilatedII);
title('膨胀后的图像')
```

图 10-6 灰度图像的膨胀

运行程序，输出结果如图 10-7 所示。可以发现先取反再进行膨胀，然后再取反得到的图像与直接对图像进行腐蚀得到的图像效果是相似的。

图 10-7 灰度图像的膨胀（图像先取反后膨胀）

10.2 腐蚀和膨胀的组合

在图像处理的实际应用中，更多地以各种组合的形式来使用膨胀和腐蚀。一幅图像将使用相同或不同的结构元素来进行一系列膨胀或腐蚀运算。本节主要介绍最常用的膨胀和腐蚀组合：开运算、闭运算、击中击不中变换和骨架提取。

10.2.1 开运算和闭运算

形态学的开运算是先对一幅图像进行腐蚀，然后再使用相同的机构元素进行膨胀操作。而闭运算恰恰相反，是先对一幅图像进行膨胀，然后再使用相同的结构元素对图像进行腐蚀操作。

1. 开运算

先腐蚀后膨胀的过程称为开运算。图像经过开运算后，能够去除孤立的小点、毛刺和小桥（即连通两块区域的小点），消除小物体，平滑较大物体的边界，同时对物体面积改变不明显。

开运算的数学表达式为

$$S = (X \ominus B) \oplus B$$

其中，S 表示进行开运算后的二值图像集合，B 表示用来进行开运算的结构元素，X 表示原图像的像素集合。图 10-8 说明了图像开运算的过程。在图 10-8 上面的两幅图中，左边是被处理的二值图像 X（针对的是黑点），右边是结构元素 B，origin 是中心元素，用 B 在 X 上面滑动比较，进行腐蚀运算，如左下图，有三个点得以保留，再用 B 在左下图上进行膨胀运算，右下图就是在此基础上膨胀的结果。

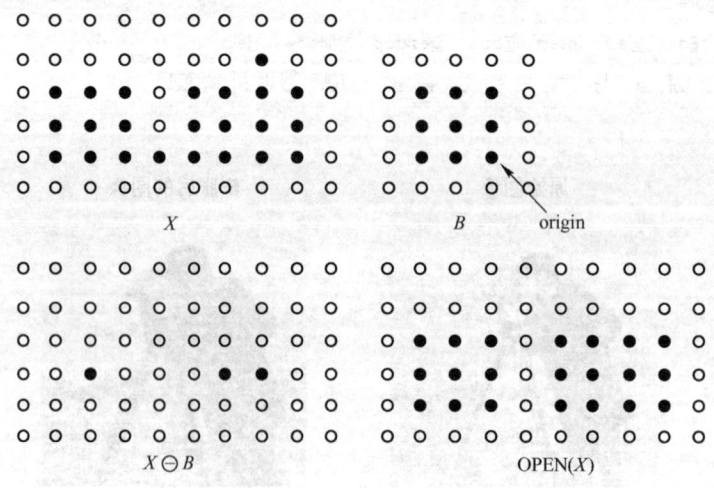

图 10-8 图像开运算

2. 闭运算

闭运算是先膨胀后腐蚀的过程，其功能是用来填充物体内细小空洞、连接邻近物体、平滑其边界，和开运算一样，对物体面积改变不明显。

闭运算的数学表达式为

$$S = (X \oplus B) \ominus B$$

其中，S 表示进行开运算后的二值图像集合，B 表示用来进行开运算的结构元素，X 表示原图像的像素集合。图 10-9 说明了图像闭运算的过程。在图 10-9 上面的两幅图中，左边是被处理的二值图像 X（针对的是黑点），右边是结构元素 B，origin 是中心元素，用 B 在 X 上面滑动比较，进行膨胀运算，左下图是膨胀后的结果，再用 B 在左下图上进行腐蚀运算，右下图是在此基础上腐蚀的结果。可以看到，原图经过闭运算后，断裂的地方被弥合了。

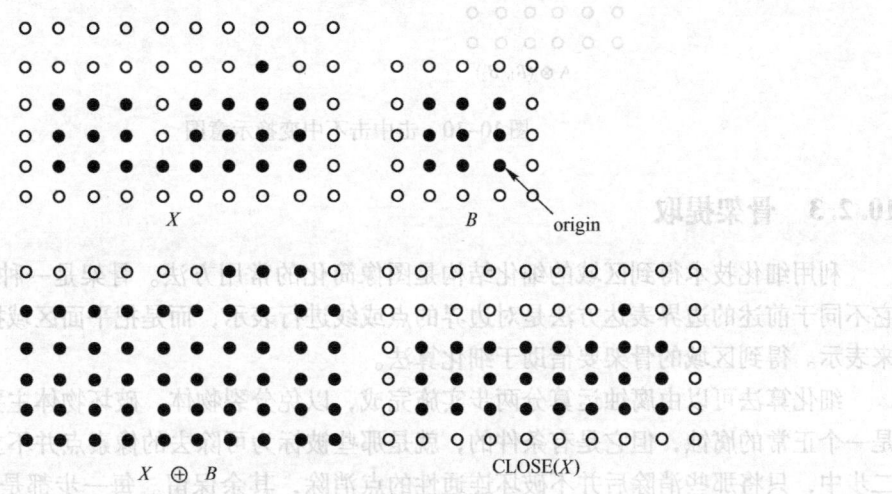

图 10-9　图像闭运算

10.2.2　击中击不中变换

在图像分析中，同时分析图像的内部和外部，对于研究图像中物体与背景之间的关系会得到很好的效果。数学形态学中的击中击不中变换可以做到这一点，这时结构元素不仅含有物体点，而且还含有背景点，只有当结构元素与所对应的区域完全符合时才作为结果输出到输出图像。这时形态学运算演变为条件严格的模板匹配。它不是基于结构元素是否包含在集合 A 或补集 A^c 中，而是基于结构元素与 A 和 A^c 均相交，这种关系结构常常包含丰富的信息。

设 A 为被研究图像，B 为结构元素，而且 B 由两个不相交的部分 B_1 和 B_2 组成，即 $B = B_1 \cup B_2$，且 $B_1 \cap B_2 = \Phi$。A 被 B "击中" 的定义为

$$A \otimes B = \{a | B_1[a] \subseteq A \text{ 且 } B_2[a] \subseteq A^c\}$$

当 B 在图像 A 上移动时，在当前位置 a，只有当 $B[a]$ 与 A 和 A^c 的补集均相交，且其子集 $B_1[a]$ 包含于 A，$B_2[a]$ 包含于 A^c 时才能保留下来。所以选择适当的 B_1 和 B_2 后，击中击不中变换实际上提取了 A 的特定于结构元素对 (B_1, B_2) 的边缘几何结构信息。图 10-10 是击中击不中变换的示意图。

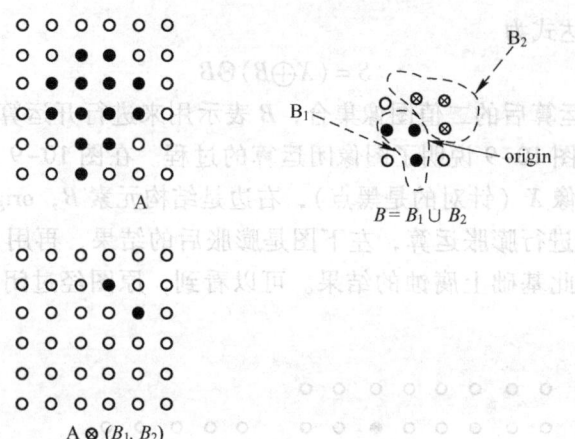

图 10-10 击中击不中变换示意图

10.2.3 骨架提取

利用细化技术得到区域的细化结构是图像简化的常用方法。骨架是一种区域表示方法，它不同于前述的边界表达方法是对边界的点或线进行表示，而是把平面区域抽取为图的形式来表示。得到区域的骨架要借助于细化算法。

细化算法可以由腐蚀运算分两步实施完成，以免分裂物体，破坏物体主要结构。第一步是一个正常的腐蚀，但它是有条件的，就是那些被标为可除去的像素点并不立即消去。在第二步中，只将那些消除后并不破坏连通性的点消除，其余保留。每一步都是一个 3×3 邻域运算，图 10-11 是常用的八个方向结构元素；第二步可以根据待消除点的八个相邻点的情况查表（图 10-12 是一种判断方式）来判断是否删除以提取骨架。

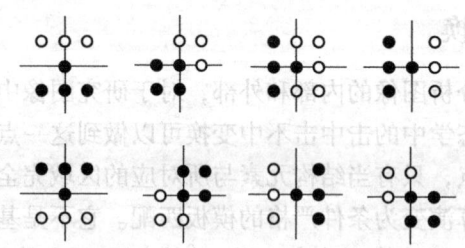

图 10-11 八个方向结构元素

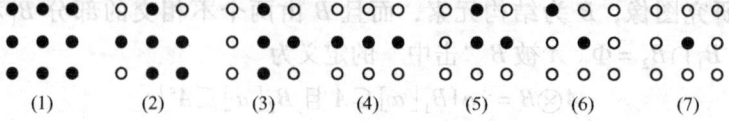

图 10-12 相邻点情况表

从图 10-12 可以看出：(1) 不能删，因为它是个内部点，我们要求的是骨架，如果连内部点也删了，骨架也会被掏空的；(2) 不能删，和 (1) 是同样的道理；(3) 可以删，这样的点不是骨架；(4) 不能删，因为删掉后，原来相连的部分断开了；(5) 可以删，这样的点不是骨架;(6)不能删,因为它是直线的端点,如果这样的点删了,那么最后整个直线也被删了;(7)不能删,因为孤立点的骨架就是它自身。

因此判定相邻点是否可以删除由以下四点决定:

1)内部点不能删除。

2)孤立点不能删除。

3)直线端点不能删除。

4)如果 P 是边界点,去掉 P 后,如果连通分量不增加,则 P 可以删除。

图像形态学使用击中击不中变换来进行细化。对于结构元素 $B=(B_1,B_2)$,B_1 和 B_2 分别被定义为目标和背景,利用 B 细化 A 定义为

$$A \otimes B = A - (A \circledast B)$$

随着迭代的进行,得到的集合不断细化,迭代过程不断循环,当一个完整的循环结束时,如果所得结果不再变化,则终止迭代过程。

10.2.4 MATLAB 实例——利用图像组合运算进行形态学处理

1. 开运算

首先根据开运算的定义,我们使用 imdilate 函数和 imerode 函数来进行形态学的开运算,先使用 imerode 函数进行腐蚀运算,再使用 imdilate 函数进行膨胀运算,开运算的效果是去除图像中的小目标而保持大目标的形状和大小不变。

例 10-7 二值图像的开运算

```
BW1 = imread('circbw.tif');% 读取图像
subplot(131),imshow(BW1);title('原始图像');
SE = strel('rectangle',[40 30]);% 生成矩形结构元素
BW2 = imerode(BW1,SE);% 对图像进行腐蚀
subplot(132);
imshow(BW2);
title('腐蚀后的图像');
BW3 = imdilate(BW2,SE);% 对图像进行膨胀
subplot(133);
imshow(BW3);
title('先腐蚀后膨胀的图像');
```

运行程序,输出结果如图 10-13 所示。程序设定的结构元素可以去除图形的线形结构,但不够消除矩形块结构,膨胀操作使矩形块结构变大,达到突出和平滑主要结构的目的。

MATLAB 图像处理工具箱使用 imopen 函数来进行开运算,其调用方式如下

```
IM2 = imopen(IM,SE)
IM2 = imopen(IM,NHOOD)
```

其中,IM 为输入图像,IM2 为返回的执行开运算后的图像,参数 SE 为由 strel 函数返回的结构元素或者结构元素对象组,NHOOD 是定义结构元素邻域 0 和 1 的矩阵,用于表示结构元素的邻域。

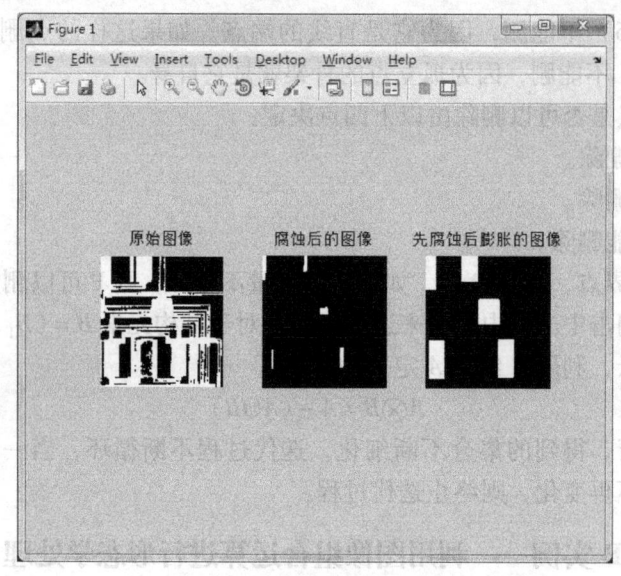

图 10-13 二值图像的开运算

例 10-8 利用 imopen 函数进行开运算

```
BW1 = imread('circbw.tif');%读取图像
subplot(121);
imshow(BW1);
title('原始图像');
SE = strel('rectangle',[40 30]);%生成矩形结构元素
BW2 = imopen(BW1,SE);%对图像直接进行开运算
subplot(122);
imshow(BW3);
title('开运算后的图像');
```

运行程序，输出结果如图 10-14 所示。从图上可以看出，使用 imopen 函数进行开运算得到的结果与例 10-7 中先使用 imerode 函数后使用 imdilate 函数进行开运算得到的结果是一致的。

2. 闭运算

MATLAB 图像处理工具箱使用 imclose 函数来进行闭运算，其调用方式如下

```
IM2 = imclose(IM,SE)
IM2 = imclose(IM,NHOOD)
```

其中，参数的含义与 imopen 函数参数类似。

例 10-9 利用 imclose 函数进行闭运算

```
originalBW = imread('circles.png');
subplot(121);
imshow(originalBW);
title('原始图像');
```

```
se = strel('disk',10);
closeBW = imclose(originalBW,se);
subplot(122);
imshow(closeBW);
title('闭运算后的图像');
```

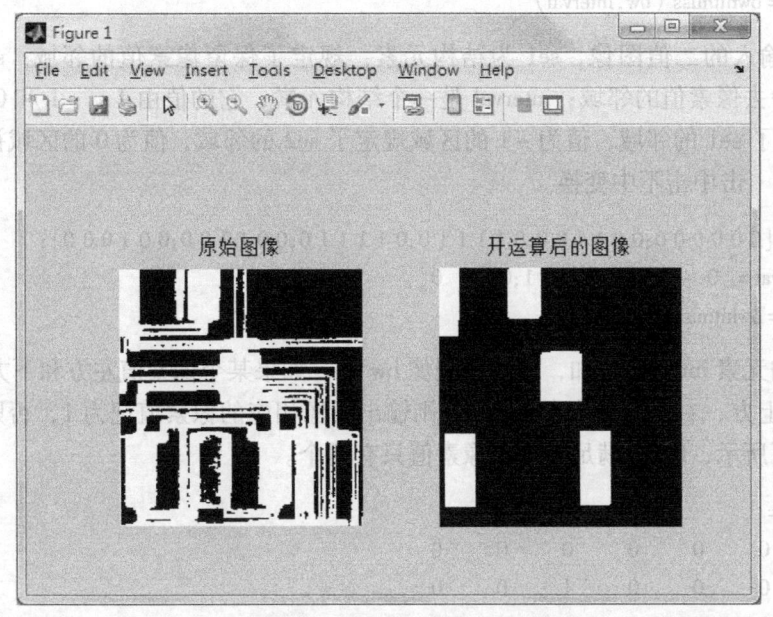

图 10-14　利用 imopen 函数进行开运算

运行程序，输出结果如图 10-15 所示。闭运算填充了物体中间的空洞。

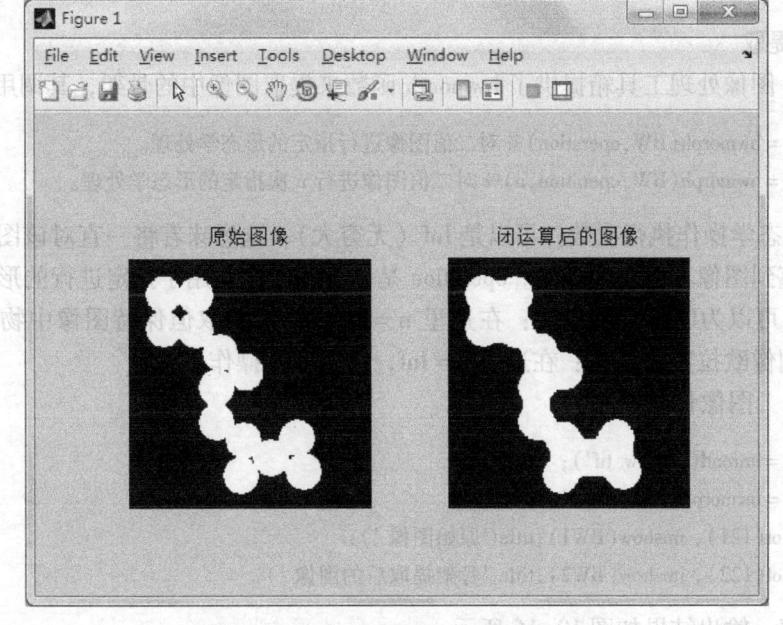

图 10-15　利用 imclose 函数进行闭运算

3. 击中击不中变换

MATLAB 图像处理工具箱对图像进行击中击不中变换操作的函数是 bwhitmiss，其调用方式如下

  bw2 = bwhitmiss(bw,se1,se2)
  bw2 = bwhitmiss(bw,interval)

其中，bw 为输入的二值图像，se1 为结构元素，规定了保留像素值的邻域；se2 为结构元素，规定了舍去像素值的邻域；interval 是一个结构元素，它的值由 1，-1 和 0 组成，值为 1 的区域规定了 se1 的邻域，值为 -1 的区域规定了 se2 的邻域，值为 0 的区域被忽略。

例 10-10 击中击不中变换

  bw = [0 0 0 0 0 0;0 0 1 1 0 0;0 1 1 1 1 0;0 1 1 1 1 0;0 0 1 1 0 0;0 0 1 0 0 0];
  interval = [0 -1 -1;1 1 -1;0 1 0];
  bw2 = bwhitmiss(bw,interval)

  通过结构元素 interval 可知，在二值图像 bw 中，如果某个像素值左方和下方的像素值为 1，而右方、上方、右上方的像素值为 0，则输出图像相应的像素值记为 1，否则为 0。程序运行结构如下所示，bw 中满足条件的像素值只有两个。

  bw2 =
    0 0 0 0 0 0
    0 0 0 1 0 0
    0 0 0 0 1 0
    0 0 0 0 0 0
    0 0 0 0 0 0
    0 0 0 0 0 0

4. 骨架提取

MATLAB 图像处理工具箱提供了 bwmorph 函数来提取图像中的骨架，其调用方式如下

  BW2 = bwmorph(BW,operation)%对二值图像进行指定的形态学处理。
  BW2 = bwmorph(BW,operation,n)%对二值图像进行 n 次指定的形态学处理。

其中，n 是形态学操作执行次数，可以是 Inf（无穷大），这意味着将一直对该图像做同样的形态学处理直到图像不再发生变化。operation 是一个字符串，用于指定进行的形态学处理类型，operation 可以为以下值。'skel'：在这里 n = Inf，骨架提取但保持图像中物体不发生断裂；不改变图像欧拉数；'thin'：在这里 n = Inf，进行细化操作。

例 10-11 图像骨架提取

  BW1 = imread('circbw.tif');
  BW2 = bwmorph(BW1,'skel',Inf);
  subplot(121),imshow(BW1);title('原始图像');
  subplot(122),imshow(BW2);title('骨架提取后的图像')

运行程序，输出结果如图 10-16 所示。

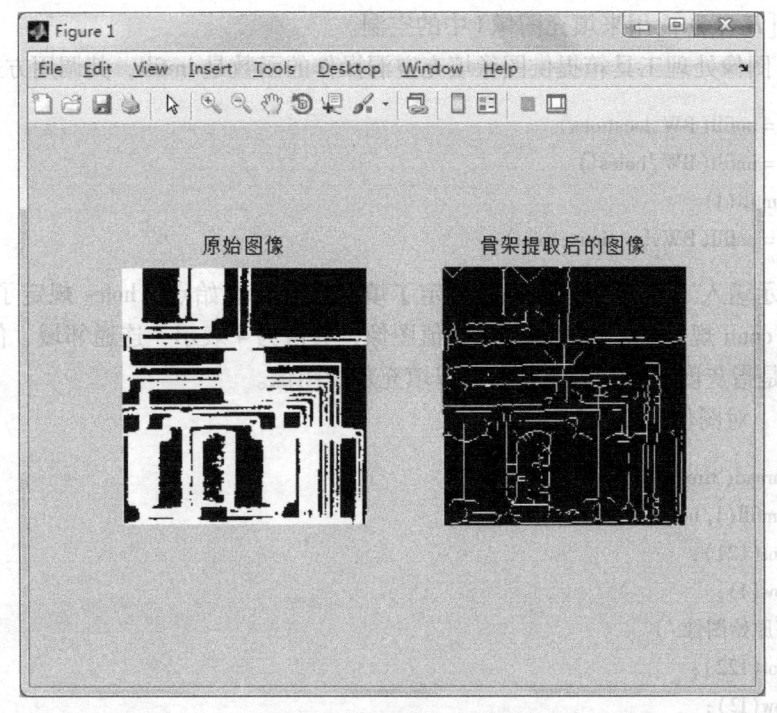

图 10-16 图像的骨架提取

10.3 形态学重构

图像重构是指两幅图像和一个结构元素的形态学变换。一幅图像为标记图像,是变换的开始点。另一幅图像是掩模图像,用来约束变换过程。

图像形态学重构在概念上可以理解为对标记图像进行重复膨胀,直到标记图像的轮廓适合掩模图像为止。形态学的重构是以膨胀运算为基础的,需要指出的是它有以下特性:

1) 重构以两幅图像为基础,其中一幅是标记图像,一幅是掩模图像,而不是以一个图像和一个结构元素为基础。

2) 重构基于连通性,而不是结构元素。

3) 重构直到图像不再变化的时候停止。

设 g 为掩模图像,f 为标记,则从 f 重构 g 可以记为 $R_g(f)$,它由下面的迭代过程定义:

1) 将 h_1 初始化为标记图像 f。

2) 创建结构元素:$B = \text{ones}(3)$。

3) 重复 $h_{k+1} = (h_k \oplus B) \cap g$,直到 $h_{k+1} = h_k$,标记 f 必须是 g 的一个子集,即 $f \subseteq g$。

10.3.1 填充空洞

形态学的填充处理从标记图像的极值开始,然后以像素的连通性为基础扩展到图像的其他部分。设一幅标记图像为 f_m,图像的边缘部分的值为 $1-f$,其余部分的值为 0,标记图像 f_m 定义为

$$f_m(x,y) = \begin{cases} 1-f(x-y), & \text{若}(x,y)\text{在}f\text{的界上} \\ 0, & \text{其他} \end{cases}$$

输出 $g = [R_f(f_m)]^c$ 用来填充图像 f 中的空洞。

MATLAB 图像处理工具箱提供图像填充空洞操作的函数是 imfill,其调用方式如下

```
BW2 = imfill(BW,locations)
BW2 = imfill(BW,'holes')
I2 = imfill(I)
BW2 = imfill(BW,locations,conn)
```

其中,BW 表示输入二值图像,location 规定了填充操作的起始点,holes 规定了填充二值图像中的孔洞,conn 规定了连通性,对于二值图像,其值为 4 表示 4 连通邻域,值为 8 表示 8 连通邻域。I 是指灰度图像,因此函数可以填充灰度图像。

例 10-12 对图像进行孔洞填充

```
I = imread('tire.tif');
I2 = imfill(I,'holes');
subplot(121);
imshow(I);
title('原始图像')
subplot(122);
imshow(I2);
title('填充后的图像')
```

运行程序,输出结果如图 10-17 所示。车轮中间的空隙被填充,便于以后进一步操作。

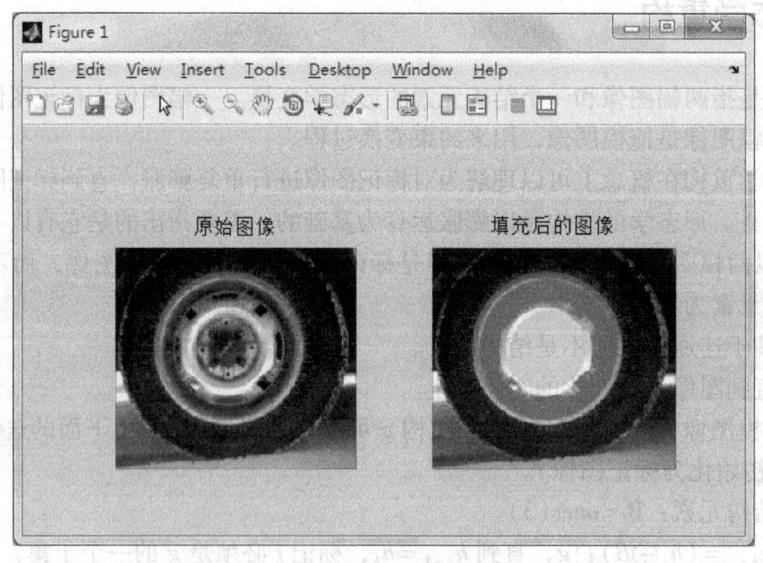

图 10-17 填充前后的图像

10.3.2 消除边界对象

重构的另一种应用是消除图像中与边界相接触的对象。同样,关键任务仍然是选择合适的标记和掩模图像来达到希望的效果,在这种情况下,将原图像用作掩模,且标记图像 f_m

定义为

$$f_m(x,y) = \begin{cases} f(x,y), & \text{若}(x,y)\text{在}f\text{的界上} \\ 0, & \text{其他} \end{cases}$$

重构 $R_f(f_m)$ 包含与边界接触的对象，差集 $f - R_f(f_m)$ 包含原图像不与边界接触的对象。

MATLAB 图像处理工具箱使用 imclearborder 函数可自动执行上述过程，来消除图像边界对象，其调用方式如下

IM2 = imclearborder(IM)

IM2 = imclearborder(IM,conn)

其中 IM 为输入图像，IM2 为输出。Conn 的值可以是 4，也可以是 8（默认值）。该函数会去掉比周围对象更亮且与图像边界相连接的结构。IM 可以是一幅灰度图像，也可以是一幅二值图像。

例 10-13　消除图像边界对象

```
BW = im2bw(imread('rice.png'));
BW2 = imclearborder(BW);
subplot(121);
imshow(BW);
title('原始图像')
subplot(122);
imshow(BW2);
title('消除边界后的图像')
```

运行程序，输出结果如图 10-18 所示。

图 10-18　消除边界前后的图像

10.4 习题

1. 简述图像形态学在图像处理中的应用。
2. 何谓腐蚀和膨胀？利用 MATLAB 编程实现腐蚀和膨胀运算并且比较结果。
3. 用矩形结构元素代替例 10-3 中的结构元素，试编程并和原图像进行比较。
4. 用 MATLAB 编程实现用图 10-19b 的结构元素对图 10-19a 的目标进行膨胀运算。

```
0 0 1 1 1 1 1              0 0 1
0 1 1 1 1 1 0              0 1 0
0 1 1 1 1 1 0              1 0 0
1 1 1 1 1 0 0
       a) 目标                 b) 结构元素
```

图 10-19

第 11 章 图像正交变换

图像可以看成是二维信号，数字信号处理技术中的有关结论可以推广到图像处理中来。图像是许多点冲激函数的累加或基波形的累加，图像通过系统的过程就是每一点冲激函数通过系统响应之和。信号分析的一个重要结论是任何波形可由许多基波加权合成；反之，任何波形又可分解成许多基波。同样，任何图像都可分解为基图像。基波和基图像都是正交的，图像正交变换的本质正是要寻找合适的基图像来表达图像。

在将数字图像由空间域变换到频域时，所采用的变换方式一般都是线性正交变换。正交变换是图形处理技术的重要工具，是计算机图像处理的前续课程。目前，图像正交变换在图像的增强、复原、编码、描述与特征提取等方面，都有着非常广泛的应用。

本章将介绍傅里叶变换、离散余弦变换、沃尔什变换和小波变换等正交变换，将图像从时域转换到频域，从而在频域对图像进行处理。

11.1 傅里叶变换

傅里叶变换是一种常用的正交变换，尤其是在一维信号处理中广泛使用，以下将介绍它在数字图像处理中的使用方法。

11.1.1 连续傅里叶变换

设 $f(x)$ 为变量 x 的连续可积函数，如果 $f(x)$ 满足下面的狄里赫莱条件：
1) 具有有限个间断点。
2) 具有有限个极值点。
3) 绝对可积。

则定义 $f(x)$ 的傅里叶变换公式为

$$F(u) = \int_{-\infty}^{\infty} f(x) e^{-j2\pi ux} dx \tag{11-1}$$

式中，$F(u)$ 为 $f(x)$ 的离散傅里叶变换，$j = \sqrt{-1}$ 为虚数单位，u 为频率变量。若已知 $F(u)$，则利用傅里叶反变换可以求得 $f(x)$ 为

$$f(x) = \int_{-\infty}^{\infty} F(u) e^{j2\pi ux} du \tag{11-2}$$

式 (11-1) 和式 (11-2) 被称为傅里叶变换对。根据数学知识，如果 $f(x)$ 是连续可积的，则 $F(u)$ 也是连续可积的。对于客观景物形成图像函数来说，可以认为这些条件总是可以满足的。

我们考虑实函数 $f(x)$，一个实函数的傅里叶变换通常是复数，即

$$F(u) = R(u) + jI(u) \tag{11-3}$$

式中，$R(u)$ 和 $I(u)$ 分别为 $F(u)$ 的实部和虚部。将式 (11-3) 表示成指数形式常常是方

便的

$$F(u) = |F(u)|e^{j\varphi(u)} \tag{11-4}$$

式中，$|F(u)| = \sqrt{R^2(u) + I^2(u)}$ 为 $f(x)$ 的傅里叶谱，谱的平方 $E(u) = |F(u)|^2 = R^2(u) + I^2(u)$ 称为 $f(x)$ 的能量谱。$\varphi(u)$ 为其相角，表达式为

$$\varphi(u) = \arctan\left[\frac{I(u)}{R(u)}\right] \tag{11-5}$$

我们可以把傅里叶变换推广到二维情况。如果二维函数 $f(x,y)$ 是连续可积的，且 $F(u,v)$ 是可积的，则可导出下面的二维傅里叶变换

$$F(u,v) = \int_{-\infty}^{\infty}\int_{-\infty}^{\infty} f(x,y) e^{-j2\pi(ux+vy)} dxdy \tag{11-6}$$

$$f(x,y) = \int_{-\infty}^{\infty}\int_{-\infty}^{\infty} F(u,v) e^{j2\pi(ux+vy)} dudv \tag{11-7}$$

与一维的情况相同，二维函数的傅里叶谱、相位与能量谱分别由下列关系式给出

$$|F(u,v)| = \sqrt{R^2(u,v) + I^2(u,v)}$$

$$\varphi(u,v) = \arctan\left[\frac{I(u,v)}{R(u,v)}\right]$$

$$E(u,v) = R^2(u,v) + I^2(u,v)$$

由上述分析可知，式（11-7）意味着 $f(x,y)$ 是由各种空间频率的二维正弦和余弦图形线性组合而成的。在图 11-1 中，左图所示的一维图像信号可由右图所示的四种不同频率的正弦/余弦图形线性组合而成。

$F(u,v)$ 代表相应的加权因子，是上述各正弦及余弦图形对 $f(x,y)$ 所提供的相对贡献的衡量。运用基图像的概念，任意图像可由基图像的加权和来合成，$F(u,v)$ 则代表相应的权重系数。

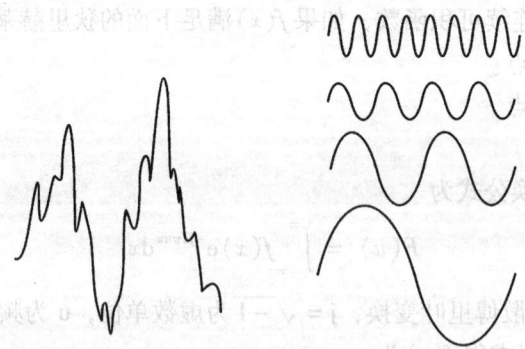

图 11-1 一维图像信号及其分解

11.1.2 离散傅里叶变换

连续函数的傅里叶变换是波形分析的有力工具，但是为了使其用于计算机技术，必须将连续变换转成离散变换，这样就必须引入离散傅里叶变换（Discrete Fourier Transform，DFT）的概念。离散傅里叶变换在时域和频域之间建立了联系，在数字信号处理和数字图像处理中得到了十分广泛的应用。如果直接应用卷积和相关运算在时域中处理，计算量将随着取样点 N 数量的平方而增加，则增大了计算量和计算时间，无法达到数字图像实时处理的要求。因

此,一般可采用离散傅里叶变换方法,将输入的数字信号首先进行频域处理,再利用离散时域与离散频域之间的联系,将在离散频域中处理的效果反馈给离散时域。相比于直接对数字图像进行时域处理,离散傅里叶变换更加快捷,也减少了计算量,同时提高数字图像的处理速度,增强算法的实用性。因此,离散傅里叶变换在数字图像处理领域中有很大的实用价值。

对一个连续函数 $f(x)$ 等间隔采样 N 个点,得到一个离散序列,则这个离散序列可表示为 $\{f(0), f(2), \cdots, f(N-1)\}$。基于这种描述方式,令 x 为离散实变量,u 为离散频率变量,可将离散傅里叶变换对定义为

$$F(u) = \sum_{x=0}^{N-1} f(x) e^{-j2\pi ux/N} \tag{11-8}$$

$$f(x) = \frac{1}{N} \sum_{u=0}^{N-1} F(u) e^{j2\pi ux/N} \tag{11-9}$$

其中,$u, v, x, y = 0, 1, 2, \cdots, N-1$。

在具有两个离散变量的场合,离散傅里叶变换对由下式给出

$$F(u,v) = \sum_{x=0}^{N-1} \sum_{y=0}^{N-1} f(x,y) e^{-j2\pi(ux+vy)/N}$$

$$f(x,y) = \frac{1}{N^2} \sum_{u=0}^{N-1} \sum_{v=0}^{N-1} F(u,v) e^{j2\pi(ux+vy)/N}$$

注意,不论是一维还是二维离散傅里叶变换,其定义域是从 0 到 $N-1$,而不是从 $-N/2$ 到 $N/2$,因而将会影响傅里叶频谱图像。一维和二维离散函数的傅里叶频谱、相位、能量谱也分别由定义给出。唯一的差别是独立变量是离散的。

在离散的情况下,$F(u)$ 总是存在的,和连续的情况不同,所以不必考虑关于离散傅里叶变换的存在性。例如,对于一维情况,可以直接将式(11-9)带入式(11-8)来证明这一点:

$$F(u) = \frac{1}{N} \sum_{x=0}^{N-1} \left[\sum_{r=0}^{N-1} F(r) e^{j2\pi rx/N} e^{-j2\pi ux/N} \right] = \frac{1}{N} \sum_{r=0}^{N-1} F(r) \left[\sum_{x=0}^{N-1} e^{j2\pi rx/N} e^{-j2\pi ux/N} \right] = F(u) \tag{11-10}$$

恒等式(11-10)是根据下述条件得到的,即

$$\sum_{x=0}^{N-1} e^{j2\pi rx/N} e^{-j2\pi ux/N} = \begin{cases} N, & r = u \\ 0 & \text{其他} \end{cases}$$

同理,一维反变换亦然。

同样,对于离散的二维傅里叶变换也有相似的结论。

例 11-1 设一个一维连续函数如图 11-2a 所示,对此函数进行离散取样(自变量为 $x_0 = 0.5, x_1 = 0.75, x_2 = 1.00, x_3 = 1.25$),并重新定义为图 11-2b 所示的离散函数。

对其进行离散傅里叶变换得

$$F(0) = \frac{1}{4} \sum_{x=0}^{3} f(x) e^0 = \frac{1}{4} [f(0) + f(1) + f(2) + f(3)] = \frac{1}{4} [2 + 3 + 4 + 4] = 3.25$$

$$F(1) = \frac{1}{4} \sum_{x=0}^{3} f(x) e^{-j2\pi x/4} = \frac{1}{4} [2e^0 + 3e^{-j\pi/2} + 4e^{-j\pi} + 4e^{-j3\pi/2}] = \frac{1}{4} [-2 + j]$$

$$F(2) = \frac{1}{4}\sum_{x=0}^{3}f(x)\mathrm{e}^{-\mathrm{j}4\pi x/4} = \frac{1}{4}[2\mathrm{e}^{0} + 3\mathrm{e}^{-\mathrm{j}\pi} + 4\mathrm{e}^{-\mathrm{j}2\pi} + 4\mathrm{e}^{-\mathrm{j}3\pi}] = -\frac{1}{4}$$

$$F(3) = \frac{1}{4}\sum_{x=0}^{3}f(x)\mathrm{e}^{-\mathrm{j}6\pi x/4} = \frac{1}{4}[2\mathrm{e}^{0} + 3\mathrm{e}^{-\mathrm{j}3\pi/2} + 4\mathrm{e}^{-\mathrm{j}3\pi} + 4\mathrm{e}^{-\mathrm{j}9\pi/2}] = -\frac{1}{4}[2 + \mathrm{j}]$$

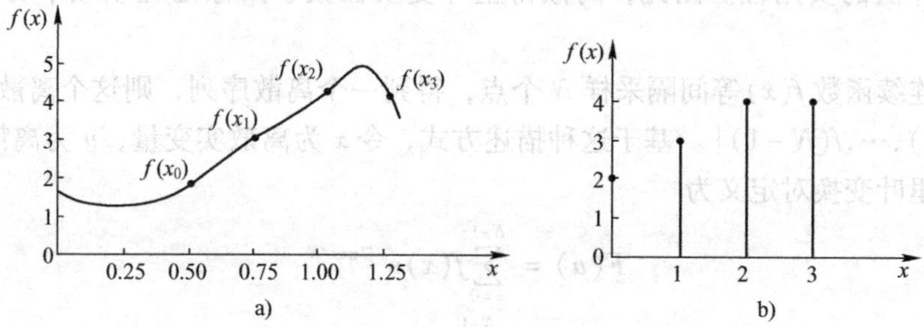

图 11-2 一个一维连续函数和在 x 域的抽样值

注意，$f(x)$ 的全部值对离散傅里叶变换四项中的每一项都产生影响。反过来变换的全部项在利用式 (11-9) 形成反变换中也产生影响。获取反变换的步骤和上述计算 $F(u)$ 的步骤类似。

根据每个变换项的大小可得傅里叶谱：

$$|F(0)| = 3.25$$
$$|F(1)| = \sqrt{(2/4)^2 + (1/4)^2} = \sqrt{5}/4$$
$$|F(2)| = \sqrt{(1/4)^2 + (0/4)^2} = 1/4$$
$$|F(1)| = \sqrt{(2/4)^2 + (1/4)^2} = \sqrt{5}/4$$

以上计算过程也可以用如下矩阵表示：

$$\begin{pmatrix}F(0)\\F(1)\\F(2)\\F(3)\end{pmatrix} = \begin{pmatrix}\mathrm{e}^{0} & \mathrm{e}^{0} & \mathrm{e}^{0} & \mathrm{e}^{0}\\\mathrm{e}^{0} & \mathrm{e}^{-\mathrm{j}\frac{\pi}{2}} & \mathrm{e}^{-\mathrm{j}\pi} & \mathrm{e}^{-\mathrm{j}\frac{3\pi}{2}}\\\mathrm{e}^{0} & \mathrm{e}^{-\mathrm{j}\frac{\pi}{2}} & \mathrm{e}^{-\mathrm{j}2\pi} & \mathrm{e}^{-\mathrm{j}3\pi}\\\mathrm{e}^{0} & \mathrm{e}^{-\mathrm{j}\frac{3\pi}{2}} & \mathrm{e}^{-\mathrm{j}3\pi} & \mathrm{e}^{-\mathrm{j}\frac{9\pi}{2}}\end{pmatrix}\begin{pmatrix}f(0)\\f(1)\\f(2)\\f(3)\end{pmatrix}$$

可记为

$$F = Wf$$

其中，W 称为变换核矩阵。可用复平面的单位圆来求 W 的各元素，如图 11-3 所示。

当 $N = 4$ 时，把单位圆分为 4 份，则变换矩阵第 u 行每次逆时针移动 u 份得到该行系数。其中 $W^0 = 1$，$W^1 = -\mathrm{j}$，$W^2 = -1$，$W^3 = \mathrm{j}$。这样 W 阵的第 0 行静止不动，为 (1,1,1,1)，第 1 行每次移动 1 份，即 (1, -j, -1, j)，第 2 行每次移动两份，即 (1, -1, 1, -1)，第 3 行每次移动 (1, j, -1, -j)。需要注意的是，正变换按逆时针方向移动，而逆变换按顺时针方向移动。以上结果用矩阵表示则有

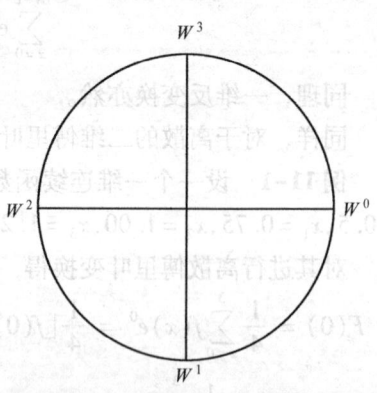

图 11-3 单位圆及其变换矩阵取值

$$\begin{pmatrix} W^0 & W^0 & W^0 & W^0 \\ W^0 & W^1 & W^2 & W^3 \\ W^0 & W^2 & W^0 & W^2 \\ W^0 & W^3 & W^2 & W^1 \end{pmatrix} = \begin{pmatrix} 1 & 1 & 1 & 1 \\ 1 & -j & -1 & j \\ 1 & -1 & 1 & -1 \\ 1 & j & -1 & -j \end{pmatrix}$$

11.1.3 傅里叶变换的性质

傅里叶变换具有很多方便运算处理的性质。下面列出二维傅里叶变换的一些重要性质。

(1) 线性

傅里叶变换是一个线性变换，即离散函数和的傅里叶变换等于函数傅里叶变换的和，表达式如下

$$\Im[\alpha \cdot f(x,y) + \beta \cdot g(x,y)] = \alpha \cdot \Im[f(x,y)] + \beta \cdot \Im[g(x,y)]$$

(2) 可分离性

一个二维傅里叶变换可以用二次一维傅里叶变换来实现，即先沿 $f(x,y)$ 的列方向求一维傅里叶变换得到 $F(x,v)$，再对 $F(x,v)$ 沿行的方向求一维傅里叶变换得到 $F(u,v)$。推导如下

$$\begin{aligned} F(u,v) &= \int_{-\infty}^{\infty} \int_{-\infty}^{\infty} f(x,y) e^{-j2\pi(ux+vy)} dxdy \\ &= \int_{-\infty}^{\infty} \int_{-\infty}^{\infty} f(x,y) e^{-j2\pi ux} e^{-j2\pi vy} dxdy \\ &= \int_{-\infty}^{\infty} \left[\int_{-\infty}^{\infty} f(x,y) e^{-j2\pi ux} dx \right] e^{-j2\pi vy} dy \\ &= \int_{-\infty}^{\infty} \{\mathcal{T}[f(x,y)]\} e^{-j2\pi vy} dy \\ &= \Im_y \{\mathcal{T}_x[f(x,y)]\} \end{aligned}$$

(3) 平移性

傅里叶变换具有平移特性，推导如下

$$\mathcal{T}[f(x-x_0, y-y_0)] = F(u,v) e^{-j2\pi(ux_0+vy_0)}$$
$$\mathcal{T}[f(x_0,y) e^{j2\pi(u_0x+v_0y)}] = F(u-u_0, v-v_0)$$

当空间域中 $f(x,y)$ 产生移动时，在频域中只发生相移，而傅里叶变换的幅值不变，这是因为 $|F(u,v) e^{-j2\pi(ux_0+vy_0)}| = |F(u,v)|$。反之，当频域中 $F(u,v)$ 产生移动时，相应的 $f(x,y)$ 在空域中也产生相移，而幅值不变。

(4) 对称性

如果函数 $f(x,y)$ 的傅里叶变换为 $F(u,v)$，那么

$$\mathcal{T}[F(x,y)] = f(-u,-v)$$

(5) 尺度变换特性

如果函数 $f(x,y)$ 的傅里叶变换为 $F(u,v)$，α, β 为两个标量，那么

$$\mathcal{T}[\alpha \cdot f(x,y)] = \alpha \cdot F(u,v)$$
$$\mathcal{T}[f(\alpha x, \beta y)] = \frac{1}{|\alpha\beta|} F\left(\frac{u}{\alpha}, \frac{v}{\beta}\right)$$

上式说明在空间比例尺度的展宽，对应于频域比例尺度的压缩。

（6）共轭性

如果函数 $f(x,y)$ 的傅里叶变换为 $F(u,v)$，$F^*(-u,-v)$ 为函数 $f(-x,-y)$ 的傅里叶变换的共轭函数，那么

$$F(u,v) = F^*(-u,-v)$$

共轭性说明变换后的幅值是以原点为中心对称，利用此特性在求周期函数值时，只需求出半个周期，另半个周期也就知道了，减少了计算量。

（7）旋转特性

引入极坐标，令 $x = r\cos\theta$，$y = r\sin\theta$，$u = k\cos\varphi$，$v = k\sin\varphi$，$f(x,y)$ 和 $F(u,v)$ 分别变为 $f(r,\theta)$ 和 $F(k,\varphi)$。如果函数在空间域中的旋转角为 θ_0，则在变换域中该函数的傅里叶变换函数也将旋转同样的角度，其数学表达式为

$$f(r, \theta + \theta_0) \Leftrightarrow F(k, \varphi + \theta_0)$$

上式表明，如果 $f(x,y)$ 在空域中旋转 θ_0 后，相应的傅里叶变换 $F(u,v)$ 在频域内也旋转同一角度，反之也如此。

（8）卷积定理

如果函数 $f(x,y)$ 和 $g(x,y)$ 为两个二维时域函数，那么可以定义卷积运算"*"如下

$$f(x,y) * g(x,y) = \int_{-\infty}^{\infty} \int_{-\infty}^{\infty} f(\alpha,\beta) g(x-\alpha, y-\beta) d\alpha d\beta$$

则

$$\mathscr{F}[f(x,y) * g(x,y)] = F(u,v) \cdot G(u,v)$$
$$\mathscr{F}[f(x,y) \cdot g(x,y)] = F(u,v) * G(u,v)$$

式中，$F(u,v)$ 是函数 $f(x,y)$ 的傅里叶变换，$G(u,v)$ 是函数 $g(x,y)$ 的傅里叶变换。上式表明，两个二维时域函数在空域中的卷积可用求其相应的傅里叶变换乘积的反变换求得。应用卷积定理可避免直接计算卷积的麻烦，只需先算出各自的频谱，然后相乘，再求其反变换，即可得卷积。

离散卷积的原理基本上与连续卷积相同，其差别仅仅在于与抽样间隔对应的离散增量处发生位移，以及用求和代替积分。由于离散傅里叶变换和它的逆变换是周期函数，为使离散卷积定理与这个周期性质保持一致，可在计算离散卷积时，让卷积与两个离散函数具有同样的周期 M，并使之满足下式

$$M \geq A + B$$

其中 A 和 B 分别为离散函数 $f(x,y)$ 和 $g(x,y)$ 的周期。

以卷积定理为基础，可以进一步讨论空间滤波和频域滤波的关系。

令 $f(x,y) = \delta(x,y)$，则有

$$f(x,y) * h(x,y) = \frac{1}{N^2} \sum_{\alpha=0}^{N-1} \sum_{\beta=0}^{N-1} \delta(\alpha,\beta) h(x-\alpha, y-\beta) = h(x,y)$$

考虑到 $f(x,y) * h(x,y) \Leftrightarrow F(u,v) H(u,v)$、$\delta(x,y) * h(x,y) \Leftrightarrow F[\delta(u,v)] H(u,v)$、$F[\delta(u,v)] = 1$，可以得到

$$h(x,y) \Leftrightarrow H(u,v)$$

空间滤波可视为卷积过程，而频率滤波则是乘积过程。上述结果进一步说明，空间域和

频率域滤波器组成了傅里叶变换对,这对设计和分析滤波器的性能提供了有效的途径。

(9) 相关定理

如果函数 $f(x,y)$ 和 $g(x,y)$ 为两个二维时域函数,那么可以定义相关运算 "∘" 如下

$$f(x,y) \circ g(x,y) = \int_{-\infty}^{\infty} \int_{-\infty}^{\infty} f(\alpha,\beta) g(x+\alpha, y+\beta) \mathrm{d}\alpha \mathrm{d}\beta$$

和卷积计算过程相类似,相关只是不要求函数 $g(x,y)$ 围绕原点做折叠。因而为了求相关,可以简单地将 $g(x,y)$ 平移过 $f(x,y)$,并且对平移量的每个值,将其乘积在无穷域求积分。在离散情况下,与离散卷积情况一样,即使两个相关离散函数都具有同样的周期,以免产生交叠误差。

可以证明在连续和离散两种情况下,下面的相关定理都成立

$$f(x,y) \circ g(x,y) \Leftrightarrow F(u,v) \cdot G^*(u,v)$$
$$f(x,y) \cdot g^*(x,y) \Leftrightarrow F(u,v) \circ G(u,v)$$

式中,"*"号代表复共轭。显然对离散变量来说,假定所有函数都是扩展的和周期性的。在图像处理中相关主要用于模板或者原型识别。

(10) 能量守恒定理

一般说来,图像函数是仅在有限区间内非零的函数,其能量定义为

$$能量 = \sum_{x=0}^{N-1} |f(x)|^2$$

其存在条件是其积分存在。对于瞬时函数,上式存在,并且它的能量是一个反映函数总的"大小"的参数。守恒定理指出

$$\sum_{x=0}^{N-1} |f(x)|^2 = \frac{1}{N} \sum_{u=0}^{N-1} |F(u)|^2$$

该定理表明傅里叶变换前后能量守恒。

(11) 周期性

傅里叶变换和它的逆变换具有周期性,其周期为 N,如下式所示

$$F(u,v) = F(u+N,v) = F(u,v+N) = F(u+N,v+N)$$

这一性质很容易得到证明,下面仅证明 $F(u,v) = F(u+N,v+N)$

由定义可知

$$F(u+N,v+N) = \frac{1}{N} \sum_{x=0}^{N-1} \sum_{y=0}^{N-1} f(x,y) \mathrm{e}^{-\mathrm{j}2\pi[(u+N)x+(v+N)y]/N}$$

$$= \frac{1}{N} \sum_{x=0}^{N-1} \sum_{y=0}^{N-1} f(x,y) \mathrm{e}^{-\mathrm{j}(2\pi ux+vy)/N} \mathrm{e}^{-\mathrm{j}2\pi(Nx+Ny)/N} = \frac{1}{N} \sum_{x=0}^{N-1} \sum_{y=0}^{N-1} f(x,y) \mathrm{e}^{-\mathrm{j}(2\pi ux+vy)/N} = F(u,v)$$

对于其他几种情况,也可得到类似的证明。

由此看来,对于 u 和 v 的值为无限数时,$F(u,v)$ 重复着其本身,但是为了由 $F(u,v)$ 得到 $f(x,y)$,只需变换一个周期即可。在空域中,对 $f(x,y)$ 也有相似的性质,即离散傅里叶反变换给空域离散函数 $f(x,y)$ 赋予了周期属性。

(12) 平均值

二维函数 $f(x,y)$ 的平均值定义为

$$\bar{f}(x,y) = \frac{1}{N^2} \sum_{x=0}^{N-1} \sum_{y=0}^{N-1} f(x,y)$$

将 $u=v=0$ 带入傅里叶变换式得

$$F(0,0) = \frac{1}{N}\sum_{x=0}^{N-1}\sum_{y=0}^{N-1}f(x,y)$$

比较 $\bar{f}(x,y)$ 与 $F(0,0)$，可以看出

$$\bar{f}(x,y) = \frac{1}{N}F(0,0)$$

因此，若要求二维离散信号 $f(x,y)$ 的平均值，只需算出相应的傅里叶变换 $F(u,v)$ 在原点的值 $F(0,0)$ 即可。

11.1.4 快速傅里叶变换

离散傅里叶变换需要的计算量太大，运算时间长，在某种程度上限制了它的作用。按照其定义式，计算一个长度为 N 的一维离散傅立叶变换，对 u 的每一个值需要做 N 次复数乘法和 $(N-1)$ 次复数加法。那么对 N 个 u，则需要 N^2 次复数乘法和 $N(N-1)\approx N^2$ 次复数加法，当 N 很大时，计算量是相当可观的。因此，研究离散傅里叶变换的快速算法是十分必要的，而且具有重要的实用价值。

为了解决这一矛盾，引出了快速傅里叶变换（FFT）算法，方法建立在分析离散傅里叶变换中的多余运算的基础上，进而消除这些重复工作。采用 FFT 算法进行离散傅里叶变换，复数乘法和加法次数正比于 $N\log_2 N$，这在 N 很大时计算量会大大减少，即图像越大减少越多。对于长为 1024 的离散序列，用普通的离散傅里叶变换往往要计算十几分钟，而采用 FFT，一般只要几十秒。

设 $W_N = e^{-j2\pi/N}$ 为旋转因子，则离散傅里叶正变换可表示为

$$F(u) = \frac{1}{N}\sum_{x=0}^{N-1}f(x)W_N^{ux} \tag{11-11}$$

设 N 为 2 的整数次幂，即

$$N = 2^n \quad (n=0,1,2\cdots) \tag{11-12}$$

在此基础上，$f(x)$ 分为 $g(n)$ 和 $h(n)$ 对应的偶数和奇数两部分，x 的取值范围由原来的 $0\sim N$，变为 $0\sim N/2-1$，下面我们按照奇偶来将序列 $f(x)$ 进行划分，设

$$\begin{cases}g(n)=f(2n)\\ h(n)=f(2n+1)\end{cases} \left(n=0,1,2,\cdots,\frac{N}{2}-1\right)$$

因此，离散傅里叶变换可以改为下面的形式

$$F(u) = \sum_{x=0}^{gN-1}f(n)\cdot W_N^{un} = \sum_{n=0}^{\frac{N}{2}-1}g(n)\cdot W_N^{un} + \sum_{n=0}^{\frac{N}{2}-1}h(n)\cdot W_N^{un} = \sum_{n=0}^{\frac{N}{2}-1}f(2n)\cdot W_N^{u(2n)} + \sum_{n=0}^{\frac{N}{2}-1}f(2n+1)\cdot$$

$$W_N^{u(2n+1)} = \sum_{n=0}^{\frac{N}{2}-1}f(2n)\cdot W_{N/2}^{un} + \sum_{n=0}^{\frac{N}{2}-1}f(2n+1)\cdot W_{N/2}^{un}\cdot W_N^{un} = G(u) + W_N^{un}\cdot H(u)$$

一个求 N 点的离散傅里叶变换可以转换为两个求 $N/2$ 点的离散傅里叶变换。

同理，我们可以求解快速傅里叶变换的反变换，根据离散傅里叶反变换的表达式

$$f(x) = \frac{1}{N}\sum_{x=0}^{N-1} F(u) e^{j2\pi ux/N} = \frac{1}{N}\sum_{x=0}^{N-1} F(u) W_N^{-ux}$$

两边取共轭并乘以 $1/N$，则有

$$\frac{1}{N}f^* = \frac{1}{N}\sum_{x=0}^{N-1} F^*(u) W_N^{-ux}, \quad x = 0,1,2\cdots,N-1 \tag{11-13}$$

式（11-13）与式（11-11）相同，应用上面介绍的求解 FFT 方法，求出 $F^*(u)$ 的傅里叶变换 $\frac{1}{N}f^*(x)$，并由此得到 $f(x)$。

尽管傅里叶变换提供了很多有用的属性，在数字图像处理领域得到广泛的应用，但是它也有不足，主要表现在两个方面：一是需计算复数，而进行复数运算相对比较费时。如采用其他合适的完备的正交函数系来代替傅里叶变换所用的正、余弦函数构成完备的正交函数系，就可避免这种复数运算。如后面介绍的沃尔什（Walsh）函数系每个函数只取 +1 或 -1 两个值，组成二值正交函数。因此，以沃尔什函数为基础所构成的变换，是实数加减运算，其运算速度要比傅里叶变换快。二是收敛慢，这在图像编码应用中尤为突出。

11.1.5 MATLAB 实例——利用傅里叶变换显示图像频谱

MATLAB 使用函数 fft、fft2 和 fftn 分别可以实现一维、二维和 N 维 FFT 算法；而函数 ifft、ifft2 和 ifftn 则用来计算反 FFT 算法。这些函数的调用格式如下

    A = fft(X,N,DIM)

其中，X 表示输入图像；N 表示采样间隔点，如果 X 小于该数值，那么 MATLAB 将会对 X 进行零填充，否则将进行截取，使之长度为 N；DIM 表示要进行离散傅里叶变换。

    A = fft2(X,MROWS,NCOLS)

其中，MROWS 和 NCOLS 指定对 X 进行零填充后的 X 大小。

    A = fftn(X,SIZE)

其中，SIZE 是一个向量，它们每一个元素都将指定 X 相应维进行零填充后的长度。

MATLAB 图像处理工具箱使用函数 fftshift 将变换的原点移动到频率矩形的中心，其调用方式为

    A = fftshift(X)

其中，X 为得到的变换，A 为移动后的变换，函数通过交换 X 的象限来调整 fft、fft2 和 fftn 的输出结果，对于一维 fft，将左右元素互换，对于二维 fft，进行对角元素的互换，对于 n 维 fft，将各维的两半进行互换。

函数 ifft、ifft2、ifftn 和 ifftshift 的调用格式与对应的离散傅里叶快速变换函数一致。

例 11-2 简单图像及其傅里叶变换。

```
d = zeros(32,32);                    % 图像大小 32 * 32
d(13:20,13:20) = 1;                  % 中心白色方块大小为 8 * 8
subplot(221);
```

```
imshow(d,'notruesize');              %显示图像 d
title('原始图像')
D = fft2(d);                         %计算图像 d 的傅里叶变换
subplot(222);
imshow(abs(D),[-1 5],'notruesize');  %显示图像 d 的傅里叶变换谱
title('图像傅里叶变换谱')
subplot(223);
imshow(log(abs(D)),[-1 5],'notruesize');  %显示图像 d 的傅里叶变换对数谱
title('图像傅里叶变换对数谱')
subplot(224);
DF = fftshift(D);
imshow(log(abs(DF)),[-1 5],'notruesize'); %显示图像 d 的傅里叶变换中心谱
title('图像傅里叶变换中心谱')
```

运行程序，输出结果如图 11-4 所示。

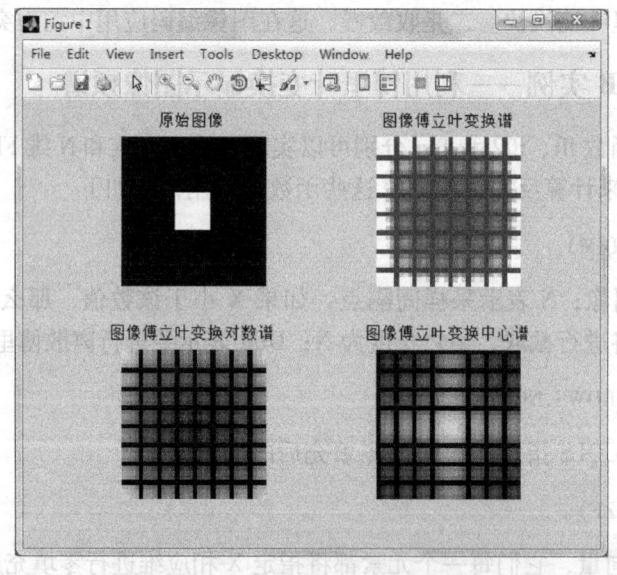

图 11-4 图像及其傅里叶变换

这段程序生成一个矩形函数，区域内像素值为 1，区域外为 0。然后对矩形做二维傅里叶变换，由于图像的傅里叶变换矩阵元素一般是复数，不能直接显示，需要调用 abs 函数对变换后的结果求模，图中下面两幅图分别是傅里叶变换的对数谱和中心谱。

傅里叶变换在图像处理中有着广泛应用，这里介绍几种常见的应用。

（1）滤波器响应

利用傅里叶变换可以得到线性滤波器的频率响应。首先求出滤波器的脉冲响应，然后利用快速傅里叶变换对滤波器的脉冲响应进行变换，得到的结果就是线性滤波的频率响应。

例 11-3 低通滤波器的频率响应。

```
h = fspecial('gaussian');    % 冲激响应
freqz2(h)                    %计算频率响应
```

运行程序,输出结果如图 11-5 所示。

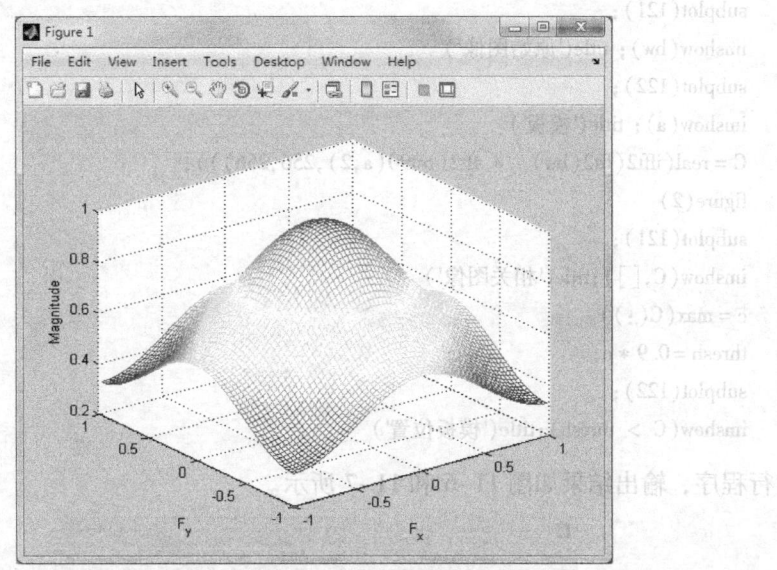

图 11-5 低通滤波的频率响应

(2) 快速卷积

傅里叶变换能够实现快速卷积。两个函数卷积的傅里叶变换等于函数傅里叶变换的乘积。与快速傅里叶变换结合,可以快速计算函数的卷积。

例 11-4 快速卷积

```
A = magic(3);  B = ones(3);
A(8,8) = 0;    B(8,8) = 0;
A1 = fft2(A);   B1 = fft2(B);
C = ifft2(A1. * B1);
C = C(1:5,1:5);
C = real(C)
```

运行程序,输出结果如下。

```
C =
  8.0000    9.0000   15.0000    7.0000    6.0000
 11.0000   17.0000   30.0000   19.0000   13.0000
 15.0000   30.0000   45.0000   30.0000   15.0000
  7.0000   21.0000   30.0000   23.0000    9.0000
  4.0000   13.0000   15.0000   11.0000    2.0000
```

(3) 图像特征识别

傅里叶变换还能够用来分析两幅图像的相关性,相关性可以用来确定一幅图像的特征,因此,相关性通常被称为模板匹配。

例 11-5 确定图像特征位置。

```
bw = imread('text.png');
```

```
a = bw(32:45,88:98);
subplot(121);
imshow(bw); title('原始图像')
subplot(122);
imshow(a); title('模板')
C = real(ifft2(fft2(bw) .* fft2(rot90(a,2),256,256)));
figure(2)
subplot(121);
imshow(C,[]);title('相关图像')
c = max(C(:))
thresh = 0.9 * c;
subplot(122);
imshow(C > thresh);title('模板位置')
```

运行程序，输出结果如图 11-6 和 11-7 所示。

图 11-6　原始图像和模板

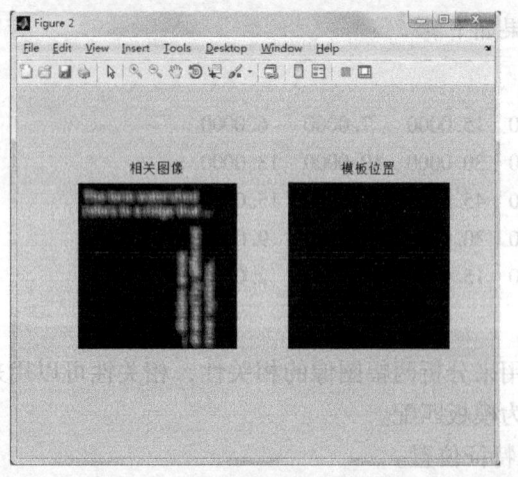

图 11-7　相关图像和模板位置

11.2 离散余弦变换

前面介绍的傅里叶变换作为可分离变换中的一种经典变换，在运算方式上与其他几种可分离变换有相当大的差别：傅里叶变换计算的对象是复数；而采用了其他完备正交函数系的一些可分离变换（如离散余弦变换、沃尔什变换等）则是以实数为对象的余弦函数。虽然此类变换没有傅里叶变换的功能强大，但是离散余弦变换（Discrete Cosine Transform，DCT）的计算速度要比对象为复数的离散傅里叶变换快得多，并且已经被广泛应用到图像压缩编码、语音信号处理等众多领域。

11.2.1 一维离散余弦变换

一维离散余弦变换（DCT）的正变换核由下式表示

$$a(x,0) = \frac{1}{\sqrt{N}}$$
$$a(x,u) = \sqrt{\frac{2}{N}} \cos \frac{(2x+1)u\pi}{2N} \tag{11-14}$$

它也是离散余弦变换的基函数。将（11-14）代入正交变换公式式得

$$F(0) = \frac{1}{\sqrt{N}} \sum_{x=0}^{N-1} f(x)$$
$$F(u) = \sqrt{\frac{2}{N}} \sum_{x=0}^{N-1} f(x) \cos \frac{(2x+1)u\pi}{2N}, u = 1,2,\cdots,N-1 \tag{11-15}$$

式中，$F(u)$ 为 $f(x)$ 的离散余弦变换。

一维离散反余弦变换的核与式（11-15）的形式相同，并且反余弦变换定义如下

$$f(x) = \frac{1}{\sqrt{N}} F(0) + \sqrt{\frac{2}{N}} \sum_{u=0}^{N-1} F(u) \cos \frac{(2x+1)u\pi}{2N}, x = 1,2,\cdots,N-1 \tag{11-16}$$

离散余弦变换的矩阵形式定义更加简明实用，令 $N=4$，则可得

$$\begin{pmatrix} F(0) \\ F(1) \\ F(2) \\ F(3) \end{pmatrix} = \begin{pmatrix} 0.500 & 0.500 & 0.500 & 0.500 \\ 0.653 & 0.271 & -0.271 & -0.653 \\ 0.500 & -0.500 & -0.500 & 0.500 \\ 0.271 & -0.653 & 0.653 & -0.271 \end{pmatrix} \begin{pmatrix} f(0) \\ f(1) \\ f(2) \\ f(3) \end{pmatrix}$$

若定义 A 为变换矩阵，F 为变换系数矩阵，f 为时域数据矩阵，则一维离散余弦变换的矩阵可表示为

$$F = Af$$

同理可得到离散反余弦变换的矩阵形式

$$\begin{pmatrix} f(0) \\ f(1) \\ f(2) \\ f(3) \end{pmatrix} = \begin{pmatrix} 0.500 & 0.653 & 0.500 & 0.271 \\ 0.500 & 0.271 & -0.271 & -0.653 \\ 0.500 & -0.271 & -0.500 & 0.653 \\ 0.500 & -0.653 & 0.653 & -0.271 \end{pmatrix} \begin{pmatrix} F(0) \\ F(1) \\ F(2) \\ F(3) \end{pmatrix}$$

即

$$f = A^\mathrm{T} F$$

离散余弦变换是一种正交变换,这可从如下两点得到证明

1) 离散余弦变换来源于切比雪夫多项式,而切比雪夫多项式是正交的,因此离散余弦变换也是正交的。

2) 离散余弦变换的系数矩阵满足正交条件,即 $A^\mathrm{T} A = A A^\mathrm{T} = \mathrm{I}$。

在实际应用中,由于从离散余弦变换的定义式计算非常不方便,运算量极大,因此通常采用如下的快速算法。比较傅里叶变换核和离散余弦变换核,余弦变换核就是傅里叶变换核的实部,变换计算中的乘法运算就是 $f(x)$ 与变换核的乘法运算。因此先对 $f(x)$ 进行傅里叶变换,然后取实部就可以了。

首先从离散余弦变换的定义做如下推导

$$F(u) = \sqrt{\frac{2}{N}} \sum_{x=0}^{N-1} f(x) \cos \frac{(2x+1)u\pi}{2N} = \sqrt{\frac{2}{N}} \sum_{x=0}^{N-1} f(x) \mathrm{Re}(\mathrm{e}^{-\mathrm{j}\frac{(2x+1)u\pi}{2N}})$$

$$= \sqrt{\frac{2}{N}} \mathrm{Re}\left(\sum_{x=0}^{N-1} f(x) \mathrm{e}^{-\mathrm{j}\frac{(2x+1)u\pi}{2N}} \right)$$

式中,Re 表示取复数的实部。

如果把实数域数据做如下的延拓

$$f_e(x) = \begin{cases} f(x) & x = 0, 1, 2, \cdots, N-1 \\ 0 & x = N, N+1, \cdots, 2N-1 \end{cases}$$

则 $f_e(x)$ 的离散余弦变换可表示为

$$F(0) = \frac{1}{\sqrt{N}} \sum_{x=0}^{2N-1} f_e(x)$$

$$F(u) = \sqrt{\frac{2}{N}} \sum_{x=0}^{2N-1} f_e(x) \cos \frac{(2x+1)u\pi}{2N} = \sqrt{\frac{2}{N}} \mathrm{Re}\left\{ \sum_{x=0}^{2N-1} f_e(x) \mathrm{e}^{-\mathrm{j}\frac{(2x+1)u\pi}{2N}} \right\}$$

$$= \sqrt{\frac{2}{N}} \mathrm{Re}\left\{ \mathrm{e}^{-\mathrm{j}\frac{u\pi}{2N}} \sum_{x=0}^{2N-1} f_e(x) \mathrm{e}^{-\mathrm{j}\frac{2xu\pi}{2N}} \right\}$$

式中,$\sum_{x=0}^{2N-1} f_e(x) \mathrm{e}^{-\mathrm{j}\frac{2xu\pi}{2N}}$ 为 $2N$ 点的离散傅里叶变换。所以,计算离散傅里叶余弦变换时,可把序列长度延拓到 $2N$,然后做离散傅里叶变换,对结果取其实部便可得到离散余弦变换。

同理对离散反余弦变换也可进行相同的快速运算。首先在变换空间把 $F(u)$ 延拓如下

$$F_e(u) = \begin{cases} F(u), & u = 0, 1, 2, \cdots, N-1 \\ 0, & u = N, N+1, \cdots, 2N-1 \end{cases}$$

则离散反余弦变换可表示为

$$f(x) = \frac{1}{\sqrt{N}} Fe(0) + \sqrt{\frac{2}{N}} \sum_{u=0}^{2N-1} F_e(u) \cos \frac{(2x+1)u\pi}{2N} = \frac{1}{\sqrt{N}} Fe(0) + \sqrt{\frac{2}{N}} \sum_{u=0}^{2N-1} F_e(u) \mathrm{Re}\left\{ \mathrm{e}^{\mathrm{j}\frac{(2x+1)u\pi}{2N}} \right\}$$

$$= \frac{1}{\sqrt{N}} Fe(0) + \sqrt{\frac{2}{N}} \sum_{u=0}^{2N-1} F_e(u) \mathrm{Re}\left\{ \mathrm{e}^{\mathrm{j}\frac{2xu\pi}{2N}} \mathrm{e}^{\mathrm{j}\frac{u\pi}{2N}} \right\} = \frac{1}{\sqrt{N}} Fe(0) + \sqrt{\frac{2}{N}} \mathrm{Re}\left\{ \sum_{u=0}^{2N-1} F_e(u) \mathrm{e}^{\mathrm{j}\frac{2xu\pi}{2N}} \mathrm{e}^{\mathrm{j}\frac{u\pi}{2N}} \right\}$$

$$= \frac{1}{\sqrt{N}} - \sqrt{\frac{2}{N}} Fe(0) + \sqrt{\frac{2}{N}} \mathrm{Re}\left\{ \sum_{u=0}^{2N-1} \left[F_e(u) \mathrm{e}^{\mathrm{j}\frac{u\pi}{2N}} \right] \mathrm{e}^{\mathrm{j}\frac{2xu\pi}{2N}} \right\}$$

从上式可以看出,离散反余弦变换可以通过 $[Fe(u) \mathrm{e}^{\mathrm{j}\frac{u\pi}{2N}}]$ 的 $2N$ 点的反傅里叶变换来实

现。通过调用 FFT 和 IFFT 可方便地实现离散余弦变换和反余弦变换函数 DCT 和 IDCT。

11.2.2 二维离散余弦变换

二维离散余弦变换中，正变换核由下式表示

$$a(x,y,0,0) = \frac{1}{N}$$

$$a(x,y,u,v) = \frac{2}{N}[\cos(2x+1)u\pi][\cos(2x+1)u\pi]$$

其中，x，$y=0$，1，2，$\cdots$，$N-1$ 和 u，$v=1$，2，$\cdots$，$N-1$

于是得到二维 DCT 变换如下

$$F(0,0) = \frac{1}{N}\sum_{x=0}^{N-1}\sum_{y=0}^{N-1}f(x,y)$$

$$F(u,v) = \frac{2}{N}\sum_{x=0}^{N-1}\sum_{y=0}^{N-1}f(x,y)[\cos(2x+1)u\pi][\cos(2y+1)v\pi]$$

其中，$f(x)$ 是空域二维向量，u，$v=1$，2，$\cdots$，$N-1$。

二维离散反余弦变换定义如下

$$f(x,y) = \frac{1}{N}F(0,0) + \frac{2}{N}\sum_{u=0}^{N-1}\sum_{v=0}^{N-1}F(u,v)[\cos(2x+1)u\pi]$$

$$[\cos(2y+1)v\pi] \quad x,y = 0,1,2,\cdots,N-1$$

和一维 DCT 的矩阵表示形式相同，定义 A 为变换矩阵，F 为变换系数矩阵，f 为时域数据矩阵，则二维离散余弦变换的矩阵可表示为

$$F = Af$$
$$f = A^{\mathrm{T}}F$$

MATLAB 提供了 dct2、idct2 和 dctmtx 等函数进行图像的 DCT 变换，其调用格式如下

（1）dct2 函数实现二维 DCT 变换

    B = dct2(A)
    B = dct2(A,m,n)
    B = dct2(A,[m,n])

其中，B 为返回 DCT 变换系数，m，n 为变换系数矩阵行列数。在对 A 进行二维 DCT 变换之前，首先对 A 补 0 或剪裁至 m×n。方法适用于较大输入的快速算法。

（2）idct2 函数实现二维 DCT 反变换

    B = idct2(A)
    B = idct2(A,m,n)
    B = idct2(A,[m,n])

其调用格式与 dct2 函数相同。

（3）dctmtx 函数用于计算 DCT 变换矩阵

    D = dctmtx(n)

其中 D 为返回的 DCT 变换矩阵，输出矩阵 D 为 double 类型。这种方法对于一些小型方阵输

入更有效。

例 11-6 离散余弦变换及其反变换。

```
RGB = imread('autumn.tif');         % 读取图像
I = rgb2gray(RGB);                  % 转化为灰度图像
J = dct2(I);                        % 离散余弦变换
figure
imshow(log(abs(J)),[]),             % 显示离散余弦变换的系数
title('离散余弦变换系数')
colormap(jet(64)),
colorbar
J(abs(J)<10)=0;                     % 置小系数为 0
K = idct2(J);                       % 离散余弦逆变换
figure
subplot(121);
imshow(I);
title('原始图像')
subplot(122);
imshow(K,[0 255]);
title('DCT 变换图像')
```

运行程序，输出结果如图 11-8 和 11-9 所示。

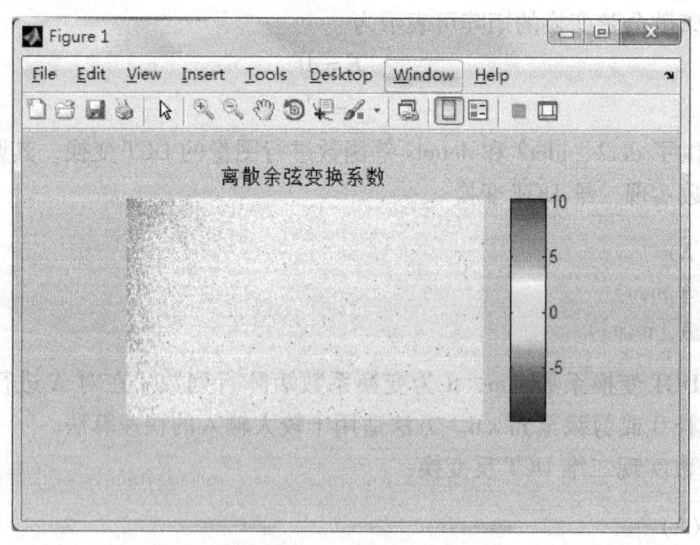

图 11-8 DCT 变换系数

离散余弦变换广泛应用于图像压缩中。例如在 JPEG 图像压缩算法中，首先将输入图像划分为 8×8 的方块，然后对每个方块进行二维离散余弦变换，最后将得到的 DCT 系数进行编码和传输。在接收端，将量化的 DCT 系数进行解码，并对每个方块进行二维离散余弦反变换，最后将操作后的块组合成一幅完整图像。

图 11-9 图像及其 DCT 变换

例 11-7 DCT 图像压缩。
I = imread ('cameraman. tif');%读取图像

```
    I = im2double(I);                    % 转化为 double 型
    T = dctmtx(8);                       % DCT 的变换矩阵
    dct = @ (x)T * x * T';               % DCT 变换公式
    B = blkproc(I,[8 8],dct);            % 分块进行 DCT 变换
           1 1 1 1 0 0 0 0
           1 1 1 0 0 0 0 0
           1 1 0 0 0 0 0 0
           1 0 0 0 0 0 0 0
    mask = 0 0 0 0 0 0 0 0
           0 0 0 0 0 0 0 0
           0 0 0 0 0 0 0 0
           0 0 0 0 0 0 0 0   ;% DCT 变换的小系数置为 0
    B2 = blkproc(B,[8 8],@ (x)mask.* x);% 分块选择 DCT 变换的系数
    invdct = @ (x)T' * x * T;% DCT 逆变换公式
    I2 = blkproc(B2,[8 8],invdct);       % 分块重构
    subplot(121);
    imshow(I);
    title('原始图像')
    subplot(122);
    imshow(I2);
    title('压缩图像')
```

运行程序，输出结果如图 11-10 所示。首先将原始图像分为 8×8 的方块，分别计算 DCT 系数，保留 64 个 DCT 系数中左上角的 10 个，然后利用这 10 个系数对方块进行逆 DCT

运算，再重构图像。

图 11-10　图像压缩

11.3　沃尔什变换

前面介绍的离散傅里叶变换，其变换核由三角函数组成，这些运算占用的时间较多。本节介绍的沃尔什变换是 1923 年由美国科学家沃尔什提出的，它是一个完备正交函数系，其变换核由 1 和 -1 组成。因此在计算过程中只有加减运算而没有乘除运算，从而大大提高了运算速度，易于硬件实现且抗干扰性好。

当 $N=2^n$ 时，函数 $f(x)$ 的一维沃尔什变换的核为 $a(x,u)$，即

$$a(x,u) = \frac{1}{N} \prod_{i=0}^{n-1} (-1)^{b_i(x)b_{n-1-i}(u)}$$

函数 $f(x)$ 的一维沃尔什正变换为

$$F(u) = \frac{1}{N} \sum_{x=0}^{N-1} f(x) \prod_{i=0}^{n-1} (-1)^{b_i(x)b_{n-1-i}(u)}, u = 1,2,\cdots,N-1 \qquad (11-17)$$

式中，$b_k(x)$ 为 x 的二进制表示的第 k 位值。例如 $n=4$ 和 $x=8$，用二进制表示为 1000，则有 $b_0(x)=0, b_1(x)=0, b_2(x)=0, b_3(x)=1$。

一维沃尔什反变换的核为

$$b(x,u) = \prod_{i=0}^{n-1} (-1)^{b_i(x)b_{n-1-i}(u)}$$

比较正变换和反变换的核可知，除了 $1/N$ 常系数项以外是完全一样的，下面的讨论中对于二维正、反变换的核则完全一样，包括常系数 $1/N$ 项。

函数 $f(x)$ 的一维沃尔什反变换为

$$f(x) = \sum_{u=0}^{N-1} F(u) \prod_{i=0}^{n-1} (-1)^{b_i(x)b_{n-1-i}(u)}, x = 1,2,\cdots,N-1 \qquad (11-18)$$

由式（11-17）和式（11-18）可知，正、反沃尔什变换仅有项 $1/N$ 是不同的，因而正变换的任何算法都能直接用来求反变换。这时只需简单地将计算结果乘以 N 即可。

对于二维正向和反向的沃尔什变换，其变换的核是完全一样的，表示为

$$a(x,y,u,v) = b(x,y,u,v) = \frac{1}{N}\prod_{i=0}^{n-1}(-1)^{b_i(x)b_{n-1-i}(u)+b_i(y)b_{n-1-i}(v)}$$

比较正变换和反变换的核可知，对于一维变换核，除了 $1/N$ 常系数项以外是完全一样的，而对于二维正、反变换的核则完全一样，包括常系数 $1/N$ 项。

二维沃尔什变换对表示为

$$F(u,v) = \frac{1}{N}\sum_{x=0}^{N-1}\sum_{y=0}^{N-1}f(x,y)\prod_{i=0}^{n-1}(-1)^{b_i(x)b_{n-1-i}(u)+b_i(y)b_{n-1-i}(v)}, u,v=0,1,2,\cdots,N-1$$

$$f(x) = \frac{1}{N}\sum_{x=0}^{N-1}\sum_{y=0}^{N-1}F(u,v)\prod_{i=0}^{n-1}(-1)^{b_i(x)b_{n-1-i}(u)+b_i(y)b_{n-1-i}(v)}, x,y=0,1,2,\cdots,N-1$$

由上式的二维沃尔什变换对可知，计算正变换的任何算法不用修改即可用于反变换的计算。和傅里叶变换一样，沃尔什的核是可分离的和对称的。因为

$$a(x,y,u,v) = a_1(x,u)a_2(y,v) = \left[\frac{1}{\sqrt{N}}\prod_{i=0}^{n-1}(-1)^{b_i(x)b_{n-1-i}(u)}\right]\left[\frac{1}{\sqrt{N}}\prod_{i=0}^{n-1}(-1)^{b_i(y)b_{n-1-i}(v)}\right]$$

因此和傅里叶变换一样，二维沃尔什变换可以逐次通过两个一维沃尔什变换完成计算。

11.4 小波变换

小波变换是当前数学中一个迅速发展的领域，是分析和处理非平稳信号的一种有效工具。一个图像做小波分解后，可得到一系列不同分辨率的子图像，小波变换正是沿着多分辨率这条线发展起来的。如一幅地图的尺度是地域实际大小与它在地图上表示的比值，地图通常以不同尺度来描述，在较大尺寸上，大陆和海洋等主要特征是可见的，而像城市街道这样的细节信息就在地图上无法分辨了。因此，大边缘代表了在较大距离上的灰度级变化，这时用传统的较小邻域算子去检测，可以检测出较大边缘的信息。在较小的尺度上，细节变得可见而较大的特征却不易见到。所以，需要用不同的尺度绘制地图，就像从一幅 1024×1024 像素的图像生成 10 幅像素不同的附加图像。注意像素不同对应图像大小不同，像素较高的图像对应于没有细节信息的全局缩小位图，而像素较低的位图含有丰富的细节信息。每一次丢掉隔行隔列的像素，得到的将是 512×512，256×256 等一直到 1×1 的图像。如果都用 3×3 的边缘检测算子来执行边缘检测，在原始图像上则会得到小边缘，在 512×512 和 256×256 像素上能得到稍大的边缘，而在 16×16 和更小的图像上就只能找到非常大的边缘。作为一种多分辨率分析方法，由于小波变换具有很好的时-频和空-频局部特性，特别适合按照人类视觉系统的特性设计图像压缩编码方案，也非常有利于图像的分层传输。因此目前小波变换已在信号处理与分析、计算机视觉、图像处理与分析，尤其是图像编码等领域取得了突破性进展，成为了研究开发的热点。

11.4.1 连续小波变换

1. 一维连续小波变换

对于任意的函数 $f(x)$，其连续小波变换的数学定义为

$$W_f(a,b) = \int_{-\infty}^{+\infty} f(x)\psi_{a,b}(x)\mathrm{d}x \tag{11-19}$$

基本小波是一个具有特殊性质的实值函数，它是震荡衰减的，而且衰减得很快，在数学上满足零均值条件

$$\int_{-\infty}^{+\infty} \psi(t)\mathrm{d}t = 0$$

其频谱满足条件

$$C_\psi = \int_{-\infty}^{+\infty} \frac{|\psi(s)|^2}{s}\mathrm{d}s < \infty$$

对于任意实数对(a,b)，小波母系数函数$\{\psi_{a,b}(x)\}$能够通过平移和伸缩基本小波$\psi(x)$来生成

$$\psi_{a,b}(x) = \frac{1}{\sqrt{a}}\psi\left(\frac{x-b}{a}\right)$$

其中，a 为缩放（尺度）因子，b 为平移因子（指明沿 x 轴的平移位置）。小波的缩放因子就是压缩或伸展基本小波，缩放因子与信号频率之间的关系时：缩放因子越小，小波越窄，度量的是信号的细节变换，表示信号频率越高；缩放因子越大，小波越宽，度量的是信号的粗糙程度，表示信号频率越低。平移因子表示小波的延迟或超前程度。通常情况下，基本小波$\psi(x)$以原点为中心，因此$\psi_{a,b}(x)$就以 $x=b$ 为中心。

在具体应用中，需要根据原函数$f(t)$的特点来选择基本小波，使得小波变换能更好地反映$f(t)$的特征，下面是一些典型的基本小波例子。

(1) Haar 小波

Haar 函数是小波分析中最早用到的一个具有紧支撑的正交小波函数，也是最简单的一个小波函数，如图 11-11 所示，它是支撑域在 $t \in [0,1]$ 范围内的单个矩形波。Haar 函数的定义如下

$$\psi(x) = \begin{cases} 1, & 0 \leq x \leq 1/2 \\ -1, & 1/2 \leq t \leq 1 \\ 0, & 其他 \end{cases}$$

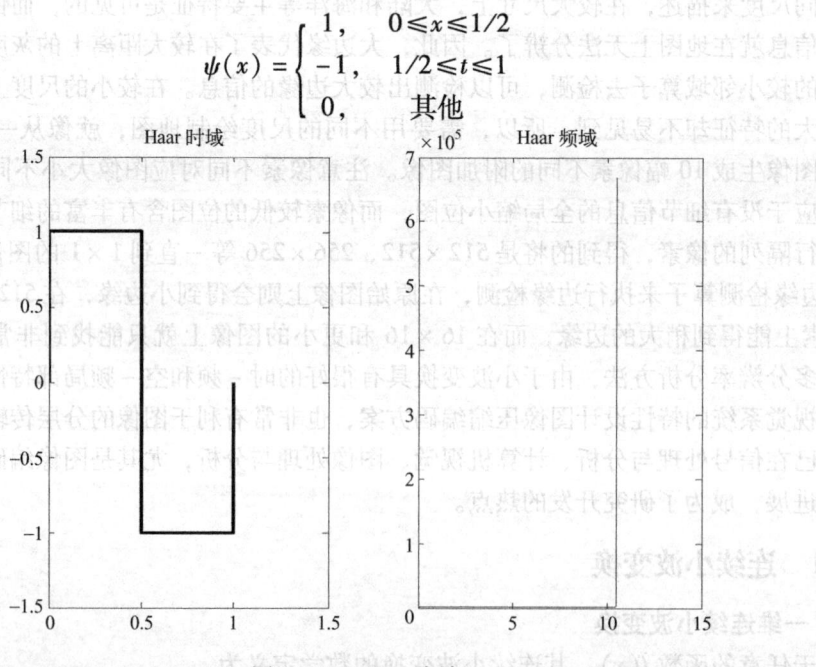

图 11-11　Haar 小波

（2）Mexican Hat（mexh）小波

Mexican Hat 函数为 Gauss 函数的二阶导数

$$\psi(t) = \frac{2}{\sqrt{3}\sqrt{\pi}}(1-t^2)e^{-\frac{t^2}{2}}$$

因为它的形状像墨西哥帽的截面，如图 11-12 所示，所以也称为墨西哥帽函数。

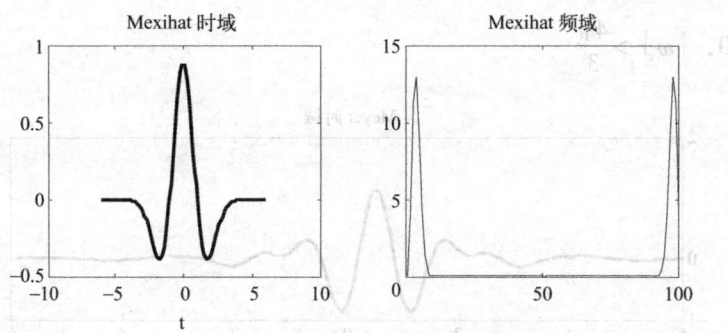

图 11-12 Mexican Hat 小波

（3）Morlet 小波

它是高斯包络下的单频率单频率复正弦函数

$$\psi(t) = ce^{-\frac{t^2}{2}}\cos(5x)$$

其中，c 是重构时的归一化常数。Morlet 小波如图 11-13 所示。

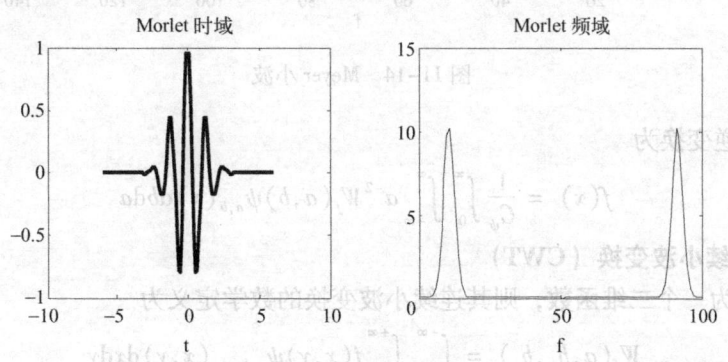

图 11-13 Morlet 小波

（4）Meyer 小波

Meyer 小波的小波函数和尺度函数都是在频率域中进行定义的，如图 11-14 所示，其定义为

$$\psi(\omega) = \begin{cases} (2\pi)^{-\frac{1}{2}}e^{\frac{j\omega}{2}}\sin\left(\frac{\pi}{2}v\left(\frac{3}{2\pi}|\omega|-1\right)\right), & \frac{2\pi}{3} \leq \omega \leq \frac{4\pi}{3} \\ (2\pi)^{-\frac{1}{2}}e^{\frac{j\omega}{2}}\cos\left(\frac{\pi}{2}v\left(\frac{3}{2\pi}|\omega|-1\right)\right), & \frac{4\pi}{3} \leq \omega \leq \frac{8\pi}{3} \\ 0, & |\omega| \notin \left[\frac{2\pi}{3}, \frac{8\pi}{3}\right] \end{cases}$$

其中，$v(a)$ 为构造 Meyer 小波的辅助函数，具有

$$v(a) = a^4(35 - 84a + 70a^2 - 20a^3) \quad a \in (0,1)$$

$$\varphi(\omega) = \begin{cases} (2\pi)^{-\frac{1}{2}}, & |\omega| \leq \frac{2\pi}{3} \\ (2\pi)^{-\frac{1}{2}} \cos\left(\frac{\pi}{2} v\left(\frac{3}{2\pi}|\omega| - 1\right)\right), & \frac{2\pi}{3} \leq |\omega| \leq \frac{4\pi}{3} \\ 0, & |\omega| > \frac{4\pi}{3} \end{cases}$$

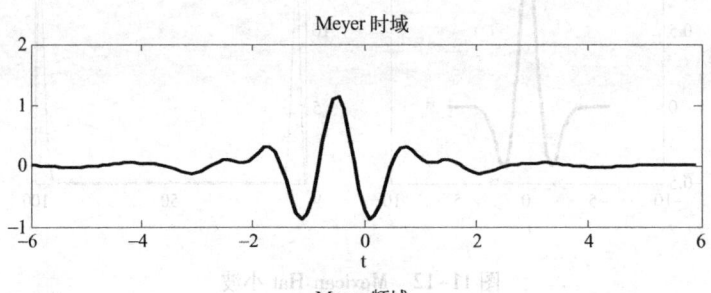

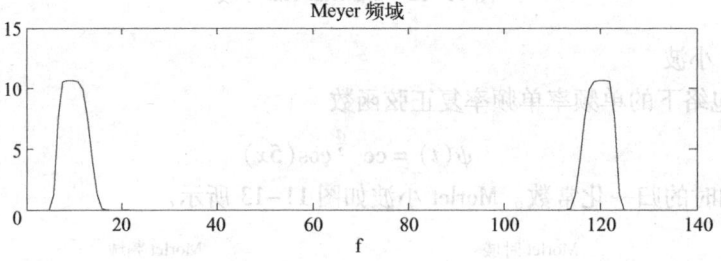

图 11-14 Meyer 小波

连续小波逆变换为

$$f(x) = \frac{1}{C_\psi} \int_0^\infty \int_{-\infty}^\infty a^{-2} W_f(a,b) \psi_{a,b}(x) \mathrm{d}b \mathrm{d}a \tag{11-20}$$

2. 二维连续小波变换（CWT）

若 $f(x,y)$ 为一个二维函数，则其连续小波变换的数学定义为

$$W_f(a,b_x,b_y) = \int_{-\infty}^{+\infty} \int_{-\infty}^{+\infty} f(x,y) \psi_{a,b_x,b_y}(x,y) \mathrm{d}x \mathrm{d}y \tag{11-21}$$

其中，b_x，b_y 表示两个维度上的平移。

二维连续小波逆变换为

$$f(x,y) = \frac{1}{C_\psi} \int_0^\infty \int_{-\infty}^\infty W_f(a,b_x,b_y) \psi_{a,b_x,b_y}(x,y) \mathrm{d}b_x \mathrm{d}b_y \frac{\mathrm{d}a}{a^3} \tag{11-22}$$

其中

$$\psi_{a,b_x,b_y}(x,y) = \frac{1}{|a|} \psi\left(\frac{x-b_x}{a}, \frac{x-b_y}{a}\right)$$

而 $\psi(x,y)$ 是一个基本小波。

连续小波变换具有如下性质：

性质 1（线性）：设 $f(t) = \alpha g(t) + \beta h(t)$，则 $WT_f(a,b) = \alpha WT_g(a,b) + \beta WT_h(a,b)$

性质2（平移不变性）：若$f(t) \leftrightarrow WT_f(a,b)$，则$f(t-\tau) \leftrightarrow WT_f(a,b-\tau)$。平移不变性是一个很好的性质，在实际应用中，尽管离散小波变换要用得广泛一些，但在需要有平移不变性的情况下，离散小波变换是不能直接使用的。

性质3（伸缩共变性）：若$f(t) \leftrightarrow WT_f(a,b)$，则$f(ct) \leftrightarrow \frac{1}{\sqrt{c}}WT_f(ca,cb)$，其中$c > 0$。

性质4（冗余性）：连续小波变换中存在信息表述的冗余度。其表现是由连续小波变换恢复原信号的重构公式不是唯一的，小波变换的核函数$\psi_{a,b}(t)$存在许多可能的选择。尽管冗余的存在可以提高信号重建时计算的稳定性，但增加了分析和解释小波变换结果的困难。

11.4.2 离散小波变换

1. 一维离散小波变换

同傅里叶变换和沃尔什变换等正交变换类似，在实际应用中，尤其是在计算机上实现时，连续的小波变换必须进行离散化处理。有一点需要特别指出：这里所说的离散化并非针对时间变量x，而是针对尺度参数a和连续平移参数b而言的。通过对尺度因子a和平移因子b取样离散化可以得到

$$a = a_0^m, b = b_0 a_0^m$$

其中，$a_0 > 1$，$b_0 \in R$，$m, n \in Z^2$。

连续小波变换的离散化形式为

$$\psi_{m,n}(x) = \frac{1}{\sqrt{a_0^m}}\psi\left(\frac{x - nb_0 a_0^m}{a_0^m}\right) = a_0^{-m/2}\psi(a_0^{-m}t - nb_0)$$

$$C_{m,n} = <f, \psi_{m,n}> = a_0^{-m/2}\int_{-\infty}^{+\infty} f(t)\psi(a_0^{-m}t - nb_0)\mathrm{d}t$$

离散小波变换是一种时频分析，它从集中在某个区间上的基本函数开始，以规定步长向左或向右移动基本波形，并用尺度因子a_0来扩张或压缩以构造其函数系。一系列小波由此而生，m和n分别成为频率范围指数和时间步长变化指数。

如果尺度以二进制方式离散化，可得到相应的二进制小波变换

$$\psi_{j,k}(x) = 2^{j/2}\psi(2^j x - k)$$

其中整数j决定伸缩，而k确定平移幅度，二进制小波对信号分析具有变焦距的作用。其中变换系数再次由内积给出。

$$C_{j,k} = <f(x), \psi_{j,k}(x)> = 2^{j/2}\int_{-\infty}^{+\infty} f(t)\psi(2^j x - k)\mathrm{d}x$$

2. 二维离散小波变换（CWT）

要在图像处理中使用小波变换，就必然要将小波理论从一维推广到二维，定义尺度和平移函数表示为

$$\varphi_{j,m,n}(x,y) = 2^{j/2}\varphi(2^j x - m, 2^j y - n) \tag{11-23}$$

$$\psi_{j,m,n}^i(x,y) = 2^{j/2}\psi^i(2^j x - m, 2^j y - n) \quad i = \{H, V, D\} \tag{11-24}$$

假如存在可分离的二维尺度函数$\varphi(x,y) = \varphi(x)\varphi(y)$，$\varphi(x)$为一个一维的尺度函数，$\varphi(y)$为相应的小波函数。则可得到三个二维基本小波变换函数

$$\psi^1(x,y) = \psi(x)\varphi(y)$$
$$\psi^2(x,y) = \varphi(x)\psi(y)$$
$$\psi^3(x,y) = \psi(x)\psi(y)$$

这些小波度量函数随着不同方向的图像强度或灰度而变化，ψ^1 度量沿着列变化（水平边缘），ψ^2 度量沿着行变化（垂直边缘），ψ^3 对应于对角线方向的变化，由此建立了二维小波变换的基础。注意这里使用的上标只是索引而不是指数。

一幅 $M \times N$ 的图像 $f(x,y)$ 的离散小波变换为

$$W_\varphi(j_0,m,n) = \frac{1}{\sqrt{MN}} \sum_{x=0}^{M-1} \sum_{y=0}^{N-1} f(x,y) \varphi_{j_0,m,n}(x,y)$$

$$W_\psi^i(j,m,n) = \frac{1}{\sqrt{MN}} \sum_{x=0}^{M-1} \sum_{y=0}^{N-1} f(x,y) \psi_{j,m,n}^i(x,y) \quad i = \{H,V,D\}$$

其中，j_0 是任意的开始尺度，$W_\varphi(j_0,m,n)$ 定义了在尺度 j_0 的 $f(x,y)$ 的近似。$W_\psi^i(j,m,n)$ 对于 $j \geq j_0$ 附加了水平、垂直和对角方向的细节。

$f(x,y)$ 可通过离散小波逆变换得到

$$f(x,y) = \frac{1}{\sqrt{MN}} \sum_{i=H,V,D} \sum_{j=j_0}^{\infty} \sum_m \sum_n W_\psi^i(j,m,n) \psi_{j,m,n}^i(x,y)$$

11.4.3 MATLAB 实例——小波变换用于图像压缩

MATLAB 小波分析工具箱提供了很多用于小波分解、重构的函数，下面介绍几种重要的函数。

（1）dwt 函数实现一维离散小波变换

  [cA,cD] = dwt(X,'wname')
  [cA,cD] = dwt(X,Lo_D,Hi_D)

其中，cA、cD 分别为近似分量和细节分量，'wname'表示指定的小波基函数，对信号 X 进行分解，Lo_D、Hi_D 表示指定的滤波器组，对信号进行分解。

（2）idwt 函数实现一维离散小波反变换

  X = idwt(cA,cD,'wname')
  X = idwt(cA,cD,Lo_R,Hi_R)

其中，近似分量 cA 和细节分量 cD 经小波反变换重构原始信号 X，其他参数与 dwt 函数类似。

（3）dwt2 函数实现二维离散小波变换

  [cA,cH,cV,cD] = dwt2(X,'wname')
  [cA,cH,cV,cD] = dwt2(X,Lo_D,Hi_D)

其中，cA、cH、cV、cD 分别为近似分量、水平细节分量、垂直细节分量和对角细节分量；'wname'为指定的小波基函数，对 X 进行二维离散小波变换；Lo_D 和 Hi_D 为指定的分解低通和高通滤波器，分解信号 X。

（4）idwt2 函数实现二维离散小波反变换

  X = idwt2(cA,cH,cV,cD,'wname')

```
X = idwt2(cA,cH,cV,cD,Lo_R,Hi_R)
X = idwt2(cA,cH,cV,cD,'wname',S)
X = idwt2(cA,cH,cV,cD,Lo_R,Hi_R,S)
```

其中，S 为返回中心附近的数据点个数，其他参数与 dwt2 函数类似。

（5）wavedec2 函数实现二维信号的多层小波分解

```
[C,S] = wavedec2(X,N,'wname')
[C,S] = wavedec2(X,N,Lo_D,Hi_D)
```

其中，'wname'表示小波基函数，对二维信号 X 进行 N 层分解；Lo_D 和 Hi_D 表示指定的分解低通和高通滤波器，分解信号 X。

（6）waverec2 函数实现二维信号的多层小波重构

```
X = waverec2(C,S,'wname')
X = waverec2(C,S,Lo_R,Hi_R)
```

其中，C、S 为多层二维小波分解结果，重构原始信号 X，其他参数与 wavedec2 函数类似。

其他的小波变换函数用法读者可以查看相关资料获取。

例 11-8 利用二维小波分析进行图像分析。

```
load wbarb;                        % 载入图像
subplot(221);
image(X); % 显示图像
colormap(map)
title('原始图像');
axis square
disp('压缩前图像 X 的大小:');
whos('X')
[c,s] = wavedec2(X,2,'bior3.7'); % 对图像用 bior3.7 小波进行 2 层小波分解
% 提取小波分解结构中第一层低频系数和高频系数
ca1 = appcoef2(c,s,'bior3.7',1);
ch1 = detcoef2('h',c,s,1);
cv1 = detcoef2('v',c,s,1);
cd1 = detcoef2('d',c,s,1);
% 分别对各频率成分进行重构
a1 = wrcoef2('a',c,s,'bior3.7',1);
h1 = wrcoef2('h',c,s,'bior3.7',1);
v1 = wrcoef2('v',c,s,'bior3.7',1);
d1 = wrcoef2('d',c,s,'bior3.7',1);
c1 = [a1,h1;v1,d1];
% 显示分解后各频率成分的信息
subplot(222);
image(c1);
axis square
```

```
title('分解后低频和高频信息');
%下面进行图像压缩处理
%保留小波分解第一层低频信息,进行图像的压缩
%第一层的低频信息即为ca1,显示第一层的低频信息
%首先对第一层信息进行量化编码
ca1 = appcoef2(c,s,'bior3.7',1);
ca1 = wcodemat(ca1,440,'mat',0);
%改变图像的高度
ca1 = 0.5 * ca1;
subplot(223);
image(ca1);
colormap(map);
axis square
title('第一次压缩');
disp('第一次压缩图像的大小为:');
whos('ca1')
%保留小波分解第二层低频信息,进行图像的压缩,此时压缩比更大
%第二层的低频信息即为ca2,显示第二层的低频信息
ca2 = appcoef2(c,s,'bior3.7',2);
%首先对第二层信息进行量化编码
ca2 = wcodemat(ca2,440,'mat',0);
%改变图像的高度
ca2 = 0.25 * ca2;
subplot(224);
image(ca2);
colormap(map);
axis square
title('第二次压缩');
disp('第二次压缩图像的大小为:');
whos('ca2')
```

运行程序,输出结果如下所示。

压缩前图像 X 的大小

Name	Size	Bytes	Class	Attributes
X	256×256	524288	double	

第一次压缩图像的大小为:

Name	Size	Bytes	Class	Attributes
ca1	135×135	145800	double	

第二次压缩图像的大小为:

Name	Size	Bytes	Class	Attributes
ca2	75×75	45000	double	

从结果可以看出,第一次压缩提取的是原始图像中小波分解第一层的低频信息,此时压

缩效果较好；第二次压缩是提取第一层分解低频部分的低频部分，压缩比较大，视觉效果基本还可以。本例中的小波分解方法是一种简单的压缩方法，只保留原始图像中低频信息，从理论上说可以获得任意压缩比的图像，如图 11-15 所示。

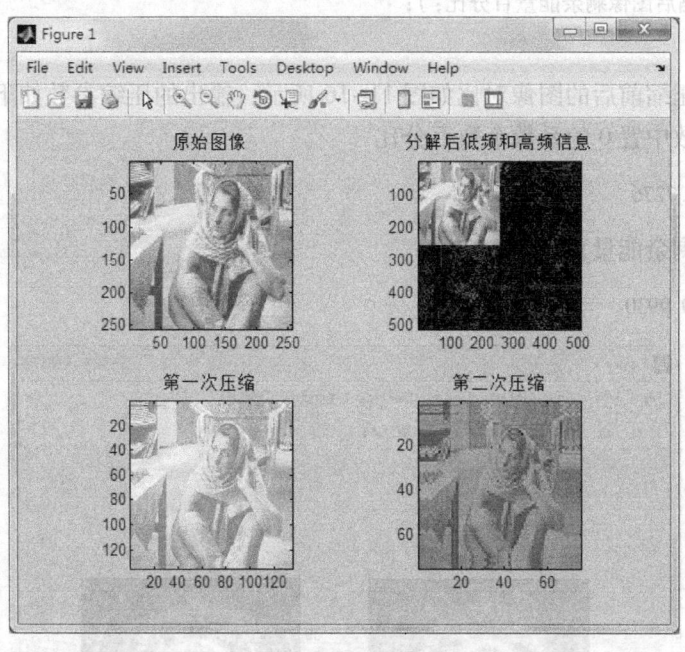

图 11-15　二维小波分析进行图像压缩

例 11-9　图像压缩

```
load tire; % 载入一个二维信号
% 显示图像
subplot(121);
image(X);
colormap(map)
title('原始图像','fontsize',8);
axis square
% 下面进行图像压缩
% 对图像用 db3 小波进行 2 层小波分解
[c,s] = wavedec2(X,2,'db3');
% 使用 wavedec2 函数来实现图像的压缩
[thr,sorh,keepapp] = ddencmp('cmp','wv',X);
% 输入参数中选择了全局阈值选项'gbl'，用来对所有高频系数进行相同的阈值量化处理
[Xcomp,cxc,lxc,perf0,perfl2] = wdencmp('gbl',c,s,'db3',2,thr,sorh,keepapp);
% 将压缩后的图像与原始图像相比较,并显示出来
subplot(122);
image(Xcomp);
colormap(map)
title('压缩图像','fontsize',8);
```

```
axis square
disp('小波分解系数中置0的系数个数百分比:');
perf0
disp('压缩后图像剩余能量百分比:');
perfl2
```

运行程序,压缩前后的图像对比如图 11-16 所示,输出的压缩参数如下所示。

小波分解系数中置 0 的系数个数百分比

perf0 = 48.7276

压缩后图像剩余能量百分比

perfl2 = 99.9930

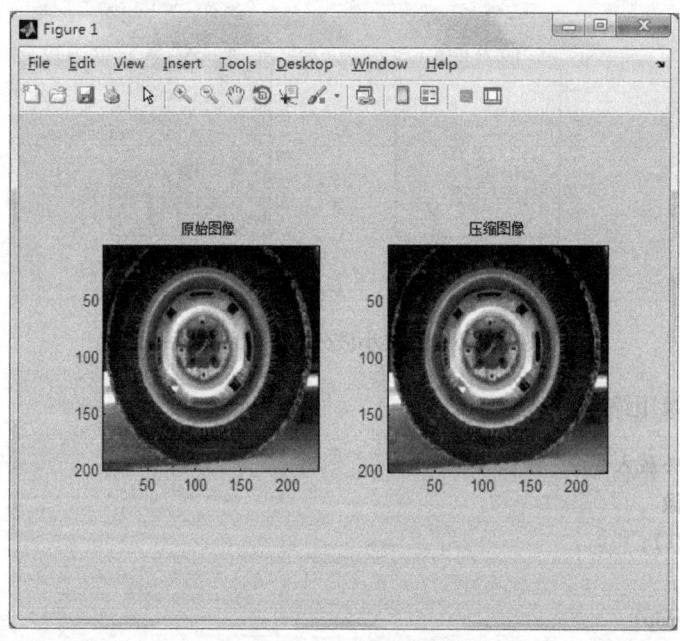

图 11-16　图像压缩

11.5　习题

1. 描述空间频域的概念。
2. 已知图像 $f(x,y)$ 为 4×4 数据矩阵

$$\begin{pmatrix} 15 & 5 & 5 & 15 \\ 15 & 5 & 5 & 15 \\ 15 & 5 & 5 & 15 \\ 15 & 5 & 5 & 15 \end{pmatrix}$$

求该图像的傅里叶变换和余弦变换。

3. 证明离散傅里叶变换基函数满足正交条件,即满足

$$\sum_{x=0}^{N-1} \exp\{j2\pi rx/N\} \exp\{-j2\pi ux/N\} = \begin{cases} N, & r=u \\ 0, & \text{其他} \end{cases}$$

4. 利用一维单变量连续函数证明卷积定理。
5. 简述沃尔什变换的原理及应用。
6. 简述小波变换的原理及主要步骤。
7. 在数字图像处理中，小波变换主要有何作用？

第 12 章 图像编码压缩

近年来，随着计算机通信技术的迅速发展，特别是多媒体网络技术的兴起，图像压缩与编码技术已受到人们越来越多的关注。图像处理过程中经常会产生许多包含图像数据的大型文件。它们经常需要在不同的用户及系统之间互相交换，这就要求有一种有效的方法来存储及传输这些大型文件。

因为数字图像数据量很大，所以为了实现快速传输，总是希望进行合理的图像数据压缩。压缩的理论基础是信息论，它是一种通过删除冗余的或者不需要的信息来实现压缩数据量的技术。从本质上来说，就是对要处理的图像按一定的规则进行变换和组合，从而达到以尽可能少的代码来表示尽可能多的数据信息。这种一定的规则就是编码，也就是说图像数据通过编码处理，可以达到压缩的效果。由于图像数据本身固有的冗余性和相关性，使得将一个大的图像数据文件转换成较小的图像数据文件成为可能。

12.1 图像压缩编码的可能性

数据压缩技术利用数据固有的冗余性和不相干性，将一个大的数据文件转换成较小的文件，图像数据压缩就是要去掉冗余数据。一般来说，图像数据中存在以下几种冗余。

（1）空间冗余。

空间冗余是图像数据中经常存在的一种冗余。在同一幅图像中，规则物体和规则背景（所谓规则是指表面有序的，而不是完全杂乱无章的排列）的表面物理特性具有相关性，这些相关性使成像后的数字化图像结构趋于有序和平滑。

（2）时间冗余。

在序列图像（电视图像、运动图像）和语音数据中，相邻两帧图像之间有较大的相关性，这就反映为时间冗余。

（3）信息熵冗余。

如果图像中平均每个像素使用的比特数大于该图像的信息熵，则图像中存在冗余，这种冗余称为信息熵冗余。为表达图像数据需要使用一系列符号，如字母、数字等，使用这些符号根据一定的规则来表达图像就是对图像进行编码。对于由 N 个符号组成的符号集$\{x_1, x_2, \cdots, x_N\}$ 构成的离散信息源，信息熵一般定义为

$$H = -\sum_{i=1}^{N} p_i \log_2 p_i$$

其中，p_i 为符号 x_i 出现的概率。如果令 $b(x_i)$ 是分配给 x_i 的比特数，则应取 $b(x_i) = -\log_2 p_i$，但实际上在应用中很难预估出 $\{p_1, p_2, \cdots, p_N\}$，因此一般总取 $b(x_1) = b(x_2) = \cdots = b(x_N)$。例如英文字母的编码码元长度为 7 bit，即 $b(x_1) = b(x_2) = \cdots = b(x_{26}) = 7$，这样所得的实际数据量 $d = \sum_{i=1}^{N} p_i b(x_i)$ 必然大于或等于 H，由此带来的冗余即信息熵冗余，又称为编码

冗余。

（4）结构冗余。

图像中存在很强的纹理结构或自相似性所造成的冗余称为结构冗余。

（5）知识冗余。

有许多图像对其理解与某些基础知识有相当大的相关性。例如，人脸的图像有固定的结构，嘴的上方有鼻子，鼻子的上方有眼睛，鼻子位于正脸图像的中线上等。这类规律性的结构可由经验知识和背景知识得到，这类冗余称为知识冗余。

（6）视觉冗余。

人类的视觉系统对于图像场的注意是非均匀和非线性，特别是视觉系统并不是对图像场的任何变化都能感知，即眼睛并不是对所有信息都有相同的敏感度。有些信息在通常的视觉感觉过程中与另外一些信息相比来说并不是那么重要，这些信息可认为是心理视觉冗余的。人的眼睛对图像细节和颜色的辨认受到人的视觉特性的限制，人类最多能分辨 2^{16} 种颜色，而彩色图像用 24 位表示，即 2^{24} 种颜色，这种数据冗余称为视觉冗余。

另外，还有由图像的专有特性带来的冗余等。既然图像数据中存在信息冗余，就有可能对图像数据量进行压缩。针对数据冗余的类型不同，可以有不同的数据压缩方法，下面将讨论各种数据压缩方法。

12.2 图像压缩编码

图像压缩的方法有很多，其分类方法根据出发点的不同而有差异。

根据解压缩重建后的图像和原始图像之间是否具有误差，可以将图像压缩方法分为无失真图像压缩编码和有限失真图像压缩编码两大类。

12.2.1 无失真图像压缩编码

无失真图像压缩编码方法基于统计模型，减少或完全去除图像数据上冗余的信息。无失真压缩是对图像文件本身的压缩，是对文件的数据存储方式进行优化，采用某种算法表示重复的数据信息，文件可以完全还原，不会影响文件内容，对于图像而言，也就不会使图像细节有任何损失。由于无失真压缩编码只是对数据本身进行优化，所以压缩比例有限，压缩比一般为2∶1至5∶1。这类方法广泛应用于文本数据、程序和一些特殊图像数据（如指纹图像和医学图像等）的压缩。由于受到压缩比的限制，因而仅使用无失真压缩编码方法是不可能解决图像和数字视频的存储和传输问题的。关于无失真图像压缩编码的方法很多，本书有选择地阐述 3 种方法，分别是霍夫曼编码、算术编码和行程编码。下面将一一介绍并举例说明。

1. 霍夫曼编码

霍夫曼编码是 1952 年由 David A. Huffman 提出的无失真统计编码方法，它的思想是使用变长的编码表来编码原始符号，其中变长编码表的建立是基于原始符号中每个可能数值的估算出现概率。编码器的输出码字是字长不等的编码，按编码输入信息符号出现的统计概率不同，给输出码字分配以不同的字长。在编码的输入中，对于那些出现概率大的信息符号，编以较短字长的码，而对于那些出现概率小的信息符号则用较长的字长编码。其编码结构实际上是一个二叉树，常出现的字符用较短的码代表，不常出现的字符用较长的码代表。因为从经典理论可知,在一条无记忆源的消息中,越是不常出现的字符,对于消息的信息贡献量越大。静态霍夫曼编码使用一棵在压缩之前就建好的编码树,它是根据可能的字符出现的概率表来生成的。可以证明,按照概率出现大小的顺序,对输出码字分配不同码字的变字长编码方法,其输出码字的平均码长最短,与信源熵值最接近。

下面借助实例来说明霍夫曼编码的方法。

例 12-1 假设一个文件中出现了 8 种符号 S_0、S_1、S_2、S_3、S_4、S_5、S_6、S_7,那么每种符号编码至少需要 3bit,假设编码为

$$S_0=000, S_1=001, S_2=010, S_3=011, S_4=100, S_5=101, S_6=110, S_7=111$$

那么,符号序列 $S_0S_1S_7S_0S_1S_6S_2S_2S_3S_4S_5S_0S_0S_1$ 编码后变成 000 001 111 000 001 110 010 010 011 100 101 000 000 001,共 42bit。

观察符号序列,发现 S_0、S_1、S_2 这三个符号出现的频率比较大,其他符号出现的频率比较小。如果采用一种编码方案使得 S_0、S_1、S_2 的码字短,其他符号的码字长,这样就能够减少符号序列占用的位数。

设 $S_0=01$,$S_1=11$,$S_2=101$,$S_3=000$,$S_4=0010$,$S_5=0001$,$S_6=0011$,$S_7=100$,那么符号序列变成 01 11 100 01 11 0011 101 101 0000 0010 0001 01 01 11,共 39bit。

在上面的编码中,尽管其中有些码字,如 S_3、S_4、S_5、S_6 的码字由原来的 3 位变成 4 位,但是使用频繁的几个码字 S_0、S_1 变短了,使得整个序列的编码缩短,从而实现了数据的压缩。

编码必须保证不能出现一个码字和另一个码字的前几位相同的情况。例如,如果 S_0 的码字为 01,S_2 的码字为 011,那么当序列中出现 011 时,便无法判断是 S_0 的码字后面添加一个 1,还是完整的一个 S_2 的码字。按照霍夫曼编码算法就可以保证编码的正确性,确保不会产生误读。霍夫曼编码原理如图 12-1 所示。

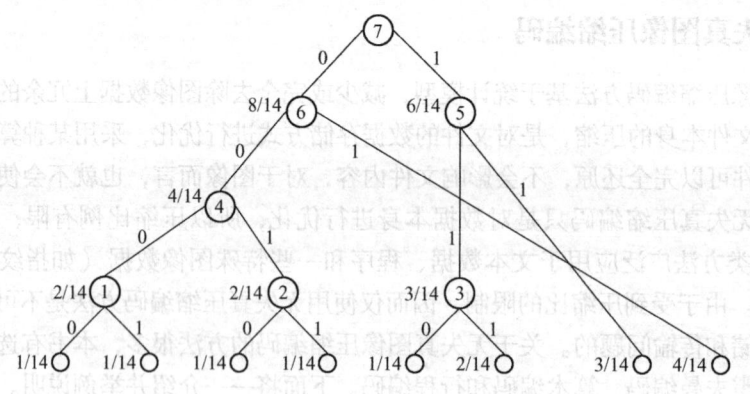

图 12-1 霍夫曼编码原理示意图

霍夫曼编码算法步骤如下

1)统计出每个符号出现的概率,$S_0 \sim S_7$ 出现的概率分别为 4/14、3/14、2/14、1/14、1/14、1/14、1/14、1/14。

2)从左到右将上述频率按从小到大的顺序排列。

3)每次选出最小的两个值,作为二叉树的两个叶子节点,将它们的和作为其根节点,

之后这两个叶子节点不再参与比较，新的根节点参与比较。

4）重复步骤3），直到最后得到和为1的根节点。

5）将形成的二叉树的左节点标0，右节点标1。把从最上面的根节点到最下面的叶子节点途中遇到的0、1序列串起来，就得到了 $S_0 \sim S_7$ 的编码。

产生霍夫曼编码需要对原始数据扫描两遍。第一遍扫描要精确地统计出原始数据中每个值出现的概率，第二遍是建立霍夫曼编码树并进行编码。由于需要建立二叉树并遍历二叉树生成编码，因此霍夫曼编码数据压缩和还原速度都较慢。但是霍夫曼编码简单有效，因而得到广泛应用。

2. 算术编码

当使用霍夫曼编码时，若信源中各个符号的概率比较接近时，其编码结果将趋于定长码，为提高编码效率，建议使用算术编码。算术编码是一种用于无失真图像压缩的变长熵编码形式。与霍夫曼编码相似，当一个字符串转换为算术编码形式的时候，常用的字符将使用较少的比特来存储，而不常出现的字符将使用较多的比特来存储，这样就可以实现在总体上使用更少比特的目的。其基本思想是将输入序列中的各个符号按照出现频率映像到0和1之间的相应数字区域内，该区域表示为可以改变精度的二进制小数，其中出现频率越高的数据使用精度越高的小数进行表示。算术编码的两个基本要素为源数据出现的频率以及其对应的编码区间。其中，源数据的出现频率决定该算法的压缩效果，同时决定编码过程中源数据对应的区间范围，而编码区间则决定算术编码最终输出的数据。算术编码与霍夫曼编码不同的地方在于，算术编码将整个字符串编码为一个单独的数字，而霍夫曼编码将所输入的字符串划分为多个独立字符，并对每个字符进行单独编码。在大部分情况下，算术编码要优于霍夫曼编码。算术编码鼓励数据表示模型与基于模型的信息编码完全分离，并允许模型进行自适应调整，而且在计算上更有效率。算术编码省略了每个符号必须转换为整数比特的限制，使编码更有效率。在JPEG的扩展系统中，已经用算术编码取代了霍夫曼编码。

下面举例说明算术编码的编码过程。

例12-2 假设输入数据为"aabbc"，其出现概率和所设定的取值范围见表12-1。

表12-1 数据出现概率和取值范围

字 符	概 率	范 围
a	0.4	[0, 0.4]
b	0.4	[0.4, 0.8]
c	0.2	[0.8, 1.4]

范围给出了字符的赋值区间，这个区间是根据字符出现的概率来划分的，具体把字符a、b、c分到哪个区间中，对编码本身没有影响，只要保证在编码端和解码端对字符的概率区间有相同的定义即可。

按上述区间的定义，在编码时，输入的第一个字符为"a"，由字符概率取值区间的定义可知编码输出的实际取值范围在 [0, 0.4] 之间，即输入序列的第一个字符决定了编码输出的最高有效位的取值范围。然后继续对后续字符进行编码，每输入一个字符，编码输出的取值范围就进一步缩小。

读入第二个字符"a"，"a"的取值范围在 [0, 0.4] 之间，但由于第一个字符已经将

取值区间限制在 [0, 0.4] 之间。因此第二个字符"a"实际取值范围应在当前范围 [0, 0.4] 之内的 [0, 0.4] 之间处,即第二个字符"a"将编码输出进一步限制在区间 [0, 0.16]。也就是说,每输入一个字符,都将按事先对概率范围的定义,在当前取值范围内确定新的上下限。读入新字符后的上下限可按下式计算

$$High = Low + Range \times High\_range(char)$$
$$Low = Low + Range \times Low\_range(char)$$

式中,High 和 Low 分别表示当前取值区间的上下限,Range 为上下限之差,High_range (char) 和 Low_range (char) 分别表示新输入字符概率的上下限。

重复上述编码过程,直到输入序列结束为止。具体的编码过程见表 12-2。

表 12-2 具体的编码过程

输入字符	Low	High	Range
a	0	0.4	0.4
a	0	0.16	0.16
b	0.064	0.128	0.064
b	0.0896	0.1152	0.0256
c	0.0118	0.1152	0.0044

由上述编码过程可以看出,随着字符的输入,编码输出的取值范围越来越小。当输入序列被全部编码后,编码输出被映射成区间 [0.1108, 0.1152] 内的一个小数,可以取这个区间的下限 0.0118 作为输入序列"aabbc"的编码输出。

由于输入序列被映射成小数 0.1108,由概率分布区间可知,输入序列的第一个字符必定是"a"。去掉第一个字符对编码输出的影响,即用 0.1108 减去已译字符"a"的概率分布区间 [0, 0.4] 的下限 0,得 0.1108,再除以范围 0.4,得 0.277。由概率分布的定义可知,第二个符号应是"a"。继续按上述方法译码,如果代码处理完毕,则结束。

由上述描述可以看出,编码是用新加入的符号来缩小输出代码的范围,而解码过程和编码过程正好相反,是用已译码的字符来扩大输出代码的范围。

例 12-3 假设信源符号为 {00 01 10 11},这些符号出现的概率分别为 {0.1 0.4 0.2 0.3},利用算术编码实现其编码过程。

```
clear all;
format long;
symbol = ['abcd'];
pr = [0.1 0.4 0.2 0.3];
seqin = ['cadacdb'];
codeword = arenc(symbol,pr,seqin)
seqout = ardec(symbol,pr,codeword,7)

% 实现编码的函数
function arcode = arenc(symbol,pr,seqin)
% 算术编码
```

```
% 输出:码率
% 输入:symbol:符号行向量
% pr:符号出现概率
% seqin:待编码字符串
high_range = [ ];
for k = 1:length(pr),
    high_range = [high_range sum(pr(1:k))];
end
low_range = [0 high_range(1:length(pr) - 1)];
sbidx = zeros(size(seqin));
for i = 1:length(seqin),
    sbidx(i) = find(symbol = = seqin(i));
end
low = 0;
high = 1;
for i = 1:length(seqin),
    range = high - low;
    high = low + range * high_range(sbidx(i));
    low = low + range * low_range(sbidx(i));
end
arcode = low;

% 实现解码的函数
function symseq = ardec(symbol,pr,codeword,symlen)
% 给定符号概率的算术编码
% 输出:symse:字符串
% 输入:symbol:由符号组成的行向量
% pr:符号出现概率
% codeword:码字
% symlen:待解码字符串长度
format long
high_range = [ ];
for k = 1:length(pr),
    high_range = [high_range sum(pr(1:k))];
end
low_range = [0 high_range(1:length(pr) - 1)];
prmin = min(pr);
symseq = [ ];
for i = 1:symlen,
    idx = max(find(low_range <= codeword));
    codeword = codeword - low_range(idx);
    if abs(codeword - pr(idx)) < 0.01 * prmin,
        idx = idx + 1;
```

```
                codeword = 0;
            end
            symseq = [symseq symbol(idx)];
            codeword = codeword/pr(idx);
            if abs(codeword) < 0.01 * prmin,
                i = symlen + 1;
            end
        end
    end
```

运行程序,输出如下

pr =
0.100000000000000 0.400000000000000 0.200000000000000 0.300000000000000
seqin =
cadacdb
codeword =
0.514387600000000

3. 行程编码

行程编码(Run – Length – Encoding,RLE)是一种利用空间冗余度压缩图像的方法。对于某些图像的一些区域,它们是由相同的灰度或颜色的相邻像素组成的。在一幅逐行存储的图像中,具有相同灰度值的一些像素组成序列,称为一个行程。逐行存储图像时,可以只存储一个代表该灰度值的码,后面是行程的长度,而不需要将同样的灰度值存储很多次,这就是行程编码。

设$(x_1, x_2, \cdots, x_N)$为图像中某一行像素,如图 12-2 所示,每一行图像都由 k 段长度为 l_k、灰度值为 g_i 的片段组成,$1 < i < k$,那么该行图像可由偶对 (g_i, l_i) 来表示:

$$(x_1, x_2, \cdots, x_N) \to (g_1, l_1), (g_2, l_2), \cdots, (g_k, l_k)$$

每一个偶对 (g_i, l_i) 称为灰度级行程。如果灰度级行程较大,则上式被认为是对原像素行的一种压缩表示,如果图像为二值图像,则压缩效果将更为显著。假设二值图像

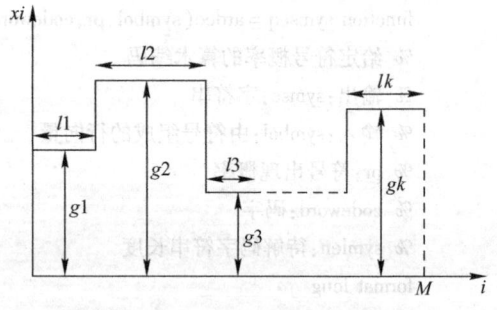

图 12-2 一行图像的行程编码

行从白色像素序列的行程开始,则对于二值图像,可由下式表示为

$$(x_1, x_2, \cdots, x_N) \to l_1, l_2, \cdots, l_k$$

这样只需要对行程编码,由此得到的编码是一维的。

行程编码分为定长行程编码和不定长行程编码两种。定长行程编码是指编码的行程所使用的二进制位数固定。而变长行程编码是指对不同范围的行程长度,使用不同位数的二进制位数进行编码。使用变长行程编码时,需要增加标志位来表明所使用的二进制数的位数。

行程编码一般不直接应用于多灰度图像,但比较适合于二值图像的编码。如果图像是由很多块颜色或灰度相同的大面积区域组成的,那么采用行程编码可以达到很高的压缩比。如果图像中的像素数据非常分散,则行程编码不但不能压缩数据,反而会增加图像文件的大

小。为了达到较好的压缩效果，有时行程编码与其他一些编码方法混合使用。例如在JPEG中，行程编码和DCT及霍夫曼编码一起使用，先对图像分块处理，然后对分块进行DCT，量化后的频域图像数据做Z形扫描，再做行程编码，对行程编码的结果再做霍夫曼编码。

行程编码对传输误差很敏感，一旦一位符号出错就会改变行程编码的长度，从而使整个图像出现偏移，因此一般用行同步和列同步的方法把差错控制在一行一列之内。

12.2.2 有限失真图像压缩编码

有限失真图像压缩编码是一种以牺牲部分信息量为代价，换取缩短平均码长的编码压缩方法。有限失真压缩编码是对图像本身的改变。例如，图像色彩用HSI色系表示时有三个要素：色度（H）、饱和度（S）和光强度（I），人眼对光强度的敏感程度远远高于其他二者，也就是说，只要光强度不变，稍微改变色度和饱和度，人们很难察觉，因此可以在保存图像时保留较多的光强度信息，而将色度和饱和度的信息和周围的像素进行合并，合并的比例不同，压缩的比例也不同，由于信息量减少了，所以压缩比可以很高。JPEG就是这种压缩方式，用有限失真法压缩后的图像解压后不能完全还原原始信息，但只要适当地选择压缩比，解压后的图像也是可以接受的。有限失真压缩广泛应用于语音、图像和视频等的数据压缩中。典型的有限失真压缩方法有预测编码和变换编码两种，本节将详细阐述。

1. 预测编码

预测编码的基本思想是通过对每个像素中新增的信息进行提取和编码，以此来消除空间上较为接近的像素之间的冗余。像素中新增信息定义为该像素的当前或现实值与其预测值的差值。一个无损预测编码系统主要由一个符号编码器和一个符号解码器组成，各有一个相同的预测器，如图12-3所示。

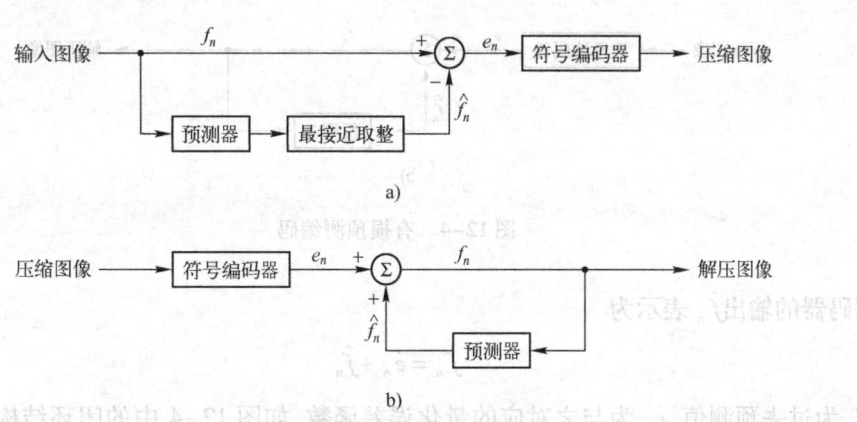

图12-3 无损预测编码系统

当输入图像的像素序列 f_n 逐个进入编码器时，预测器根据若干个过去的输入产生对当前输入像素的预测值，将这个预测值进行整数舍入，得到预测器的输出值 $\hat{f}_n$，由此产生的预测误差表示为

$$e_n = f_n - \hat{f}_n$$

预测误差通过符号解码器，借助变长码进行编码用以产生压缩图像数据流的下一个元

素。利用解码器，根据接收的变长码字重建预测误差 e_n，则解压缩图像的像素序列表示为

$$f_n = e_n + \hat{f}_n$$

利用预测器，可以将对原始图像序列的编码转换成对预测误差的编码。由于在预测比较时，预测误差的动态范围会远小于原始图像序列的动态范围，所以对预测误差的编码所需的比特数会大大减小，这是预测编码可以获得数据压缩结果的原因。

在实际应用中，还有很多图像，如电视图像，基本上都是由面积较大的像素点集组成的，虽然每个图像块的幅值各不相同，但图像块内各像素值的幅度是相近或相同的，幅值的跃变部分则对应于图像块的轮廓，只占整幅图像的很小一部分。此外对于序列图像帧，帧间相同的概率就更大，静止图像相邻帧间的像素完全一样。

对于以上说明的图像，图像的前后像素值之差或前后帧间同一位置像素值之差为零或差值较小的概率很大；而像素值差较大的情况，出现的概率很小，有损预测编码的基本原理就是基于这一特点。

与图 12-3 所示的无损编码系统相比，有损预测编码系统增加了一个量化器。量化器的作用是将预测误差映射到有限个输出 $\dot{e}_n$ 中，$\dot{e}_n$ 决定了有损预测编码中的压缩量和失真量。有损预测编码系统组成如图 12-4 所示。

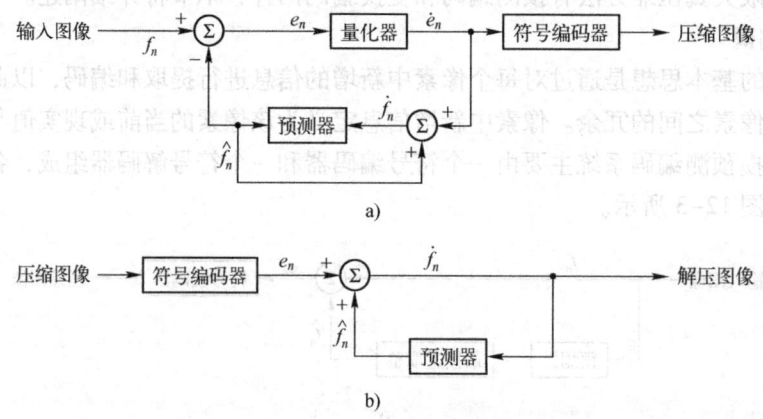

图 12-4 有损预测编码

解码器的输出 $\dot{f}_n$ 表示为

$$\dot{f}_n = \dot{e}_n + \hat{f}_n$$

式中，$\hat{f}_n$ 为过去预测值，$\dot{e}_n$ 为与之对应的量化误差函数，如图 12-4 中的闭环结构可以防止在解码器的输出端产生误差。最简单的有损预测编码方法是德尔塔调制方法，其预测器和量化器分别定义为

$$\hat{f}_n = a\dot{f}_{n-1}$$

$$\dot{e}_n = \begin{cases} +c & e_n > 0 \\ -c & \text{其他} \end{cases}$$

式中，a 是预测系数，一般情况下取 $a < 1$，c 是一个正的常数，因为量化器的输出可用单个位符表示，符号编码器只用长度固定为 1bit 的码字，码率是 1bit/像素。

2. 变换编码

与前面介绍的图像编码技术直接对像素空间进行操作，变换编码是利用某种变换将空间域里描述的图像 $f(x,y)$，变换为变换域中描述的 $F(u,v)$。对变换域中的 $F(u,v)$ 编码压缩比对空间域中的 $f(x,y)$ 压缩更为有效。这是因为图像数据一般具有较强的相关性，而转换到频率域后相关性明显下降，能量主要集中到少数低频分量系数上。

变换编码就是对数字图像经过正交变换的系数矩阵进行量化编码。整个系统由五部分组成，即图像输入与变换、系数量化编码、信道传输、解码和逆变换。在变换阶段，将原始图像划分为若干子块，对每个子块进行某种正交变换。通过变换，降低或消除相邻像素之间或相邻扫描行之间像素的相关性，提供用于编码压缩的变换系数矩阵。编码过程实现图像信息的压缩。在变换域中，图像信号的绝大部分能量集中在低频分量部分，编码中如果略去那些能量很小的高频分量，或者给这些高频分量分配较小的比特数，那么就可以明显减少图像传输或存储的数据量。

基于图像变换的编码采用的正交变换主要有傅里叶变换、离散余弦变换、哈达玛变换等，正交变换的原理在第 11 章内已经详细介绍，这里就不再重复介绍。变换具有将图像能量或信息集中于某些系数的能力，均方重建误差与所用变换的性质直接相关。对于某个变换编码，如何选择变换取决于可允许的重建误差和计算复杂性。

12.2.3 MATLAB 实例——图像压缩用于消除冗余

例 12-4 对 woman 图像进行霍夫曼编码，并显示编码结果。

```
clear;
load woman;          % 读入图像数据
data = uint8(X);
[zipped,info] = huffencode(data);          % 调用霍夫曼编码程序进行压缩
unzipped = huffdecode(zipped,info);        % 调用霍夫曼解码程序进行解码
% 显示原始图像和经编码后的图像,显示压缩比,并计算均方根误差得 erms=0,
% 表示是霍夫曼无失真编码
subplot(121);imshow(data);
subplot(122);imshow(unzipped);
erms = compare(data(:),unzipped(:));
cr = info.ratio
whos data unzipped zipped

% huffencode 函数对输入矩阵 vector 进行霍夫曼编码,返回%编码后的向量(压缩后数据)及相关
% 信息
function [zipped,info] = huffencode(vector)
% 输入和输出都是 uint8 格式
% info 返回解码需要的机构信息
% info.pad 是添加的比特数
% info.huffcodes 是霍夫曼码字
% info.rows 是原始图像行数
```

```matlab
% info.cols 是原始图像行数
% info.length 是原始图像数据长度
% info.maxcodelen 是最长码长
if ~isa(vector,'uint8')
    error('input argument must be a uint8 vector');
end
[m,n] = size(vector);
vector = vector(:)';
f = frequency(vector);                                  % 计算各符号出现的概率
symbols = find(f~=0);
f = f(symbols);
[f,sortindex] = sort(f);
% 将符号按照出现的概率大小排序
symbols = symbols(sortindex);
len = length(symbols);
symbols_index = num2cell(1:len);
codeword_tmp = cell(len,1);
while length(f) > 1                                     % 产生霍夫曼树,得到码字编码表
    index1 = symbols_index{1};
    index2 = symbols_index{2};
    codeword_tmp(index1) = addnode(codeword_tmp(index1),uint8(0));
    codeword_tmp(index2) = addnode(codeword_tmp(index2),uint8(1));
    f = [sum(f(1:2)) f(3:end)];
    symbols_index = [{[index1,index2]} symbols_index(3:end)];
    [f,sortindex] = sort(f);
    symbols_index = symbols_index(sortindex);
end
codeword = cell(256,1);
codeword(symbols) = codeword_tmp;
len = 0;
for index = 1:length(vector)                            % 得到整个图像所有比特数
    len = len + length(codeword{double(vector(index))+1});
end
string = repmat(uint8(0),1,len);
pointer = 1;
for index = 1:length(vector)                            % 对输入图像进行编码
    code = codeword{double(vector(index))+1};
    len = length(code);
    string(pointer+(0:len-1)) = code;
    pointer = pointer + len;
end
len = length(string);
pad = 8 - mod(len,8);
```

```
% 非 8 整数倍时,最后补 pad 个 0
if pad > 0
    string = [string uint8(zeros(1,pad))];
end
codeword = codeword(symbols);
codelen = zeros(size(codeword));
weights = 2.^(0:23);
maxcodelen = 0;
for index = 1:length(codeword)
    len = length(codeword{index});
    if len > maxcodelen
        maxcodelen = len;
    end
    if len > 0
        code = sum(weights(codeword{index} = = 1));
        code = bitset(code,len + 1);
        codeword{index} = code;
        codelen(index) = len;
    end
end
codeword = [codeword{:}];
% 计算压缩后的向量
cols = length(string)/8;
string = reshape(string,8,cols);
weights = 2.^(0:7);
zipped = uint8(weights * double(string));
% 码表存储到一个稀疏矩阵
huffcodes = sparse(1,1);
for index = 1:nnz(codeword)
    huffcodes(codeword(index),1) = symbols(index);
end
% 填写解码时所需的结构信息
info.pad = pad;
info.huffcodes = huffcodes;
info.ratio = cols./length(vector);
info.length = length(vector);
info.maxcodelen = maxcodelen;
info.rows = m;
info.cols = n;

% huffdecode 函数对输入矩阵 vector 进行霍夫曼编码
% 返回解压后的图像数据
function vector = huffdecode(zipped,info,image)
```

```
if ~ isa(zipped,'uint8')
    error('input argument must be a uint8 vector');
end
% 产生0、1序列,每位占一个字节
len = length(zipped);
string = repmat(uint8(0),1,len. *8);
bitindex = 1:8;
for index = 1:len
    string(bitindex + 8. *(index - 1)) = uint8(bitget(zipped(index),bitindex));
end
string = logical(string(:)');
len = length(string);
% 开始解码
weights = 2. ^(0:51);
vector = repmat(uint8(0),1,info. length);
vectorindex = 1;
codeindex = 1;
code = 0;
for index = 1:len
    code = bitset(code,codeindex,string(index));
    codeindex = codeindex + 1;
    byte = decode(bitset(code,codeindex),info);
    if byte > 0
        vector(vectorindex) = byte - 1;
        codeindex = 1;
        code = 0;
        vectorindex = vectorindex + 1;
    end
end
vector = reshape(vector,info. rows,info. cols);

% 函数 addnode 添加节点
function codeword_new = addnode(codeword_old,item)
codeword_new = cell(size(codeword_old));
for index = 1:length(codeword_old)
    codeword_new{index} = [item codeword_old{index}];
end

% 函数 frequency 计算各符号出现的概率
function f = frequency(vector)
if ~ isa(vector,'uint8')
    error('input argument must be a uint8 vector');
end
```

```
f = repmat(0,1,256);
len = length(vector);
for index = 0:255
    f(index + 1) = sum(vector = = uint8(index));
end
f = f./len;

% 函数 decode 返回码字对应的符号
function byte = decode(code,info)
byte = info.huffcodes(code);
```

运行程序，输出结果如下

```
cr =
    0.6291
    Name          Size         Bytes    Class    Attributes
    data     256x256          65536    uint8
    unzipped   1x65537        65537    uint8
    zipped     1x41226        41226    uint8
```

例 12-5 将图像 cameraman.tif 转化为二值图像，然后对二值图像进行行程编码。

```
clear;
I1 = imread('cameraman.tif');
I = im2bw(I1,0.4);
[zipped,info] = xingchengbianma(I);           % 调用 xingchengbianma 进行编码
unzipped = xingchengjiema(zipped,info);        % 调用 xingchengjiema 进行解码
subplot(131);
imshow(I1);    % 显示原始图像
xlabel('原始灰度图像');
subplot(132);
imshow(I);
xlabel('二值图像');
subplot(133);
imshow(unzipped);                              % 显示解码图像
xlabel('解码图像');
unzipped = uint8(unzipped);
% 计算均方根误差得 erms = 0,表示行程编码是无失真编码
erms = jfwucha(I(:),unzipped(:))
% 显示压缩比
cr = info.ratio
whos I1 I unzipped zipped

% 行程编码函数 xingchengbianma
function [zipped,info] = xingchengbianma(vector)
```

```
[m,n] = size(vector);
vector = vector(:)';
vector = uint8(vector(:));
L = length(vector);
c = vector(1);
e(1,1) = c;
e(1,2) = 0;
t1 = 1;
for j = 1:L
    if(vector(j) = = c)
        e(t1,2) = double(e(t1,2)) + 1;
    else
        c = vector(j);
        t1 = t1 + 1;
        e(t1,1) = c;
        e(t1,2) = 1;
    end
end
zipped = e;
info.rows = m;
info.cols = n;
[m,n] = size(e);
info.ratio = m * n/(info.rows * info.cols);

% 行程解码函数 xingchengjiema
function unzipped = xingchengjiema(zip,info)
zip = uint8(zip);
[m,n] = size(zip);
unzipped = [];
for i = 1:m
    section = repmat(zip(i,1),1,double(zip(i,2)));
    unzipped = [unzipped section];
end
unzipped = reshape(unzipped,info.rows,info.cols);
unzipped = double(unzipped);

% 计算均方根误差函数 jfwucha
function erms = jfwucha(f1,f2)
e = double(f1) - double(f2);
[m,n] = size(e);
erms = sqrt(sum(e(:).^2)/(m*n));
if erms ~ = 0
    emax = max(abs(e(:)));
```

```
        [h,x] = hist(e(:));
        if length(h) > =1
            figure(2);
            bar(x,h,'r');
            e = mat2gray(e,[ -emax,emax]);
            figure(3);
            imshow(e);
        end
    end
```

运行结果为

```
erms =
     0
cr =
    0.1081
    Name          Size           Bytes   Class      Attributes
    I            256x256         65536   logical
    I1           256x256         65536   uint8
    unzipped     256x256         65536   uint8
    zipped       3543x2          7086    uint8
```

得到的二值图像及解码图像如图 12-5 所示。

图 12-5 行程编码示例

例 12-6 实现有损预测编码。
其 MATLAB 程序代码如下

```
I = imread('tire.tif');
I = double(I);
```

```
[m,n] = size(I);
p = zeros(m,n);
y = zeros(m,n);
y(1:m,1) = I(1:m,1);
p(1:m,1) = I(1:m,1);
y(1,1:n) = I(1,1:n);
p(1,1:n) = I(1,1:n);
y(1:m,n) = I(1:m,n);
p(1:m,n) = I(1:m,n);
y(m,1:n) = I(m,1:n);
p(m,1:n) = I(m,1:n);
for k = 2:m-1;
    for l = 2:n-1;
        y(k,l) = (I(k,l-1)/2 + I(k-1,l)/4 + I(k-1,l-1)/8 + I(k-1,l+1)/8);
        p(k,l) = round(I(k,l) - y(k,l));
    end
end
p = round(p);
subplot(3,2,1);imshow(I);
xlabel('(a) 原灰度图像');
subplot(3,2,2);imshow(y,[0 2560]);
xlabel('(b) 利用三个相邻块线性预测后的图像');
subplot(3,2,3);imshow(abs(p),[0 1]);
xlabel('(c) 编码的绝对残差图像');
j = zeros(m,n);
j(1:m,1) = y(1:m,1);
j(1,1:n) = y(1,1:n);
j(1:m,n) = y(1:m,n);
j(m,1:n) = y(m,1:n);
for k = 2:m-1;
    for l = 2:n-1;
        j(k,l) = p(k,l) + y(k,l);
    end
end
for r = 1:m
    for t = 1:n
        d(r,t) = round(I(r,t) - j(r,t));
    end
end
subplot(3,2,4);imshow(abs(p),[0 1]);
xlabel('(d) 解码用的残差图像');
subplot(3,2,5);imshow(j,[0 256]);
xlabel('(e) 使用残差和线性预测重建后的图像');
```

subplot(3,2,6);imshow(abs(d),[0 1]);
xlabel('(f) 解码重建后图像的误差');

运行效果如图 12-6 所示。

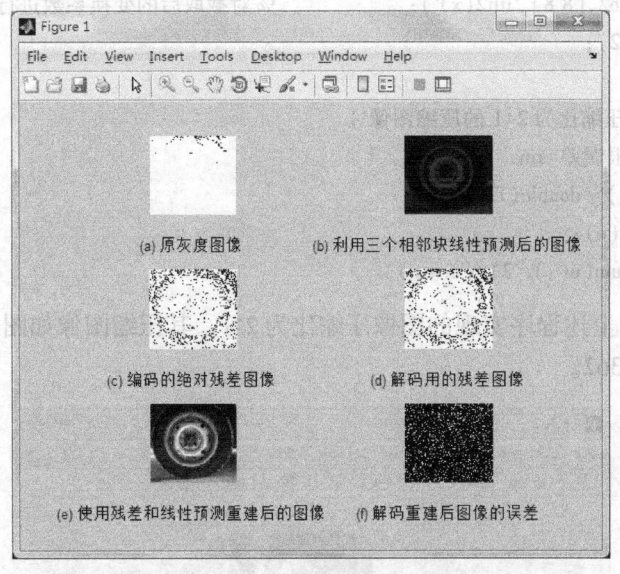

图 12-6 有损预测编码效果

例 12-7 用傅里叶变换实现图像数据的压缩。

首先将图像分割成 8×8 的子图像，对每个子图像进行傅里叶变换，这样每个子图像有 64 个傅里叶变换系数。按照每个系数的方差来排序，由于图像是实值的，其 64 个复系数只有一半是有差别的。舍去小的变换系数，就可以实现数据压缩。这里保留 32 个系数，实现 2:1 的数据压缩，然后进行逆变换。其 MATLAB 程序如下

```
% 设置压缩比 cr
cr = 0.5;      % cr = 0.5 为 2:1 压缩
I = imread('lena.bmp');             % 图像的大小为 256×256
I1 = double(I)/255;                  % 图像为 256 级灰度图像,对图像进行归一化操作
subplot(2,1,1);
imshow(I1);                          % 显示原始图像
xlabel('(a) 原始图像')
% 对图像进行快速傅里叶变换
fftcoe = blkproc(I1,[8 8],'fft2(x)');   % 将图像分割为 8×8 的子图像进行快速傅里叶
coevar = im2col(fftcoe,[8 8],'distinct');  % 将变换系数矩阵重新排列
coe = coevar;
[y,ind] = sort(coevar);
[m,n] = size(coevar);                % 根据压缩比确定要变 0 的系数个数
snum = 64 - 64 * cr;
% 舍去不重要的系数
for i = 1:n
    coe(ind(1:snum),i) = 0;          % 将最小的 snum 个变换系数清 0
```

```
end
b2 = col2im(coe,[8 8],[256 256],'distinct');   %重新排列系数矩阵
%对子图像块进行快速傅里叶逆变换获得各个子图像的复原图像,并显示压缩图像
I2 = blkproc(b2,[8 8],'ifft2(x)');             %对截取后的变换系数进行快速傅里叶逆变换
subplot(2,1,2);
imshow(I2);
xlabel('(b) 压缩比为2:1的压缩图像');
%计算均方根误差 erms
e = double(I1) - double(I2);
[m,n] = size(e);
erms = sqrt(sum(e(:).^2)/(m*n))
```

当 cr = 0.5 时，上述程序实现的图像压缩比为 2:1，其压缩图像如图 12-7 所示，此时均方根误差 erms = 0.0362。

图 12-7 傅里叶变换编码

例 12-8 用离散余弦变换实现图像数据的压缩。

首先将图像分割成 8×8 的子图像，对每个子图像进行离散余弦变换，这样每个子图像有 64 个变换系数。舍去 50% 小的变换系数，保留 32 个系数，实现 2:1 的数据压缩。其 MATLAB 程序如下

```
%设置压缩比 cr
cr = 0.5;                          % cr = 0.5 为 2:1 压缩
I = imread('lena.bmp');            %图像的大小为 256×256
I1 = double(I)/255;                %图像为 256 级灰度图像,对图像进行归一化操作
subplot(2,1,1);
imshow(I1);                        %显示原始图像
xlabel('(a) 原始图像')
```

```
% 对图像进行 DCT 变换
    t = dctmtx(8);
    dctcoe = blkproc(I1,[8 8],'P1 * x * P2',t,t');
    coevar = im2col(dctcoe,[8 8],'distinct');
    coe = coevar;
    [y,ind] = sort(coevar);
    [m,n] = size(coevar);              % 根据压缩比确定要变 0 的系数个数
    % 舍去不重要的系数
    snum = 64 – 64 * cr;
    for i = 1:n
        coe(ind(1:snum),i) = 0;        % 将最小的 snum 个变换系数清 0
    end
    b2 = col2im(coe,[8 8],[512 512],'distinct');  % 重新排列系数矩阵
    % 对截取后的变换系数进行离散余弦变换
    I2 = blkproc(b2,[8 8],'P1 * x * P2',t',t);    % 对截取后的变换系数进行离散余弦变换
    subplot(2,1,2);
    imshow(I2);
    xlabel('(b) 压缩比为 2:1 的压缩图像');
    % 计算均方根误差 erms
    e = double(I1) – double(I2);
    [m,n] = size(e);
    erms = sqrt(sum(e(:).^2)/(m * n))
```

当 cr = 0.5 时，上述程序实现的图像压缩比为 2:1，其压缩图像如图 12-8 所示，此时均方根误差 erms = 0.0470。

图 12-8 离散余弦变换编码

例 12-9 用哈达玛变换实现图像数据的压缩。

首先将图像分割成 8×8 的子图像，对每个子图像进行哈达玛变换，这样每个子图像有

64个变换系数。舍去50%小的变换系数，保留32个系数，实现2:1的数据压缩。其MATLAB程序如下

```
% 设置压缩比 cr
cr = 0.5;       % cr = 0.5 为 2:1 压缩
I = imread('lena.bmp');              % 图像的大小为 256×256
I1 = double(I)/255;                  % 图像为 256 级灰度图像,对图像进行归一化操作
subplot(2,1,1);
imshow(I1);                          % 显示原始图像
xlabel('(a) 原始图像')
% 对图像进行哈达玛变换
t = hadamard(8);
htcoe = blkproc(I1,[8 8],'P1*x*P2',t,t);
coevar = im2col(htcoe,[8 8],'distinct');
coe = coevar;
[y,ind] = sort(coevar);
[m,n] = size(coevar);                % 根据压缩比确定要变 0 的系数个数
% 舍去不重要的系数
snum = 64 - 64*cr;
for i = 1:n
    coe(ind(1:snum),i) = 0;          % 将最小的 snum 个变换系数清 0
end
b2 = col2im(coe,[8 8],[256 256],'distinct'); % 重新排列系数矩阵
I2 = blkproc(b2,[8 8],'P1*x*P2',t,t);        % 对截取后的变换系数进行哈达玛逆变换
I2 = I2./(8*8);
subplot(2,1,2);
imshow(I2);
xlabel('(b) 压缩比为 2:1 的压缩图像')
% 计算均方根误差 erms
e = double(I1) - double(I2);
[m,n] = size(e);
erms = sqrt(sum(e(:).^2)/(m*n))
```

当 cr = 0.5 时，上述程序实现的图像压缩比为 2:1，其压缩图像如图 12-9 所示，此时均方根误差 erms = 0.0478。

从上面三个例子可以看出，上面三种变换在丢弃 32 个系数时对重建图像品质在视觉上影响都很小。然而由于这些系数的丢弃而产生的均方根误差因为变换不同而有所不同，傅里叶变换、离散余弦变换和哈达玛变换的均方根误差分别为 0.0362、0.0470 和 0.0478。由此可见，傅里叶变换具有更强的信息集中能力。从理论上说，KL 变换是所有变换中信息集中能力最强的变换，但 KL 变换与数据无关，要针对每个子图像获得变换基本函数的计算量非常大，所以 KL 变换不太实用。实际使用的变换都是与输入无关，具有固定基本图像的变换。非正弦变换（如哈达玛变换）实现起来比较简单，但正弦变换（如傅里叶变换和离散余弦变换）更接近 KL 变换的信息集中能力。

图 12-9 哈达玛变换编码

12.3 图像编码评价

在图像编码中，编码质量是一个非常重要的概念，质量的评价主要是看压缩后的图像是否符合一定的质量评判标准，即压缩后的图像与压缩前图像之间的差异是否在一定的范围之内。很显然，图像编码质量评价是针对有限失真压缩而言的，因为无失真压缩的结果是压缩前后的图像在所有像素内容上是一样的。对于一个压缩算法的评价往往都是基于一个量化的客观评价准则。常用的评价准则有客观评价准则和主观评价准则两种。

12.3.1 客观评价准则

常用的客观评价准则主要有均方根误差和均方信噪比两种。

1. 均方根误差

一般来说，均方根误差指的是输入图像和输出图像的均方根误差。设 $f(x,y)$ 表示输入原始图像，$\hat{f}(x,y)$ 表示对输入图像压缩编码和解码后的近似图像。对任意 x 和 y，$f(x,y)$ 和 $\hat{f}(x,y)$ 之间的误差定义为

$$e(x,y) = \hat{f}(x,y) - f(x,y)$$

设图像的大小为 $M \times N$，则 $f(x,y)$ 和 $\hat{f}(x,y)$ 之间的误差为

$$e_{rms} = \left\{ \frac{1}{MN} \sum_{x=0}^{M-1} \sum_{y=0}^{N-1} [\hat{f}(x,y) - f(x,y)]^2 \right\}^{1/2}$$

2. 均方信噪比

设 $\hat{f}(x,y) = f(x,y) + n(x,y)$，其中 $f(x,y)$ 为原始图像，$n(x,y)$ 为噪声信号。则解压缩图像的均方信噪比为

$$SNR_{ms} = \frac{\sum_{x=0}^{M-1}\sum_{y=0}^{N-1}\hat{f}(x,y)^2}{\left\{\sum_{x=0}^{M-1}\sum_{y=0}^{N-1}[\hat{f}(x,y)-f(x,y)]^2\right\}}$$

实际使用时，常将 SNR_{ms} 归一化并用 dB 表示。令

$$\hat{f} = \frac{1}{MN}\sum_{x=0}^{M-1}\sum_{y=0}^{N-1}f(x,y)$$

则有

$$SNR_{ms} = 10 \times \lg\left\{\frac{\sum_{x=0}^{M-1}\sum_{y=0}^{N-1}(f(x,y)-\hat{f})^2}{\left\{\sum_{x=0}^{M-1}\sum_{y=0}^{N-1}[\hat{f}(x,y)-f(x,y)]^2\right\}}\right\}$$

若令 $f_{max} = \max f(x,y)$，则可得峰值信噪比为

$$PSNR = 10 \times \lg\left\{\frac{\sum_{x=0}^{M-1}\sum_{y=0}^{N-1}f_{max}^2}{\left\{\sum_{x=0}^{M-1}\sum_{y=0}^{N-1}[\hat{f}(x,y)-f(x,y)]^2\right\}}\right\}$$

峰值信噪比表示一个信号的最大可能的能量与使信号产生损伤的噪声的能量之间的比率。由于许多信号具有一个非常宽的动态范围，所以 PSNR 通常表示为对数分贝的形式。PSNR 是作为有损压缩编码器的重构质量的度量。当比较压缩编码器时，PSNR 被用作对于重构图像质量的人类感知的近似，所以在一些情况下，一个重构结果即使拥有很低的 PSNR 值，但其重构的图像看起来相对其他结果来说可能更为接近于原始图像。这里 PSNR 值越高，就意味着重构的质量越高。

12.3.2 主观评价准则

尽管客观评价准则提供了一种简单方便的评估信息损失的方法，但是很多解压缩图像最终是供人们观看的，有时单用一个或几个解析式来度量图像品质，不能反映视觉质量的实际情况，会造成评估可信度降低。因此目前对图像品质的度量仍停留在主观评估上。主观评价常用的方法是选择一组评价者给待评价的图像进行打分，然后对这些主观打分进行平均获得一个主观评价分。表 12-3 列出了两种典型的评分标准。

表 12-3 对图像质量的主观评分标准

得 分	第一种评价标准	第二种评价标准
5	优秀	没有失真的感觉
4	良好	感觉到失真，但没有不舒服的感觉
3	可用	感觉到不舒服
2	较差	感觉较差
1	差	感觉非常不舒服

12.4 其他图像编码技术

12.4.1 小波变换编码

小波变换用于图像编码的基本思想就是把图像根据 Mallat 塔式快速小波变换算法进行多分辨率分解。其具体过程为：首先，利用二维 Mallat 分解算法对图像进行分解，假设分解成 M 层，则得到 3 M 个高频子图（子带）与一个低频子图。由于小波变换系数在幅度上还是连续的，因此，第二步需要对小波变换系数进行量化，其被量化以后产生符号流的每一个符号时对应特定量化阶层的标记，信息的损失往往发生在量化级。第三步则由熵编码把量化得到的符号流表示为比特流，以达到数据压缩的目的。小波图像压缩是当前图像压缩的热点之一，已经形成了基于小波变换的国际压缩标准，如 MPEG-4 标准、JPEG2000 标准等。

目前 3 个最高等级的小波图像编码分别是嵌入式小波零树图像编码（EZW, Embedded Zerotree Wavelets），分层树中分配样本图像编码（SPIHT, Set Partitioning In Hierarchical Trees）和可扩展图像压缩编码（EBCOT, Embedded Block Coding with Optimized Truncation）。

（1）EZW 编码器。

1993 年，Shapiro 引入了小波"零树"的概念，通过定义 POS、NEG、IZ 和 ZTR 四种符号进行空间小波树递归编码，有效地剔除了对高频系数的编码，极大地提高了小波系数的编码效率。此算法采用渐进式量化和嵌入式编码模式，算法复杂度低。EZW 算法打破了信息处理领域长期笃信的准则：高效的压缩编码器必须通过高复杂度的算法才能获得，因此 EZW 编码器在数据压缩史上具有里程碑意义。

（2）EBCOT 编码器。

优化截断点的嵌入块编码方法（EBCOT）首先将小波分解的每个子带分成一个个相对独立的码块，然后使用优化的分层截断算法对这些码块进行编码，产生压缩码流，结果图像的压缩码流不仅具有 SNR 可扩展而且具有分辨率可扩展，还可以支持图像的随机存储。比较而言，EBCOT 算法的复杂度较 EZW 和 SPIHT 有所提高，其压缩性能比 SPIHT 略有提高。

（3）SPIHT 编码器。

由 Said 和 Pearlman 提出的分层小波树集合分割算法（SPIHT）则利用空间树分层分割方法，有效地减小了比特面上编码符号集的规模。同 EZW 相比，SPIHT 算法构造了两种不同类型的空间零树，更好地利用了小波系数的幅值衰减规律。同 EZW 编码器一样，SPIHT 编码器的算法复杂度低，产生的也是嵌入式比特流，但编码器的性能较 EZW 有很大的提高。

小波图像压缩被认为是当前最有发展前途的图像压缩算法之一。小波图像压缩的研究集中在对小波系数的编码问题上。在以后的工作中，应充分考虑人眼视觉特性，进一步提高压缩比，改善图像质量。并且考虑将小波变换编码与其他压缩方法相结合。

12.4.2 模型基编码

基于模型的图像编码技术是近几年发展起来的一种很有前途的低比特率编码方法。它利用了计算机视觉和计算机图形学中的方法和理论，其基本出发点是在编、解码两端分别建立起相同的模型，针对输入的图像提取模型参数，或根据模型参数重建图像。模型编码方法的核心是建模和提取模型参数，其中模型的选取、描述和建立是决定模型编码质量的关键因素。为了对图像数据建模，一般要求对输入图像要有某些经验知识。

根据使用的模型的不同，模型编码可以分为语义基编码和物体基编码。基于模型的图像编码方法是利用经验模型来抽取图像中的主要信息，并以模型参数的形式表示它们，因此可以获得很高的压缩比。然而在模型编码方法的研究中还存在很多问题，例如：1）模型法需要经验知识，不适合一般的应用；2）对不同的应用所建模型是不一样的；3）在线框模型中控制点的个数不易确定，还未找到有效的方法能根据图像内容来选取；4）由于利用模型法压缩后复原图像的大部分是用图形学的方法产生的，因此看起来不够自然；5）传统的误差评估准则不适合用于对模型编码的评价。

12.4.3 分形编码

分形编码算法是一种有损图像压缩技术。它是图像压缩的重要数学工具，有着广阔的应用前景。分形图像压缩是以迭代函数系统（IFS）为理论基础，即用自然景物的自相似性来进行数据压缩。分形图像压缩算法具有高压缩比、任意尺度下的重构、快速编码等优越性。此项研究由 M. Barnsley 于 1988 年首先提出，他成功地将迭代函数系统的分形图像压缩应用于计算机图形学上，对航空图像进行压缩编码，并获得了 1000:1 的压缩比。但其算法有很大的局限，最主要的缺陷就是编码过程需要人工干预。

1. 基本原理

分形压缩的基本原理是利用分形几何中的自相似性原理来进行图像压缩。所谓自相似性就是指无论几何尺度如何变化，景物的任何一小部分的形状都与较大部分的形状极其相似。分形用于图像编码，总的来说可以分为两大类。一类可称作分形模型图像压缩编码，即事先对一类景物建立分形模型。编码时针对具体事物提取必要的分形参数，编码传送，实现压缩；另一类可称为 IFS 分形图像压缩编码，即利用迭代，得到原始图像的一个近似。后一种实现方法简单，应用较为广泛。

2. 分形编码主要步骤

1）分割成适当的块。可以借助于传统的图像处理技术，如边缘检测，频谱分析，纹理分析等，也可以使用分数维的方法。分割出的每部分可以是一棵树，一片云等；也可能稍微复杂一些，如一片海景，它包括泡沫、礁石、雾霾等；一般这每一部分都有比较直观的自相似性特征。

2）IFS 编码求取。借助拼贴定理对每一部分求其 IFS 编码，同时也需要人参与，在这个过程中有一些必须注意的地方。

① 每一块的拷贝必须小于原块，这是为了保证仿射变换的收缩性，至于每个拷贝的大小要根据各块图像的性质来确定。

② 用于拼贴的每个拷贝之间最好为不相连或紧相邻，而不要重叠或者有空缺。这一点对概率的确定很重要，它影响到重构图像的不变测度。所以有重叠或空缺时，这部分的"质量"在计算中不能复用或者简单地丢弃，并最终要保证 $\sum\limits_{i}^{N} p_i = 1$ 的成立。

3）仿射变换的概率设定。拼贴的过程不仅要保证吸引子的形状，也要考虑到每块区域灰度分布的情况，拼贴结束时要求算出各个 p_i，计算公式（见参考文献）为

$$p_i = \frac{Area(\omega_i(T_m))}{Area(T_m)} \cong \frac{|a_i d_i - b_i c_i|}{\sum_{i=1}^{N} |a_i d_i - b_i c_i|}$$

其中，T_m 表示某一分割后的图像块，这种方法有较快的计算速度，这种定义实际上是建立在均匀测度的假设上的，即吸引子上相同大小的区域有相同的"质量"。但是这在对实际的灰值图像处理过程中并不总是成立的，往往是经过某个仿射变换后的区域可能面积很大，但包含的总的灰度能量可能很小；反之某些小区域却有较大的灰度能量。

12.5 习题

1. 图像压缩编码的目的是什么？
2. 图像一般有哪几种冗余？
3. 霍夫曼编码的步骤是什么？
4. 根据图 12-1 所示的霍夫曼树，下面是某图像的一段霍夫曼编码：
111001001000001100000011011100000001110000001101110，请将其解码写出来。
5. 已知 a、e、i、o、u、k 的出现概率分别为 0.2、0.3、0.1、0.2、0.1、0.1，对 0.23355 进行算术编码。
6. 简述客观评价准则和主观评价准则各自的特点及两者之间的联系。

第 13 章　图像处理应用实例

数字图像处理技术的应用领域非常广泛，本章列举其中具有代表性的应用实例，这些实例来自编者的教学和科研实践，包括数字图像处理课程教学实例、本科生毕业设计、编者发表的科技论文和在研项目，旨在从综合的角度加深读者对数字图像处理技术的理解。

13.1　图像处理用于车辆牌照定位

随着现代交通技术的发展，汽车已经成为人们日常生活中不可缺少的一种重要交通工具，这必然对交通管理有一个更高的要求，随着对高速公路收费、停车场管理等的自动化，车牌识别技术的研究成为热门课题。车牌定位是车牌自动识别技术中一个至关重要的环节，从采集到的车辆原始图像中对车牌进行定位，分割出包含车辆牌照尽可能小的图像，其定位的速度和准确程度直接影响到车牌识别系统的性能。车辆牌照定位技术主要包括车牌图像预处理、车牌粗定位和精定位。

13.1.1　车辆牌照图像特点

与大多数图像处理相比，车辆采集装置采集的汽车前部图像具有以下特征：
1）汽车牌照是有规则的近似长方形，且尺寸大小有标准，如图 13-1 所示。

图 13-1　普通车牌的国家标准

2）车牌在车辆上的位置相对固定，倾斜度在很小的范围内。

3) 车牌背景色、车牌字符和车牌以外部分的颜色区别较大,即灰度级不同,边缘形成突变边界。

13.1.2 车牌图像预处理

车牌图像通常是在各种复杂的背景、环境条件下采集得到的,由于自然光照的昼夜变化、车辆自身的运动、图像采集设备本身的因素等,都会导致牌照图像质量的退化,干扰车牌的信息提取。常见的质量退化现象有光照不均、对比度小、倾斜、褪色严重、污迹、字符断裂和粘连。图像质量直接影响车牌的信息提取。因此在进行车牌定位之前,通常要进行图像的预处理工作。一般包括灰度化、图像去噪、灰度变换、边缘检测和形态学处理等工作。

1. 灰度化

车辆图像大多是由摄像头、数码相机等获得的彩色图像。在第5章已经介绍,彩色图像都是由红(R)、绿(G)、蓝(B)三基色组合而成,在数字图像中每一个基色都被分为256个等级,可以计算出一幅彩色数字图像最多可包含16777216种颜色。它不仅需要大量的存储空间,还需要复杂的图像处理算法,使得图像处理程序运行时间过长,无法达到实时处理的要求。所以,首先应将采集到的彩色图像转换成一幅灰度图像,这个过程便是图像的灰度化。选择的标准是经过灰度变换后,像素的动态范围增加,图像的对比度扩展,使图像变得更加清晰、细腻、容易识别。

MATLAB 代码如下

```
I = imread('chepai.jpg');          % 输入原始图像
figure(1);
subplot(211);
imshow(I);
title('原始图像');
I_gray = rgb2gray(I);
subplot(212);
imshow(I_gray);
title('灰度图像');
```

输出结果如图 13-2 所示。

2. 图像去噪

图像中的噪声可能导致图像质量的恶化,使得图像模糊,有的甚至还会造成图像本身的特征被淹没和改变,给图像的识别和分析带来困难。所以,为了去除噪声采用中值滤波的方法。中值滤波也属于一种局部平滑技术,同时也是一种非线性滤波。由于中值滤波在其运算过程中并不需要对图像的特征进行统计,所以其使用起来比较方便。中值滤波还是一种类似于卷积运算的邻域运算。但其计算不只是简单的加权求和,而是首先把其邻域内的所有像素按照灰度值的大小来进行排序,然后取此组像素值中的中间值作为像素处理的输出值。中值滤波是通过在图像上移动一个滑动窗口,窗口中心位置的像素值用窗口内部所有像素灰度的中值来代替。因此关键在于滑动窗口的选取,这里采用 3×3 方形窗口进行滤波,可以很好地消除图像中孤立噪声点的干扰,还能有效保护边界信息。

MATLAB 代码如下

图 13-2　图像灰度化

```
I_med = medfilt2(I_gray,[3,3]);% 对灰度图像进行中值滤波,消除图像上的杂质干扰
imshow(I_med);
title('中值滤波后的图像');
```

输出结果如图 13-3 所示。

图 13-3　中值滤波

3. 灰度变换

如果一幅图成像时由于光线过暗或曝光不足，则整幅图偏暗（如灰度范围从 0~63）；光线过亮或曝光过度，则图像偏亮（如灰度范围从 200~255），都会造成图像对比度偏低问题，即灰度都挤在一起了，没有拉开。这时可以采用灰度变换方法来增强图像对比度。

MATLAB 代码如下

```
I_imad = imadjust(I_med);
imshow(I_imad);
title('灰度变换后的图像');
```

输出结果如图 13-4 所示。

图 13-4　灰度变换后的图像

4. 边缘检测

在对图像进行一系列的处理后，图像的边界及轮廓一般会比较模糊，为了消除这种不利效果的影响，就需要使用图像边缘检测的方法，使图像的边缘变得清晰。图像边缘检测是为了达到使图像的边缘、轮廓及图像的细节变得更清晰的目的，经过滤波处理的图像变得模糊是因为把图像进行了平均或积分的运算，因而对图像进行它的逆运算就可以使图像清晰。根据第 9 章图像分割中边缘检测算子的内容，选择取 Canny 算子作为车牌图像边缘检测算子，检测出车牌图像边缘，从而达到从背景中凸显目标的目的。

MATLAB 代码如下：

```
I_edge = edge(I_imad,'canny');
imshow(I_edge),title('边缘检测后图像');
```

输出结果如图 13-5 所示。

图 13-5　边缘检测

5. 形态学处理

经过边缘检测后的图像还存在许多干扰区域，若直接进行车牌定位，很容易出现误定位或增加了车牌定位的计算量，因此可以利用图像形态学算子，简化图像数据，保持图像的基本形状特征，去除不相干的结构。处理后的图像已形成多个空间位置濒临字符边缘的像素分布，这有利于构成牌照连通区域。由于牌照内字符间距随图片中牌照的几何尺寸不同而有所变化，且牌照位置附近可能存在干扰纹理的影响，因此，为防止连通区域断裂和尽可能减少与背景纹理的粘连，需要仔细确定结构元。

结构元的确定如下：首先根据输入图像大小作为参考因素，同时为形成完整牌照字符连通区域，把字符间距最大间隔作为设计结构元的另一个主要依据。这里首先选取结构元素为[1；1；1]，对图像进行腐蚀运算；然后选择结构元素为[25，25]的矩形，对图像进行闭运算。

MATLAB 代码如下

```
se = [1;1;1];
I_erode = imerode(I_edge,se);            %图像腐蚀运算
se = strel('rectangle',[25,25]);
I_close = imclose(I_erode,se);           %图像闭运算,填充图像
I_final = bwareaopen(I_close,2000);      %去除聚团灰度值小于2000 的部分
imshow(I_final);
title('形态滤波后图像');
```

输出结果如图 13-6 所示。

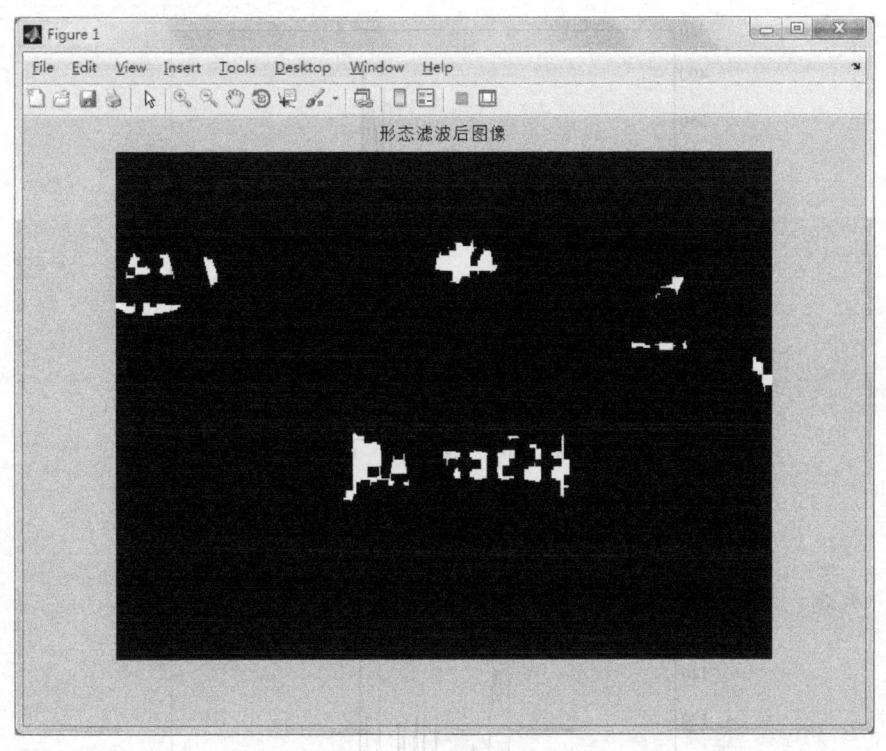

图 13-6　形态学处理

13.1.3　车牌定位

车牌图像进行预处理后，车牌图像就是二值图像，对图像进行行扫描和列扫描，并统计各行列的像素值之和。

将各行的像素值之和存储到一个矩阵中，对矩阵中的像素累加值逐一进行比较，将像素值累加和最大点的位置（即像素点在车牌中所在的位置）提取出来。经过多次试验，设置一个初始的参数，车牌位置的像素值累加和不应小于 50（如果小于 50，就有理由认为该行不是车牌所在的位置），车牌位置像素点的位置不应小于 1（即至少应该在提供的车辆图片中），这样设定一个边界值做循环扫描，便可得到车牌行的像素值最大的位置。然后再做循环，如果最大值点前一个像素值为 1，就认为该点和最大点是连通的，即这个点也是车牌中的点，可以得到行的左边界。如果最大值点后一个像素值为 1，也可以认为它也是车牌中的点，也可以近似得到行的右边界。图 13-7 是行像素值总和的图像。

在确定行的左右边界后，进一步确定列的上下边界。通过循环求出在上述求得的行的左右边界区域的列的像素值的累加和，将这些像素值的和存放在一个零矩阵中，经过多次试验设定一个初始的循环阈值，列的像素值之和应不小于 3，（如果小于 3 有理由认为该列不是车牌所在的位置）且边界位置应在车辆的图像内，由此设定边界通过循环近似的得到车牌的列的上下边界位置。图 13-8 是列像素值总和的图像。

这样，通过确定的车牌边界值对原始图片的剪贴就可以得到车牌的具体位置。

MATLAB 代码如下

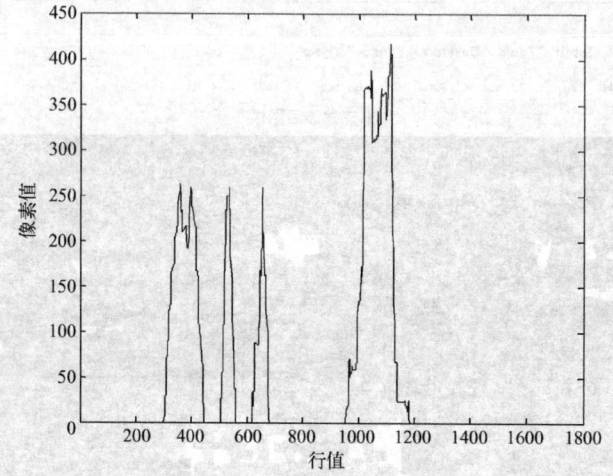

图 13-7 行像素值总和图像

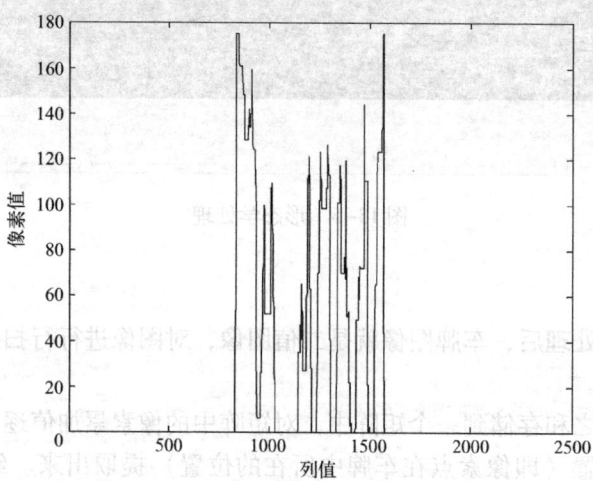

图 13-8 列像素值总和图像

```
[y,x,z] = size(I5);            %将 I5 的行列像素点总和分别放入变量 y,x 中
I6 = double(I5);
Y1 = zeros(y,1);               %定义一个 y 行 1 列的矩阵
for i = 1:y
for j = 1:x
    if(I6(i,j,1) = = 1)
        Y1(i,1) = Y1(i,1) + 1;
    end
end
end
[temp MaxY] = max(Y1);         %计算行列像素值总和。并将最大的列所在的位置存放到 MaxY 中
PY1 = MaxY;                    %先将最大的像素总和位置赋值给 PY1
while((Y1(PY1,1) > = 50)&&(PY1 >1))
    PY1 = PY1 -1;
```

```
        end                      % while 循环得到和最大像素点连通的区域的上边界
    PY2 = MaxY;                  % 先将最大的像素总和位置赋值给 PY2
    while ((Y1(PY2,1) > = 50)&&(PY2 < y))
        PY2 = PY2 + 1;
    end                          % while 循环得到和最大像素点连通的区域的下边界
%%%%%% 求的车牌的列起始位置和终止位置%%%%%%%%%
    X1 = zeros(1,x);             % 定义一个 1 行 x 列的矩阵。
    for j = 1:x
        for i = PY1:PY2
            if(I6(i,j,1) = = 1)
                X1(1,j) = X1(1,j) + 1;
            end
        end
    end                          % 通过循环,求得行像素值总和最大的位置
    PX1 = 1;                     % 先将 PX1 赋值为 1
    while ((X1(1,PX1) < 3)&&(PX1 < x))
        PX1 = PX1 + 1;
    end                          % 用 while 循环得到左边界
    PX2 = x;                     % 将 PX2 赋值为最大值 x
    while ((X1(1,PX2) < 3)&&(PX2 > PX1))
        PX2 = PX2 - 1;
    end                          % 用 while 循环得到右边界
    PX1 = PX1 - 1
    PX2 = PX2 + 1;
    PY1 = PY1 + 15/115 * (PY2 - PY1);
    PX1 = PX1 + 15/440 * (PX2 - PX1);
    PX2 = PX2 - 15/440 * (PX2 - PX1);
    % 根据经验值对车牌图像的位置进行微调。
    dw = I(PY1:PY2,PX1:PX2,:);
    imshow(dw)                   % 剪切并输出定位后的车牌
```

输出结果如图 13-9 所示。

图 13-9 车牌定位结果

13.2 医学图像增强处理

医学图像（X射线、CT、MR、PET、超声等）是医疗诊断中一种非常重要的手段，在临床中的地位越来越高，不仅广泛应用于疾病诊断，而且在外科手术和放射治疗等方面的计划设计、方案实施以及疗效评估方面也发挥着重要的作用。医学图像之所以成为重要的诊断手段，在于它能够区分不同的组织结构，使其在图像上表现出不同的边界。成像设备出来的原始图像受到设备本身和获取条件等多种因素的影响，可能出现图像质量的退化，有些结构的边界不太明显或模糊，给医生的诊断带来一定的困难。这时可以通过图像后处理来检测和增强图像的边界，将不同的结构区分开来，以便医生做出正确的诊断。图像增强技术已经成为医学图像实际应用中不可或缺的一项工作。图像增强工作分为四部分，分别是灰度变换、空域增强、频域滤波、伪彩色处理，以下分别加以介绍。

13.2.1 灰度变换

利用图像灰度级的分布可以看出图像灰度分布的特性。如果大部分像素集中在低灰度区则图像呈现暗特性，反之则呈现亮特性。灰度变换的目的是通过改善直方图的灰度分布特性，进而改善图像的质量。灰度变换的方法包括直方图灰度变换、直方图均衡化、直方图规定化。这里选用直方图均衡化设计程序。

要处理的CT图像，通过直方图分析，原始图像大面积为暗色，并且层次不清，经过直方图均衡化后，直方图的灰度间隔被拉大，灰度层次等级增加，然后用此均衡得到理想的图像。其程序代码如下

```
load mri
I = D(:,:,:,4);
J = histeq(I);
subplot(221);
imshow(I);
title('原始图像')
subplot(222);
imshow(J);
title('直方图均衡化');
subplot(223);
imhist(I,64);
title('原始图像直方图');
subplot(224);
imhist(J,64)
title('均衡化图像直方图')
```

运行程序，输出结果如图13-10所示。

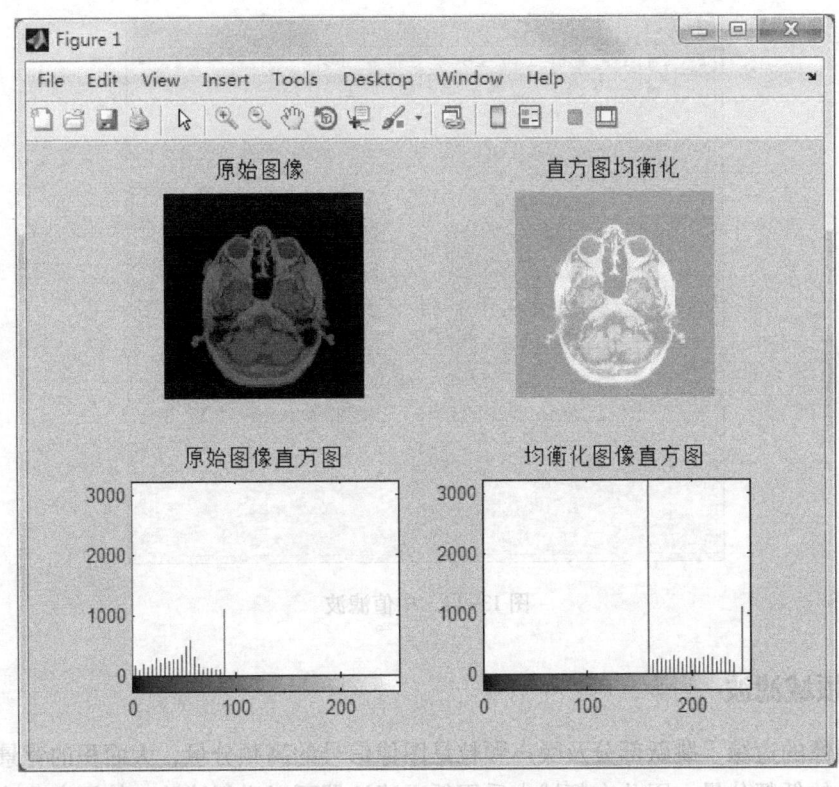

图 13-10 直方图均衡化

13.2.2 空域增强

由于医学成像设备 CT 机自身的原因,在 CT 图像中容易产生随机噪声,严重影响了图像的质量。为了消除噪声,采用空间域图像增强对图像进行处理。空域滤波目的在于消除图像中的干扰,常用的滤波器有均值滤波器 filter2( )、中值滤波器 medfilt2( ) 和维纳滤波器 wiener( )。通过给图像增加噪声来模拟医院的 CT 及存在噪声的 mri 图像,然后采用中值滤波器消除干扰,其程序代码如下:

```
K = imnoise(J,'salt & pepper',0.02);        % 添加椒盐噪声
L = medfilt2(K,[3 3]);                      % 中值滤波器
subplot(1,2,1);
imshow(K);
title('椒盐噪声图像')
subplot(1,2,2);
imshow(L);
title('中值滤波图像')
```

运行程序,输出结果如图 13-11 所示。

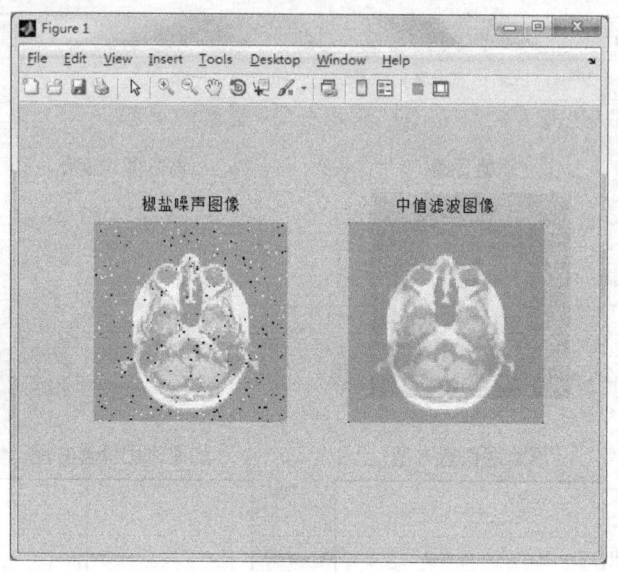

图 13-11　中值滤波

13.2.3　频域滤波

由于图像的边缘、跳跃部分及噪声颗粒是图像信号的高频分量，大面积的背景区域代表了图像信号的低频分量。因此在频域内采用低通滤波器可以进行滤波，使用高通滤波器可以进行边缘检测。其中常用低通滤波器有理想低通滤波器、巴特沃斯低通滤波器、指数低通滤波器和梯形低通滤波器等；常用高通滤波器有理想高通滤波器、巴特沃斯高通滤波器、指数高通滤波器和梯形高通滤波器等。

本章采用二阶巴特沃斯滤波器进行滤波。其中分为两步：二阶巴特沃斯高通滤波器和二阶巴特沃斯低通滤波器。

首先得到 CT 图像的频谱图，需要对数据进行傅里叶变换，用 fft2 函数对二维数据进行快速傅里叶变换。同时为了便于观察频谱图像，需要把 fft2 变换后的数据进行平移，利用 fftshift 函数，把快速傅里叶变换的 DC 组件移到光谱中心。这样图像能量的低频成分将集中到频谱中心，图像上的边缘、线条细节信息等高频成分将分散在图像频谱的边缘。

1）采用高通滤波器进行边缘检测，其相应程序如下

```
f = double(L);
k = fft2(f);
g = fftshift(k);
[M,N] = size(g);
nn = 2;                          %二阶巴特沃斯高通滤波器
d0 = 4;                          %截止频率为4
m = fix(M/2);n = fix(N/2);
for i = 1:M
    for j = 1:N
        d = sqrt((i - m)^2 + (j - n)^2);   %计算低通滤波器的传递函数
```

```
                if d <= d0
                    h = 0;
                else h = 1;
                end
                result(i,j) = h * g(i,j);
            end
        end
        result = ifftshift(result);
        J = ifft2(result);
        K = uint8(real(J));
        imshow(K);
        title('高通滤波后的图像')
```

运行程序，输出结果如图 13-12 所示。

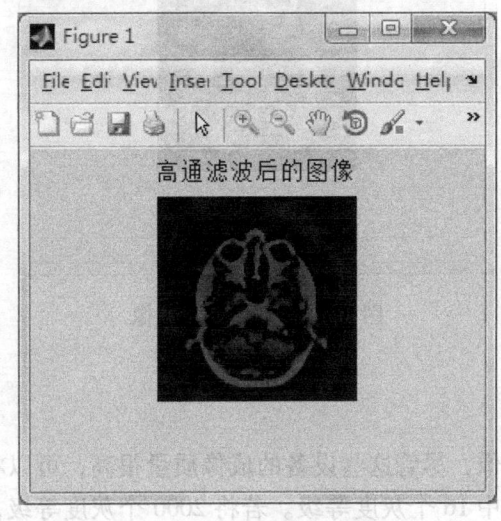

图 13-12 高通滤波图像

2) 采用低通滤波器进行滤波，其相应程序如下：

```
        f = double(K);
        k = fft2(f);
        g = fftshift(k);
        [M,N] = size(g);
        nn = 2;                                     %二阶巴特沃斯低通滤波器
        d0 = 10;                                    %截止频率为10
        m = fix(M/2); n = fix(N/2);
        for i = 1:M
            for j = 1:N
                d = sqrt((i-m)^2 + (j-n)^2);
                h = 1/(1 + 0.414 * (d/d0)^(2*nn));   %计算低通滤波器的传递函数
                result(i,j) = h * g(i,j);
```

```
        end
    end
    result = ifftshift(result);
    J = ifft2(result);
    K = uint8(real(J));
    imshow(K);title('低通滤波后的图像')
```

运行程序,输出结果如图 13-13 所示。

图 13-13　低通滤波图像

13.2.4　伪彩色处理

医学影像都是灰度图像,尽管这些设备的成像质量很高,可以将灰度等级分成 2000 多个,但人眼只能分别出其中 16 个灰度等级。若将 2000 个灰度等级,划分为 16 个,则每个灰度等级所能分辨的 CT 值为 2000/16 = 125Hu。即相邻两组织 CT 值相差 125 时人眼才能将二者区分出来,若小于此数值,处于同一灰度等级则不能分辨。而人体组织的 CT 值在相差几个 Hu 单位时 (3~5Hu) 就有重要的诊断意义。然而人眼对彩色的敏感程度远远高于对灰度的敏感程度,利用人眼的这一视觉特性,可以对医学图像进行伪彩色处理,使病灶部分能够较清晰地显现出来。灰度图像病灶部分模糊不清,但对其进行伪彩色处理后,可以较清晰地辨认出病灶的轮廓和大小。其主要实现方法为,首先读入灰度图像,然后将灰度图像分层,对图像数组进行等分层处理,最后利用 PColor( ) 进行彩色变换。其相应程序如下

```
        load mri
        I = D(:,:,:,4);
        I = double(I);                      %将灰度图像分成 8 层
        J = floor(I/32);                    %对图像数组进行等分层处理
        J1 = floor(J/4);
        J2 = rem(floor(J/2),2);
        J3 = rem(J,2);                      %进行彩色变换
```

```
PColor( : , : ,1) = J1;
PColor( : , : ,2) = J2;
PColor( : , : ,3) = J3;
imshow( PColor);
title('伪彩色增强后图像')
```

运行程序，输出结果如图 13-14 所示。

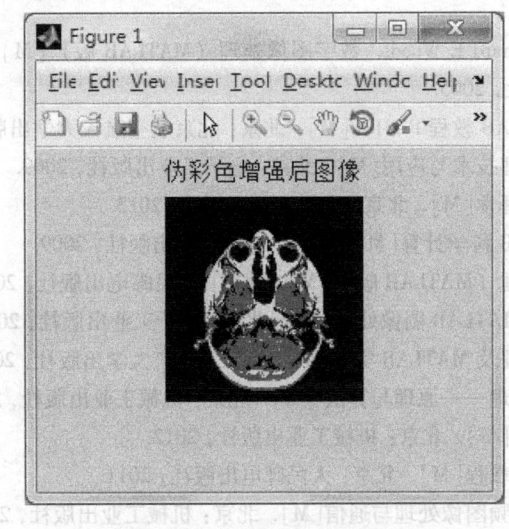

图 13-14　伪彩色增强图像

13.3　习题

1. 车牌图像有什么特点？
2. 编写 MATLAB 程序，使用指数滤波器对 CT 图像进行频域滤波。

参 考 文 献

[1] Rafael C Gonzalez, Richard E Woods. 数字图像处理[M]. 阮秋琦, 阮宇智, 等译. 北京: 电子工业出版社, 2011.

[2] Rafael C Gonzalez, Richard E Woods. 数字图像处理（MATLAB 版）[M]. 阮秋琦, 阮宇智, 等译. 北京: 电子工业出版社, 2005.

[3] 张志涌, 杨祖樱. MATLAB 教程 R2010a[M]. 北京: 北京航空航天大学出版社, 2010.

[4] 韩晓军. 数字图像处理技术与应用[M]. 北京: 电子工业出版社, 2009.

[5] 阮秋琦. 数字图像处理学[M]. 北京: 电子工业出版社, 2013.

[6] 王正林. 精通 MATLAB 科学计算[M]. 北京: 电子工业出版社, 2009.

[7] 张德丰. 数字图像处理（MATLAB 版）[M]. 北京: 人民邮电出版社, 2009.

[8] 张强, 王正林. 精通 MATLAB 图像处理[M]. 北京: 电子工业出版社, 2010.

[9] 余成波. 数字图像处理及 MATLAB 实现[M]. 重庆: 重庆大学出版社, 2003.

[10] 孙燮华. 数字图像处理——原理与算法[M]. 北京: 机械工业出版社, 2012.

[11] 姚敏. 数字图像处理[M]. 北京: 机械工业出版社, 2012.

[12] 章毓晋. 计算机视觉教程[M]. 北京: 人民邮电出版社, 2011.

[13] 刘富强, 等. 数字视频图像处理与通信[M]. 北京: 机械工业出版社, 2010.

[14] 孙兴华, 郭丽. 数字图像处理——编程框架、理论分析、实例应用和源码实现[M]. 北京: 机械工业出版社, 2012.

[15] 秦襄培, 郑贤中. MATLAB 图像处理宝典[M]. 北京: 电子工业出版社, 2011.

[16] 朱虹. 数字图像处理基础[M]. 北京: 科学出版社, 2005.

[17] 马晓路, 刘倩, 胡开云. MATLAB 图像处理从入门到精通[M]. 北京: 中国铁道出版社, 2013.

[18] 赵书兰. MATLAB R2008 数字图像处理与分析实例教程[M]. 北京: 化学工业出版社, 2009.

[19] 章毓晋. 图像处理和分析[M]. 北京: 清华大学出版社, 2002.

[20] 龚声蓉, 等. 数学图像处理和分析[M]. 北京: 清华大学出版社, 2006.

[21] 陈天华. 数字图像处理[M]. 北京: 清华大学出版社, 2007.

[22] 杨帆, 等. 数学图像处理和分析[M]. 北京: 北京航空航天大学出版社, 2007.

[23] 李弼程, 等. 智能图像处理技术[M]. 北京: 电子工业出版社, 2004.

[24] H Maitre. 现代数字图像处理[M]. 孙洪, 译. 北京: 电子工业出版社, 2006.

[25] 贺兴华, 等. MATLAB7.X 图像处理[M]. 北京: 人民邮电出版社, 2006.

[26] 张弘. 数字图像处理与分析[M]. 北京: 机械工业出版社, 2007.

[27] 于万波. 基于 MATLAB 的图像处理[M]. 北京: 清华大学出版社, 2008.

[28] 张旭东, 卢国栋, 冯键. 图像编码基础和小波压缩技术——原理、算法和标准[M]. 北京: 清华大学出版社, 2004.

[29] 施晓红, 周佳. 精通 GUI 图形界面编程[M]. 北京: 北京大学出版社, 2003.

[30] 王正林, 刘明. 精通 MATLAB 7[M]. 北京: 电子工业出版社, 2006.

[31] 刘文耀. 数字图像采集与处理[M]. 北京: 电子工业出版社, 2007.

[32] 史文革. 微机图像格式大全[M]. 北京: 海洋出版社, 1996.

[33] 夏德深, 傅德胜. 现代图像处理技术与应用[M]. 南京: 东南大学出版社, 1997.

[34] 贾永红. 数字图像处理[M]. 武汉：武汉大学出版社，2003.
[35] 王爱玲. 图像处理技术与应用[M]. 北京：电子工业出版社，2008.
[36] 曾文曲. 分形小波与图像压缩[M]. 沈阳：东北大学出版社，2002.
[37] 夏良正. 数字图像处理[M]. 南京：东南大学出版社，1999.
[38] 郝文化，田蕾，董秀芳. MATLAB图形图像处理应用教程[M]. 北京：中国水利水电出版社，2003.
[39] 胡小峰，赵辉. MATLAB图像处理与识别实用案例精选[M]. 北京：人民邮电出版社，2004.
[40] 高文. 多媒体数据压缩技术[M]. 北京：电子工业出版社，1994.
[41] 杨杰. 数字图像处理及MATLAB实现[M]. 北京：电子工业出版社，2010.
[42] 高展宏. 基于MATLAB的图像处理案例教程[M]. 北京：清华大学出版社，2011.
[43] 姚庆栋，等. 图像编码基础[M]. 北京：人民邮电出版社，1984.
[44] 杨丹，赵海滨，龙哲. MATLAB图像处理实例详解[M]. 北京：清华大学出版社，2013.
[45] 罗述谦，周果宏. 医学图像处理与分析[M]. 北京：科学出版社，2003.
[46] 丁明跃，蔡超. 医学图像处理[M]. 北京：高等教育出版社，2010.
[47] 申杰，张全法，庄春意，齐永奇. 书籍扫描图像畸变参数自动计算精度的提高[J]. 光学技术，2007，33（4）：626–628.
[48] 齐永奇，王文凡，赵岩，赵耀. 基于纹理特征和垂直投影的车牌定位算法的研究[J]. 现代电子技术，2007，(17)：184–186.
[49] 张涛，齐永奇. 汽车牌照自动识别系统的设计和研究[J]. 华北水利水电学院学报，2011，32（4）：19–21.
[50] Y Fisher. Fractal Image Compression——Theory and Application [M]. New York：Springer—Verlag，1994：120–127.